电网发展评价理论与投资决策方法

潘[illegible]

中国电力出版社
CHINA ELECTRIC POWER PRESS

内 容 提 要

本书结合大量电网发展评价工作实践成果，系统梳理了开展电网发展评价的主要内容、评价指标、评价方法和评价标准，内容涵盖电网发展的规模与速度、安全与质量、效率与效益以及经营与政策。结合理论研究与工作实践，提出了适应我国电力体制改革和国资国企监管要求的电网企业精准投资决策流程和方法，广泛适用于不同经营状况和发展阶段的省级或地市级电网企业。

本书可作为电网规划、计划和设计专业人员，电力企业管理人员的参考书，也可为高等学校电力专业师生了解电力企业如何开展电网发展评价和投资决策工作提供参考和帮助。

图书在版编目（CIP）数据

电网发展评价理论与投资决策方法 / 潘尔生主编. —北京：中国电力出版社，2020.11
ISBN 978-7-5198-4589-6

Ⅰ. ①电… Ⅱ. ①潘… Ⅲ. ①电网–研究 Ⅳ. ①TM727

中国版本图书馆 CIP 数据核字（2020）第 070756 号

出版发行：中国电力出版社
地　　址：北京市东城区北京站西街 19 号（邮政编码 100005）
网　　址：http://www.cepp.sgcc.com.cn
责任编辑：陈　丽（010-63412348）
责任校对：黄　蓓　马　宁
装帧设计：赵姗姗
责任印制：石　雷

印　　刷：北京博图彩色印刷有限公司
版　　次：2020 年 11 月第一版
印　　次：2020 年 11 月北京第一次印刷
开　　本：710 毫米 × 1000 毫米　16 开本
印　　张：17.25
字　　数：324 千字
印　　数：0001—1000 册
定　　价：88.00 元

《电网发展评价理论与投资决策方法》

编 委 会

主　　编　潘尔生

副 主 编　郭铭群　韩　丰　李　健

参编人员　李　晖　王智冬　彭　冬　薛雅玮

赵　朗　王雪莹　张天琪　刘宏杨

于　汀　王永利　李金超　刘自发

李一铮　王雪冬　张鹏飞　沙宇恒

罗　湘　史雪飞　丁　林　刘增训

史　锐　李　尹　顾卓远

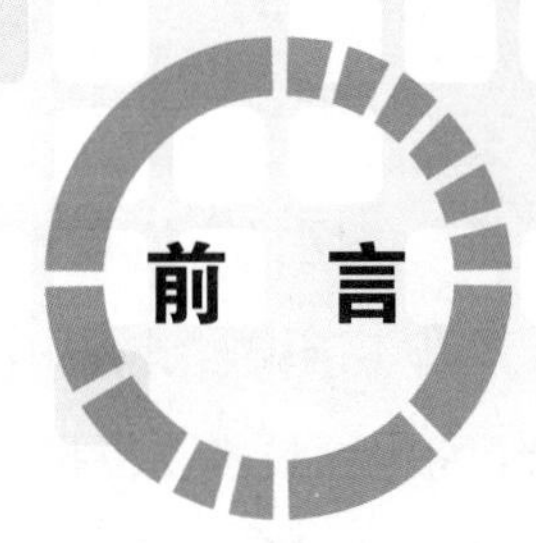

前　言

进入 21 世纪以来，我国电力工业的发展速度和成绩有目共睹，电源装机规模增长超过 5 倍（从 2000 年的 3 亿 kW 到 2019 年的 20.1 亿 kW），全社会用电量增长超过 4 倍（从 2000 年 1.3 万亿 kWh 到 2019 年的 7.22 万亿 kWh），为国民经济蓬勃发展、国家能源安全战略落地提供了强大支撑。同时电网企业经过不懈努力，自身的发展能力、综合实力、国际影响力都走在了央企前列。但是同发达国家相比，我国人均用电量仅为美国的 1/3、法国的 1/2，未来电网发展潜力仍然巨大。近几年，世界经济复苏步伐放缓、增长动能趋弱，我国经济下行压力增大，全社会用电量增速趋缓。与此同时，国家推出了一系列改革措施，包括持续深化电力体制改革，通过调整终端工商业用户电价降低企业用能成本，共享改革发展红利；提出了打好三大攻坚战、推动制造业高质量发展、扎实推进乡村振兴战略实施、促进区域协调发展、加强保障和改善民生等要求。电网企业作为服务我国经济发展的排头兵，应主动贯彻国家总体发展战略，把握电网发展阶段特征，确定未来发展目标，正确制订投资策略，将电网发展决策做精做细，从源头确保电网的投入产出效率。

本书依托笔者团队多年从事电网规划、发展评价以及投资计划管理等领域的研究成果和工作实践，从电网发展评价指标和评价方法入手，由电网评价延伸至投资决策，既对电网发展历程和发展水平做出评价，准确定位亟待加强的薄弱环节，又结合电网发展目标，预测未来电网发展需求，结合企业投资能力，分析未来 2～3 年电网投资重点、方向、规模和结构。通过实施电网投资绩效评价，判断投资取得的成绩和成效，与评价分析和规划目标形成校验。本书共 10 章，主要包括电网发展评价和投资决策基本概念、电网发展影响因素和发展规律、电网发展评价与投资决策指标及方法、电网发展安全性评价、电网发展协调性评价、电网利用效率评价、基于电网发展评价的电网投资需求分析、电网投资能力评价、电网投资决策、电网投资绩效评价。

在本书编写过程中，注重将电网发展评价与企业经营管理、投资计划专业相结合，将电网技术分析指标与企业财务经营指标相结合，形成发展评价与投资决策的闭环反馈，内容和范围具有更强的实用性。

由于专业水平所限，编写过程中难免出现错误，恳切期望读者在使用过程中将发现的问题和错误及时提出，以便再版时加以修正。

本书编委会

2020 年 9 月

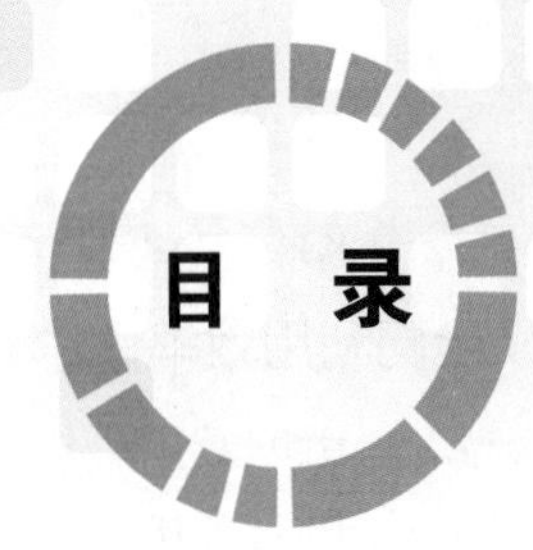

目 录

概　　述

评价，一般泛指衡量人物或事物的作用或价值。评价是以事实把握为基础的价值判断过程，既要对被评价对象的事实加以描述和把握，又要从评价主体的目的、需要出发，对被评价对象的价值做出判断，是事实判断与价值判断的统一。评价所得到的事物结论和信息是决策的依据。决策是在调查、评价、分析的基础上，作出判断、得出结论的过程。决策依靠评价，评价支撑决策，同时决策通过“执行”对未来的评价结果产生影响。科学合理的评价与决策过程将形成“评价—决策—执行—再评价—再决策—再执行”的良性循环。

电网发展评价是审视电网发展全过程、查找电网发展短板、聚焦效率效益提升、把握电网发展方向的科学分析方法；电网投资决策是电网投资主体对投资活动做出的科学判断，包括电网投资方向、投资规模、投资结构和具体项目安排等。电网发展评价是进行投资决策的重要基础工作，为电网投资决策提供量化标准与依据，对保证电网投资主体重大决策的科学性、合理性具有关键支撑作用；投资决策通过决策执行对未来电网发展的状态和评价结果产生影响，二者均是电网发展工作中的重要组成部分，对促进电网科学有序发展具有重要意义。本章从评价和评价活动的一般概念出发，聚焦电网发展评价和投资决策，介绍电网发展和投资决策的基本概念、投资决策的主要原则、内容以及全书的章节安排。

1.1 电网发展评价

1.1.1 评价概述

评价是指依据明确的目标，按照一定的标准，对特定事物、行为等评价对象，采用综合计算、观察和咨询等科学方法，确定评价对象的功能、品质等属性，并对一种或多种属性进行客观定量计算或主观效用分析，最终得出可靠且符合逻辑的结论的过程，是一种涵盖评估、评议、鉴定、评审、审查、咨询、论证、审计、监督等的综合行为。

评价作为一项认知活动伴随着人类社会发展的全过程，从简单的衡量行为，逐步发展成为一项有意识的、经常性的、极重要的复杂认识活动，是人类获取关于物质和精神世界各种知识的手段之一。例如人类对生活中衣食住行的各个方面进行评价选择，从而使生活质量最优化。随着人类社会的发展，评价被运用得更加频繁，同时在评价过程中考虑的信息也更加全面，已经成为生产生活中必不可少的选择手段。科学的评价活动具有信息的充分性、方法的集成性、程序的科学性和评价主体的独立性等特点。

评价具有比较、判断、评估、预测、认定、选择、交流、激励、导向、监控等作用。评价由评价系统和评价模型两个要素构成，其中，评价系统包含评价主体（实施评价的各类组织、机构和人员，是评价活动的组织者、参与者和管理者）和评价客体（评价的对象）；评价模型包含评价指标体系和评价方法。评价的基本原则包括：客观与公开、公正、公平原则，系统与综合原则，定性与定量评价相结合原则，分类与可比性原则，科学原则，适度原则，实用与可操作性原则，导向合理原则等。

目前，"评价"广泛存在于不同行业和不同领域。例如，金融行业中的信用评价分析是银行针对贷款风险而对贷款企业或个人的信用度进行的评价分析，是以防范、控制贷款风险为目的，对贷款风险度进行量化管理的一种预防性的事前控制方法；又如，新建高铁线路工程中对投资成本、投资效益等进行的财务评价，从国民经济角度、社会效益和环境效益等多方位对该工程进行的综合评价。除此之外，还有能源、通信等行业领域的围绕经济、安全、质量、可持续发展等各方面开展的评价工作。

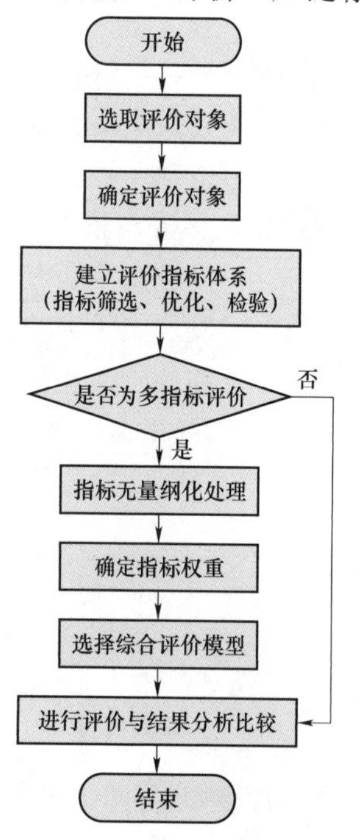

图 1–1　评价基本步骤

不同行业的评价方法特点各异，但评价步骤基本相同。评价基本步骤（见图 1–1）为：

（1）选取评价对象；

（2）确定评价对象；

（3）建立评价指标体系（指标筛选、优化、检验）；

（4）根据评价指标体系判断是否为多指标评价，当为单一指标评价时，直接跳到第（8）步，当为多指标评价时，继续进行第（5）步；

（5）指标无量纲化处理；

（6）确定指标权重；

（7）选择综合评价模型；

（8）进行评价与结果分析比较。

指标评价方法上，单指标评价一般基于单一指标度量方法对评价对象进行计算，根据计算结果和单一指标评判标准对评价对象进行初步的统计、分析，最终形成对评价对象的综合性评判意见，或进行多方案比选工作。多指标综合评价则需要首先将反映评价对象本质特征的属性具体化，转变为可度量的指标；再通过指标无量纲化过程消除不同指标之间的不可公度（不可公度指没有统一的计量单位或衡量标准），把各单项指标转化为能直接进行比较的量化指标；最后通过构建一个合适的多元函数，将各单项指标综合成一个可以直接进行比较的综合指标值，以衡量被评价对象的综合效用或综合水平。

1.1.2 电网发展评价概述

电网是国民经济和社会发展的重要基础设施，是高效快捷的能源输送通道和优化配置平台，是能源可持续发展的关键环节，在现代能源供应体系中发挥着重要的枢纽作用。

电网发展评价是电网公司以实际数据为基础，聚焦安全、质量、效率、效益等维度，对电网发展历程、发展质量、运行水平、经营状况等方面进行的全面量化评价，是一种审视电网发展过程的科学分析方法，是校核电网现状水平、指导电网规划以及优化电网企业运营的重要依据。

电网发展评价具有如下作用：

（1）全方位掌握电网发展水平。电网发展评价的对象包括输电、变电、配电、用电等环节，涉及电网安全、效率、效益等多个方面。电网发展评价以电网发展评价指标体系为基础，深入分析各电压等级的电网发展现状，客观、真实、准确地判断评价期内电网的发展水平。通过电网发展评价，一方面可以根据具体的技术经济指标全方位识别电网发展薄弱环节，合理安排电网项目建设时序；另一方面对比现状与规划目标间的水平差异，确定未来发展需求和潜力，明确总体发展方向，从而减少电网建设过程中的重复性和盲目性。

（2）总结电网发展的经验和规律。以史为鉴，分析电网整体发展及单项工程运行对电网的影响，关注评价周期内“网、源、荷”协调发展规律、网内潮流变化规律、设备输电效率变化规律等指标动态变化趋势，总结不同地区、不同层级电网发展的历史经验，总结成功的规划建设经验、安全可靠的运行经验、科学高效的经营经验、系统先进的管理经验。在充分认识和把握客观规律的基础上，实现未来更加高效和安全可靠的发展目标。

（3）实现电网科学决策和精益管理。中国经济未来一段时期仍将处于较快发展的阶段，地区间经济结构以及负荷类型存在差异大、变化大的特点，电网发展既要保持一定经济性，又要具有适应多元化负荷、多类型电源发展的灵活性。电网发展评价贯穿于电网规划、投资决策过程中，通过运用先进的评价理论方法，可以规范电网投资行为、系统分析投资成效、明确投资重点，有助于发现管理中存在的问题或不足，制定切实可行的措施，形成持续改进和提高的闭环管理机制，实现企业精益化管理。

（4）推动电网科学、可持续性发展。电网发展评价致力于建立整体优化的理念，将电网评价由传统的以安全为主转变为安全与效率并重的模式，综合考虑电网发展需求，深入了解电网内外部经营环境，统筹处理电网发展中“质”与“量”的矛盾，深入挖掘不同阶段电网发展动因和目标，因地制宜制定不同地区电网差异化发展策略，提升电网整体发展水平，助推电网科学、高质量、可持续发展。

1.2 电网投资决策

1.2.1 投资决策的基本概念

1.2.1.1 投资和决策

投资，是货币转化为资本的过程，是特定经济主体为了在未来可预见的时期内获得收益或实现资金增值，在一定时期内向一定领域投放足够数额的资金或实物等货币等价物的经济行为。投资是为取得用于生产的资源、物力而进行的购买及创造过程，是以新的建筑物、新的生产者耐用设备和存货变动等形式表现一部分产量的价值。投资可分为实物投资、资本投资和证券投资等。

决策，是依据分析评价结果做出决定的过程，是为了实现特定的目标，根据客观的可能性，在占有一定信息和经验的基础上，借助一定的工具、技巧和方法，对影响目标实现的诸多因素进行分析、计算、判断和选择后，对未来行动做出决定的一种行为。

1.2.1.2 电网投资与电网投资决策

电网投资，是指国家或企业在一定时期内，为建设、运营电网以货币资金、企业贷款等形式投入生产经营活动，用以支撑经济社会快速发展、满足日益增长的电力需求，期望获得经济收益和社会收益的形为，属于实物投资。

从电网投资的概念可以看出，电网投资与主要以实现收益和资金增值为目的的常规投资不同，并非单纯地追求经济利润最大化，而是以满足人民追求美好生活的电力需求为出发点，统筹短期与长期利益，兼顾经济、社会、环境等多方利益的投资行为，承担着支撑社会发展、落实国家政策、改善人民生活水平的重任。

电网投资具有资金占用大、功能类别多、工程周期长、安全稳定性标准高、社会影响大、效益回收期长等特征，必须合理安排投入资金和投放项目，建立操作性强的投资决策甄选方案。电网日常运营中，投资决策与经营、生产等息息相关，建立科学合理的投资决策体系，优化电网投资结构，最大程度地避免投资风险，提升投资项目效益，是实现电网精益管理的重要一环，也是实现电网可持续发展至关重要的一项工作。

电网投资决策是指投资主体为实现电网规划建设的预期目标，采用一定的科学理论、方法和手段，按照一定的决策流程，对电网投资的必要性、目标、方向、规模、结构、成本与收益等进行分析、判断，并从中选出最优方案，进而决定投资的过程。

电网投资决策一般由电网投资决策主体、电网投资决策客体、电网投资决策目标、电网投资决策依据、电网投资决策方法等要素构成。其中，电网投资决策主体包括国家能源主管机构和电网企业，对电网投资方向、投资数额、具体项目有决策权；电网投资决策客体是指电网计划投资项目及其决策环境；电网投资决策目标是指决策主体想要达到的目的，主要在于通过分析投资风险条件，规避可见风险，获得最大期望收益（既包括投资者的微观利益，也包括国家的宏观利益）；电网投资决策依据是电网企业和电网本身的有关信息，譬如历史的投资水平、经营水平、电网发展情况等；电网投资决策方法指基于技术、经济、社会、环境等指标评价结果，运用定性、定量分析技术构建的科学决策方法。

电网投资决策的基本逻辑如图 1–2 所示。首先根据未来经济和电量增长预期，预测某地区电网投资总体需求，同时开展电网发展诊断分析，确定电网存在的薄弱环节，结合规划目标，确定投资方向和重点；其次根据该地区电网企业的经营水平测算电网企业的投资能力；通过对该地区电网投资需求和电网企业投资能力的对比分析和协调匹配，优化电网投资规模；最后结合电网规划库中的储备项目进行综合分析，确定电网投资结构，如各电压等级投资、专项投资等，并进行项目优选确定具体的电网投资项目。

电网投资决策应遵循以下基本原则：

（1）经济学原则。项目必须同时满足需求收入弹性为正、边际成本递减和产业关联度大这三个条件。

满足需求收入弹性为正，说明收入增长对该产品的需求增长。这样，随着经济的发展和国民收入的不断提高，对该项目所提供的产出需求才会不断加速增长。

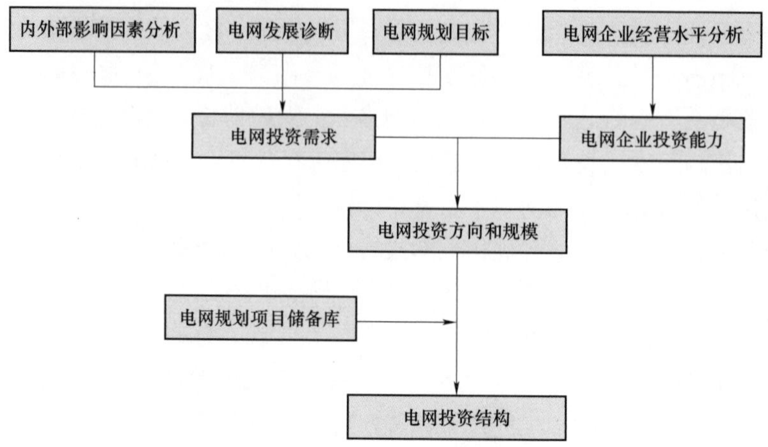

图 1-2　电网投资决策基本逻辑

满足边际成本递减，说明随着产量的增加，单位成本会逐渐下降，企业将获得规模效益。这样，企业竞争力和投资能力才能不断提高。

满足项目产业关联度大，说明该产业的影响力较强、发展速度快，并对其他产业有较大的推动作用，由此促进产业结构调整，将整个产业向更高层次推进。

（2）国家产业政策原则。投资的选择与执行要符合国家的产业政策。产业政策是体现一国政府在中长期经济发展规划中的重大战略构想，是一定时期国家资源配置的布局重点。执行国家产业政策是必须的，企业投资项目所处的行业如果国家产业政策不允许、不支持，将出现项目无法立项开工、实施难度加大，甚至半途夭折等情况。

（3）企业发展战略原则。在国家政策的支持下，投资必须符合企业发展战略，以企业发展规划为指导，优化结构、保证重点、聚焦主业；以效益为中心，依据发展需要、投资能力和经营情况统筹安排；以企业功能为定位，明确投资重点，做到规模合理、方向精准、时序科学，遵守投资决策程序，严控投资风险，提高投资回报水平。

（4）比较优势原则。比较优势原则即“两利相权取其重，两弊相权取其轻”。比较优势原则不仅能反映自身优势，还能为合理做出投资决策提供信息支撑。比较优势原则不能强调绝对优势而忽略相对优势，若一项决策的机会成本太高，即使自身在性能等方面更具有优势，该决策也不应在选择范围内。

（5）技术选择原则。技术的经济寿命周期包括投入期、成长期、成熟期、衰退期。一般工业界普遍认可的技术是成熟期的技术。项目和设备选择了处于投入期或成长期的技术，可能会承担技术不成熟导致项目夭折或效益水平达不到预期的风险；选择了处于衰退期的技术，会因技术的衰退而影响项目本身的寿命周期。

1.2.2 投资决策的主要内容

投资决策的主要内容包括电网投资方向决策、电网投资规模决策和电网投资结构决策。

（1）电网投资方向决策。电网投资方向是指电网企业围绕其自身投资动因，循着其既有的生产经营方向进行增量投资或存量资本改造性投资。不同的投资方向，电网投资的效益会有所不同，电网生产经营状况的好坏，很大程度上取决于投资方向的合理程度。如果电网投资方向确定得当，不但能够保证电网投资建设过程顺利，实现资源的优化配置，还能使企业具备更强的市场竞争能力和发展活力，获得更高的经济效益，因此，科学地决策投资方向对电网企业以及电网的长期发展具有十分重要的意义。

进行电网投资方向决策时应以国家经济发展战略为引领，围绕企业制定的发展战略，立足电网现状，合理分析新技术、新需求的发展趋势，科学判断未来投资重点。伴随中国电力体制改革持续推进及新型城镇化、农业现代化步伐加快，可再生能源、分布式电源、电动汽车、储能装置快速发展，终端用电负荷呈现增长快、变化大、多样化的新趋势，电网的投资方向也逐步转向于综合能源服务、能源互联网以及电网的数字化、智能化建设等方面。

（2）电网投资规模决策。电网投资规模是指一定时期内或一定环境下，以企业内部经营条件为前提，包含电价和财务双重约束的电网企业投资总体水平或投资总额。由于电网企业的自身条件及所处经济环境不断变动，不同时期电网投资规模是不断变动的。

宏观上，电网投资受到经济、社会、环境、电网自身等多重内外部复杂因素的影响。微观上，电网投资由项目投资构成，电网项目投资周期相对较长，在一定时期内要支出大量的劳动力和生产资料，无法在短期内很快提供有效用的产品或服务。电网投资规模过小，无法满足日益增长的市场需求；增大投资规模虽然可以满足未来市场需求增长的需要，获取规模经济效益，但未来市场增长需求存在不确定性，如果市场需求增加缓慢甚至下降，过大的投资规模将使企业资金周转困难，错失再投资机会，企业将出现资金使用效率低，甚至亏损的情况，因此电网投资主体必须通过决策分析来确定合理的投资规模。

（3）电网投资结构决策。电网投资结构是指一定时期内投资总量中各电压等级投资项目的组合及其物理规模、资金规模的比例关系。在 2015 年开始的新一轮电力体制改革背景下，输配电价根据不同电压等级的存量和增量电网有效资产核定，因此对不同电压等级的输变电项目的投资决策可能直接影响到电网的盈利水平，进而影响下一阶段电网企业的投资能力。

在投资方向和投资规模的共同作用下，会有多种投资结构组合，电网投资结构决策应以负荷预测水平为前提，通过分析不同电压等级下输变电成本，对投资结构进行优化，并通过项目优选和决策确定最佳投资结构，使电网投资结构满足规划年度内所需输电能力、负荷用电需求，电网运行性能达到相应的技术标准，同时使建设和运行费用最小，经济效益最佳。

1.3 本书结构安排

为了充分发挥评价在推动电网发展中的重要作用，探索电网发展评价对电网投资决策的科学指导关系，本书用十章的篇幅，对中国电网发展评价和投资决策方法进行了深度梳理，从电网发展评价与投资决策基础理论出发，分析了电网的发展规律和影响因素，努力详细、全面地给出电网发展评价和投资决策的指标体系、评价方法。电网发展评价从电网发展安全性评价、协调性评价、利用效率评价三个方面分别进行分析研判和应用实证。在电网发展评价的基础上，综合分析了中国电网投资需求的来源、构成以及测算方法，分析了电网企业在负债和利润约束下，能够用于再生产资金的固定资产投资能力测算方法。针对投资能力与投资需求存在较大差异的情况，提出了两者协调匹配的电网投资决策优化方法。作为事前决策的效果检验，开展投资绩效评价，考察投资的综合效益，并与电网发展评价以及投资决策形成闭环反馈。

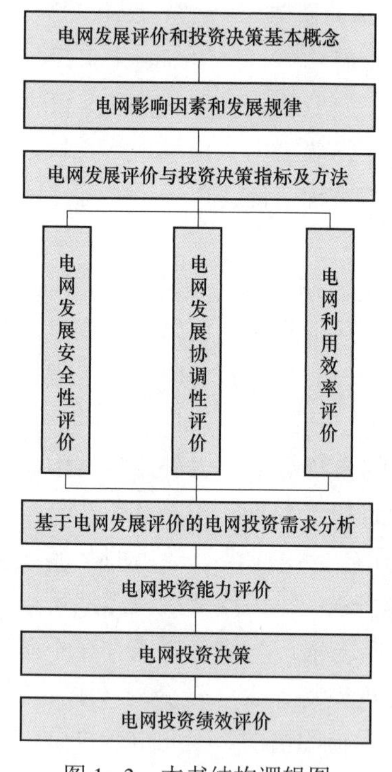

图 1-3　本书结构逻辑图

本书全面、系统地介绍了电网发展评价与电网投资决策的具体内容，希望对电网规划、设计、计划决策以及建设等环节提供有价值的参考和指导。各章节内容及相关关系如图 1-3 所示。

参考文献

[1] 娄成武，宝胜. 论科学的价值及其评价标准 [J]. 辽宁工程技术大学学报（社会科学版），2002，(3)：1-4.

[2] 连燕华，马晓光. 评价要素系统结构分析及模型的建立 [J]. 研究与发展管理，2000，(4)：17-20，44.
[3] 童健，连燕华. 研究与开发项目评估活动的模式 [J]. 科学学研究，1994，(1)：56-61.
[4] 王资. 对评估理论及实践的思考 [J]. 昆明冶金高等专科学校学报，2004，(1)：51-56.
[5] 邱均平，文庭孝，等. 评价学 理论·方法·实践 [M]. 北京：科学出版社，2010.
[6] 吉林省长春市科技评估中心. 科技评估有哪些功能？ [OL]. [2005-10-20]. http://ec.ccst.gov.cn/.
[7] 高燕云. 研究与开发评价 [M]. 西安：陕西科学技术出版社，1996.
[8] 孙学范，等. 科技活动分析与评价 [M]. 北京：石油工业出版社，1995.
[9] Larhin，M J. Pressure to publish stifles young talent [J]. Nature. 1999，397 (6719)：467.
[10] 陈敬全. 科研评价方法与实证研究 [D]. 武汉：武汉大学，2003.
[11] 刘志刚. 基于模糊层次分析法的电动汽车综合效益评价研究 [D]. 保定：华北电力大学，2013.
[12] 胡烜. 华创金融数据中心建设方案及效能评价研究 [D]. 保定：华北电力大学，2014.
[13] 张乐. 以 ADSL 投资项目为例对电信投资项目后评价的研究 [D]. 北京：北京邮电大学，2009.
[14] 陈文娟. 服务水平约束下电能计量器具的订货与调拨策略研究 [D]. 贵州：贵州大学，2018.
[15] 张建伟，韩伟，付婉霞，等. 供水产销差率影响因素及控制措施浅析 [J]. 给水排水，2012，48 (S2)：213-215.
[16] 李金红. 对财务部门介入投资业务的浅析 [J]. 财会学习，2019(11)：228-229.
[17] 史蒂文·N. 杜尔劳夫，劳伦斯·E. 布卢姆. 新帕尔格雷夫经济学大辞典 [M]. 许明月译. 北京：经济科学出版社，2016.
[18] 爱德华·夏皮罗. 宏观经济分析 [M]. 杨德明，王文钧，闵庆全，李荣章，等译. 北京：中国社会科学出版社，1985.
[19] 韦淑敏. 基于全寿命周期光储电站成本电价模型及投资决策研究 [D]. 北京：华北电力大学，2018.
[20] 陈斌，刘绍乾. 电力公司投资决策体系的设计与应用 [J]. 自动化与仪器仪表，2018 (02)：180-182+186.

［21］阳军．不确定条件下最优投资时机和投资规模决策研究［D］．重庆：重庆大学，2010．
［22］赵光华，成友明．企业项目投资决策的科学化［J］．上海商业，2002（06）：58－61．
［23］崔毅．项目投资决策的必要性原则解析［J］．数量经济技术经济研究，2001（12）：112－114．
［24］李文占．企业投资方向如何确定［J］．企业研究，2003（17）：65－66．
［25］胡学浩．智能电网——未来电网的发展态势［J］．电网技术，2009，33（14）：1－5．

电网发展影响因素和发展规律

自 1882 年爱迪生在纽约建成世界上第一座商用发电厂并通过 110V 直流电缆送电至今，电网已经历百余年发展。在这一过程中，电网受到了内外部各种复杂因素的影响，规模、形态等都发生了巨大的变化。例如，经济和社会发展带来的用电需求以及电源装机规模的不断扩大，促进电网电压等级、输电距离、供电能力的不断升级，电网互联度愈加紧密，输变电技术不断进步，电网运行安全性也不断增强。回顾国内外电力发展史，可以看到，世界各国电网经历了各自的发展历程，在联网方式、运营方式以及电压等级序列等方面存在差异性，但总体呈现规模由小到大、电压等级由低到高、电网结构由简单到复杂、技术水平由传统到智能的共性发展趋势。在对电网发展因素梳理的基础上，可以将电网的共性发展趋势进一步归纳总结为供应侧驱动、需求侧拉动和自身需求推动三类电网发展规律。

2.1 电网发展影响因素

2.1.1 影响因素分析

在“工业革命”和“电力革命”两次技术革命中，科学家们敏锐地意识到了电力技术对于人类生活的意义，发明了直流输电技术和交流输电技术，将人类逐渐从黑夜中解放出来，催生了 19 世纪末到 20 世纪初的电力工业，形成了一系列城市电网、孤立电网和小型电网。随着经济社会的不断发展，各国城市和工业技术不断改造升级，人类对于电力的需求也不断增大，占用大量城市空间资源的城市内独立供电系统无法继续满足负荷增长，于是围绕着城市用电负荷中心开始构建电网，各类电站通过接入电网向用户供电。

为了更好地利用远离负荷中心的能源资源，科学家们逐步升级绝缘子材质、输电导线材料、分裂导线等技术和工艺手段，以抑制电晕放电、减少线路电抗，使得输电电压、输送距离不断提升，电能可以送到更远的地方。远距离、大容量的输电需求更是推动了世界开始发展特高压、超高压输电线路，既大大拓展了线路的输送距离，同时使单位走廊宽度输送容量进一步显著增加。

随着经济社会的高速发展，用电需求不断增长，电力基础设施投资力度不断增加，发输电技术不断进步，电网规模也进一步扩张，城市孤立电网逐步互联，形成跨区、跨国的大型互联电网。在这一过程中，一方面电网中接入的非线性负荷、大容量非对称负荷及冲击性负荷等占比逐渐增加，影响了电网的电能质量，对电网安全运行及用电设备正常工作产生了危害；另一方面，电网的短路电流也不断增大，发生连锁故障导致大面积停电的可能性也增大，直接威胁到了电网的安全运行。

在现代电网对电能质量和安全性提出更高要求的情况下，各国对电网结构和电力设备制造水平更加重视。电网结构方面，各国城市电网在规划时更注重主干网架的统筹规划，使各电压等级的配合更加合理。除此之外，在电网结构上采用分层、分区运行，并在关键地区采用环网结构，双母线、双电源运行，提升了电网整体的供电可靠性，保证了优质的供电服务。另一方面，各国电力设备制造技术也在不断突破，进入高可靠性、高自动化率和高智能化率阶段，适应了社会经济和时代对整个电力系统高质量、高效率运行的需求，进而推动传统电网向能源互联电网转型升级。

由于传统化石能源资源紧张，环境污染、气候变化等问题日益突出，严重威胁了人类生存和可持续发展，建立在传统化石能源基础上的发用电方式正逐步被清洁能源利用方式取代。保证人类能源的可持续供应，对电网的安全性、适应性、资源优化配置能力提出了更高的要求，对电网集中和分散接入大规模可再生能源电力、电网运行控制、仿真计算分析、智能用电以及用户与电网双向互动等多个方面提出了前所未有的技术挑战，也推动了包括电源、电网、储能和信息通信等领域的技术创新，将电力配置和电网发展推向更大范围内的电网互联。

随着输配电技术、信息技术、通信技术的深度发展，国内电网企业创新性地提出了建设具有中国特色国际领先的能源互联网企业的公司战略目标。围绕电力系统各环节，充分应用移动互联、人工智能等现代信息技术、先进通信技术，实现电力系统各环节的万物互联、人机交互，形成具有状态全面感知、信息高效处理、应用便捷灵活特征的智慧服务系统，不断提升电网的感知能力、互动水平和运行效率，支撑各种能源接入和综合利用，电网将变得更“聪明”。

通过电网发展历程可以看出，电网作为电力传输和配送的载体，随着交直流电力技术的发展而迅速地发展，同时电力需求侧和供应侧的发展也同样推进着电网不断向着安全、稳定、坚强、智能的方向建设。总体来看，促进电网发展的因素主要

分为外部驱动因素和内在发展需求。本书筛选了 33 个电网内外部的主要影响因素，绘制了因素鱼骨图，如图 2-1 所示。

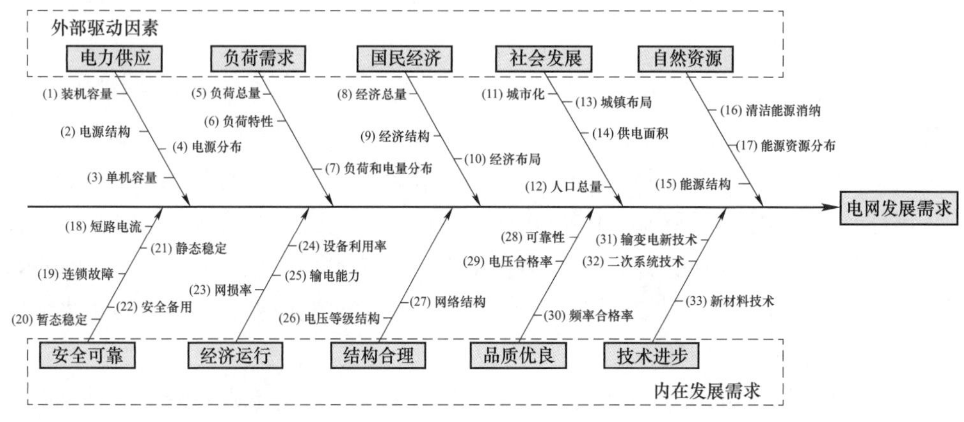

图 2-1 电网发展影响因素鱼骨图

2.1.1.1 外部驱动因素

外部驱动因素主要来自电力需求侧和电力供应侧。电网发展的根本目的是为了满足负荷需求，因此电力需求是电网发展的直接动力。需求侧的主要影响因素包括社会发展、国民经济和负荷需求三个方面。供应侧的主要影响因素包括自然资源和电力供应。

随着社会的发展，人口总量扩大、电力需求急剧增长，供电面积不断扩大，城市化进程加快，城镇布局也逐步变化，影响了用电结构和电网布局。另一方面，随着经济的发展，经济结构和经济布局产生了变化，通过影响负荷结构、分布和大小，影响电网规模和布局。与此同时，电力需求的增长，推动了负荷总量的扩大，直接决定了电网建设规模、区域内供需平衡的情况，其增长速度决定了电网建设的速度；能源资源、终端负荷的地理分布决定了输电走廊的走向，负荷密集程度更是决定了变压器、线路等输变电设备的布局，影响了电网规划和电网发展。

电能来自于其他自然资源的转换，包括水能、化石燃料、核能以及太阳能、风能、地热能、海洋能等，这些能源的规模、地理布局、利用水平决定了电源分布和电源结构，进而直接决定了不同电压等级变电站及输变电设备的空间分布，影响了整个电网的布局规划。与此同时，随着用电需求的增大，电力系统的装机规模增加，电力供应能力增强。为了将远离负荷中心的能源资源转化为电能输送至负荷中心，需要建设传输容量大、损耗小的输电设备，提升了输电网建设的要求。另一方面，在环境保护和碳减排约束条件下，高效地利用太阳能、风能和水能等资源，提高非化石能源的消费比重，将深刻影响电网的规划设计、调度运行与投资决策。

2.1.1.2 内在发展需求

内在因素反映了来源于电网内部的发展需求，主要包括来自电网自身技术的创新、突破和对较高安全性、经济性的追求等，具体可分为技术进步、品质优良、结构合理、经济运行和安全可靠五个方面。

（1）技术进步。“工业革命”“电力革命”“能源革命”的每一次进步与突破都依赖于技术的进步，驱动电网发展。输变电新技术推动了电压等级的提高、电力系统联网规模和输电容量的成倍扩大，目前最高输电电压等级已经达到±1100kV，单条线路最长输电距离已经超过 2000km，输送容量超过 800 万 kW；二次系统技术研发和创新推动了电网信息化、数字化改造，电网趋向智能化发展；采用新技术、新材料，对电网设备进行了改造升级，解决了电网由于输送能力不足导致的“卡脖子”、供电可靠性低等问题。

（2）品质优良。品质优良体现在保障供电质量。主要从电力系统可靠性、电压合格率和频率合格率三方面考核供电质量。电网发展的本质是为了提升人类生活质量，各行各业对电力系统供电质量的要求也随着经济社会的发展越来越高。既要有效地满足电力用户高质量用电需求，同时也要保障电力系统稳定运行，这是电网发展必须考虑的因素。

（3）结构合理。电网结构包括电网电压等级序列、各级变电站的供电范围、各级变压器的容量配置和网络布局等。电网结构对电网的技术性能和经济效益具有决定性的作用，结构不合理将直接导致供电能力发挥不充分、多个断面受限、网损增加等后果。构建合理的电网结构，才能在满足供电需要的输送容量、电压质量和供电可靠性等基本要求的基础上，保障电网整体运行安全且经济性较好，并能适应未来电力系统发展的需要。

（4）经济运行。电网的经济运行主要包括变压器与电力线路的经济运行，即电网在网损率最小或供电成本最低条件下运行，输变电设备容量得到充分利用。网损的高低直接决定了电网电能输送效率的高低。设备容量能否充分利用，直接关系到电网的投资效益。电网规划、建设和改造过程中，需要以电网经济运行为目标，在满足用电需求的同时，节约能源，降低企业经营成本。

（5）安全可靠。随着社会电气化程度不断提高，人们生活水平不断提升，对电力的依赖程度也在不断增大，电网的安全可靠运行便是维持国民经济发展以及人民生活水平的重要保障。由电网故障引起的供电中断所造成的经济损失和社会影响往往是巨大的，因此在电网规划时会考虑涉及系统安全性和可靠性的影响因素，包括发生连锁故障的概率、安全稳定性、输电能力、备用容量和短路电流水平等方面。中国在电网安全运行方面有严格的法规和标准，如中华人民共和国国务院第 599

号令《电力安全事故应急处置和调查处理条例》、GB 38755《电力系统安全稳定导则》、GB/T 3896—2020《电力系统技术导则》、SD 131—1984《电力系统技术导则》等。

2.1.2 影响路径分析

影响电网发展的内外部因素众多，不同程度地影响着安全性、协调性、利用效率等一系列与电网相关的特征量，同时这些因素之间也存在着内在作用关系。借助解释结构模型法（Interpretative Structural Modeling Method，简称 ISM 方法），梳理内外部影响因素间的作用关系，厘清各影响因素对电网发展的作用路径，得到电网发展影响因素的最精简层次化有向拓扑图，定性分析各影响因素与电网之间的作用传导路径，如图 2-2 所示。

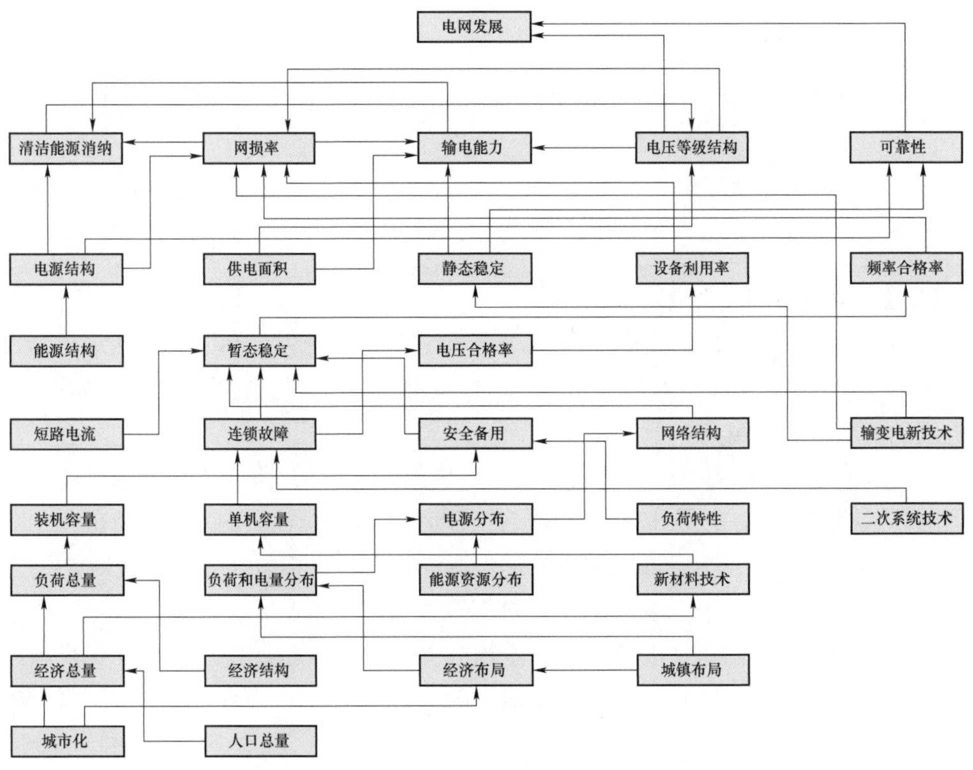

图 2-2 电网发展影响因素层次化有向拓扑图

ISM 方法是一种研究系统要素间关联关系的有效方法，在能源领域、地区经济发展领域等均有广泛应用。运用 ISM 方法，首先梳理需要研究的各种要素，然后通过模型建立要素之间的直接二元关系，并映射成有向图，通过逻辑运算，最终揭示要素之间的关联结构。这一方法的优点是，以层级拓扑图的方式一目了然地展示系统因素的因果层次，直观清晰地给出不同要素的阶梯结构。

2.1.2.1 电网安全性影响路径

电力作为当前中国社会经济发展的重要能源，对保障人民生产生活具有至关重要的作用，电网的安全稳定运行直接关系到生产生活的方方面面。

电网安全类影响因素包括短路电流、连锁故障、安全备用、暂态稳定、静态稳定。这些影响因素与电网能否保持安全稳定运行直接相关，而提升电网安全性是电网发展的直接驱动力之一。基于这些影响因素，为了达到电网安全稳定运行的目标，必须要进一步加强电网建设、优化电网结构；加大电网数据信息量的获取；加强并落实好电力设备的保护工作；建立健全电网事故应急处理机制，提升电网的安全和稳定性能。电网安全性影响路径见图 2–3。

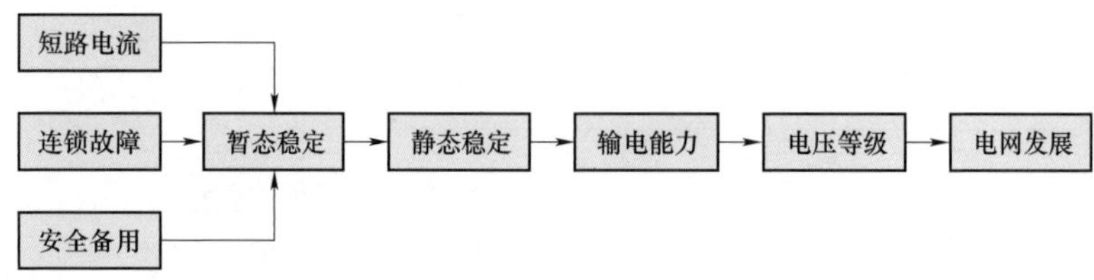

图 2–3　电网安全性影响路径

2.1.2.2 电网协调性影响路径

（1）电网与社会发展、国民经济。随着中国经济快速发展和人民生活水平的日益提高，经济和社会发展对电力供应的依赖程度更强，对电力的需求越来越大，对电网的要求也越来越高。

与国民经济、社会发展有关的影响因素位于最底层，这类因素对上层影响因素会起基本决定作用，也是推动电网发展的源动力。经济、社会的发展，城市化水平的不断提高，带动人均用电量水平的逐步提高，即社会电气化水平的提高，决定了负荷水平、负荷分布、电网建设方向，促进了电网的发展、完善。反之，用电量水平的提升，人们对供电量和电能质量的要求也会不断提高，从而进一步刺激了电网的建设需求，以满足人们日益增长的电力需求，也促进了电网发展水平的不断提高。

（2）电网与电源。电力系统由电源和电网两大部分组成，电源和电网的关系十分密切，电力短缺、电厂故障固然会影响供电，但电网整体输配电能力与发电厂发电设备容量不配套、电网结构脆弱，也会影响供电质量、供电可靠性及电厂、电网运行的经济性。

电源建设方面对电网发展的影响路径见图 2–4，主要影响因素有装机容量、电

源结构、单机容量、电源分布等，这些因素直接影响供电面积和电网的建设与布局，影响电网发展的水平。电源和电网必须协调发展，才能共同完成向用户正常供电的最终目的。

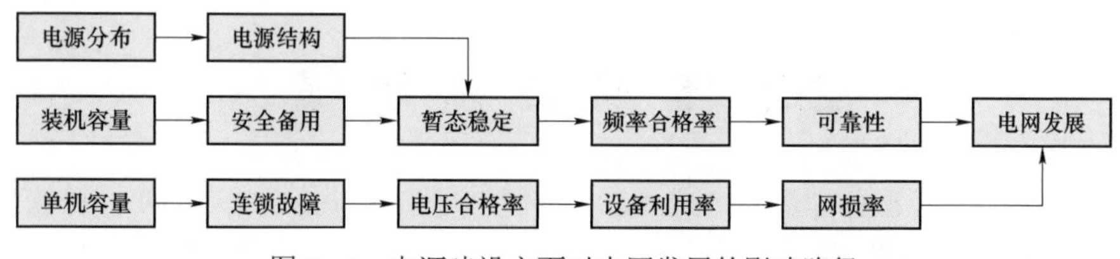

图 2–4　电源建设方面对电网发展的影响路径

（3）电网与负荷。负荷总量、负荷特性以及负荷分布是影响电网发展的重要因素，原因在于电网发展需求都可以归结为负荷的增加以及负荷特性、负荷分布的改变，其对电网发展的影响路径见图 2–5。

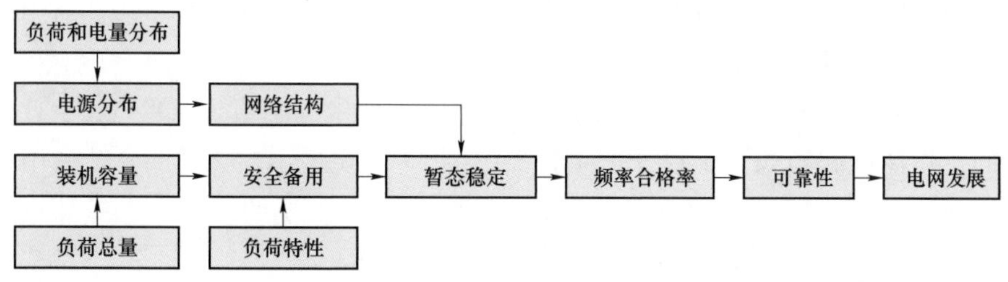

图 2–5　网荷方面对电网发展的影响路径

电能不能大量储存的特点使得电力系统生产与消费必须随时保持平衡，然而用电负荷却是随机变化的，这不仅仅对电源提出要求，也对电网建设产生了极大影响。电网需要向着满足负荷要求的方向建设发展，必须拥有充足的调节能力，以保证向各类用户尽可能经济地提供可靠、安全的电力供应，以满足用户的用电需求。

2.1.2.3　电网利用效率影响路径

随着电力市场的不断完善，人们对电网发展提出了更高的要求，开始更加注重电网运行的经济性。而电网利用效率与电网经济性密切相关，因此日益受到关注。

电网利用效率主要由电网结构、电力设备与设施运行效率及损耗等因素决定。为了提高电网利用效率，需要进一步深入研究各类电网优化分析技术，安排合理运行方式，积极采用新技术，提高输变电设备输送能力，降低电网全局损耗。电网利用效率对电网发展的影响路径见图 2–6。

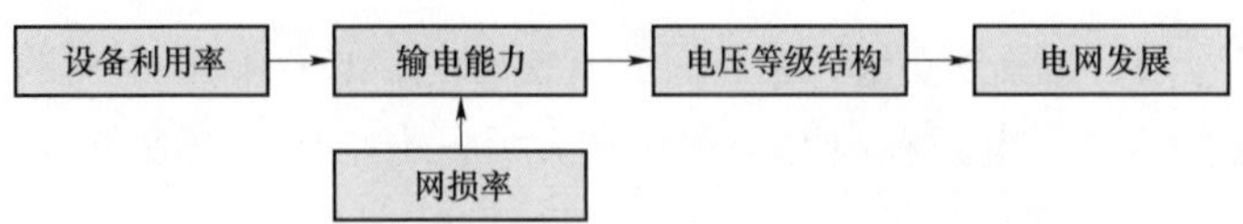

图 2-6　电网利用效率对电网发展的影响路径

2.2 电网发展规律

电网作为输送和分配电能的载体，其发展、演变受到内外部多种不同因素的影响，其中来自需求侧、供应侧的影响是电网发展、演变的源动力，而电网发展的自身需求则是起到了更为直接的推动作用。

2.2.1 需求侧拉动下的发展规律

电力需求侧即用电侧，是电网服务的对象。电力作为国民经济发展中重要的生产资料及人民生活中必不可少的生活资料，人口和经济增长推动生产和生活用电需求的增长，进而推动用电量和负荷不断增长。

中国、美国、法国和印度 4 国的人口总数、国内生产总值（GDP）及全社会用电量的变化情况和相关性系数分别如表 2-1 和图 2-7 所示。各国的全社会用电量伴随着人口数量、国内生产总值的增加而不断增长，变量间的相关性系数均高于 0.8，呈现极强正相关性。

表 2-1　中国、美国、法国、印度全社会用电量、人口数量与 GDP 的相关性系数

国家	指标	全社会用电量	人口数量	GDP
中国	全社会用电量	1	0.8316	0.9984
	人口数量	0.8316	1	0.8490
	GDP	0.9984	0.8490	1
美国	全社会用电量	1	0.9753	0.9791
	人口数量	0.9753	1	0.9953
	GDP	0.9791	0.9953	1
法国	全社会用电量	1	0.9405	0.9724
	人口数量	0.9405	1	0.9856
	GDP	0.9724	0.9856	1
印度	全社会用电量	1	0.9584	0.9955
	人口数量	0.9584	1	0.9404
	GDP	0.9955	0.9404	1

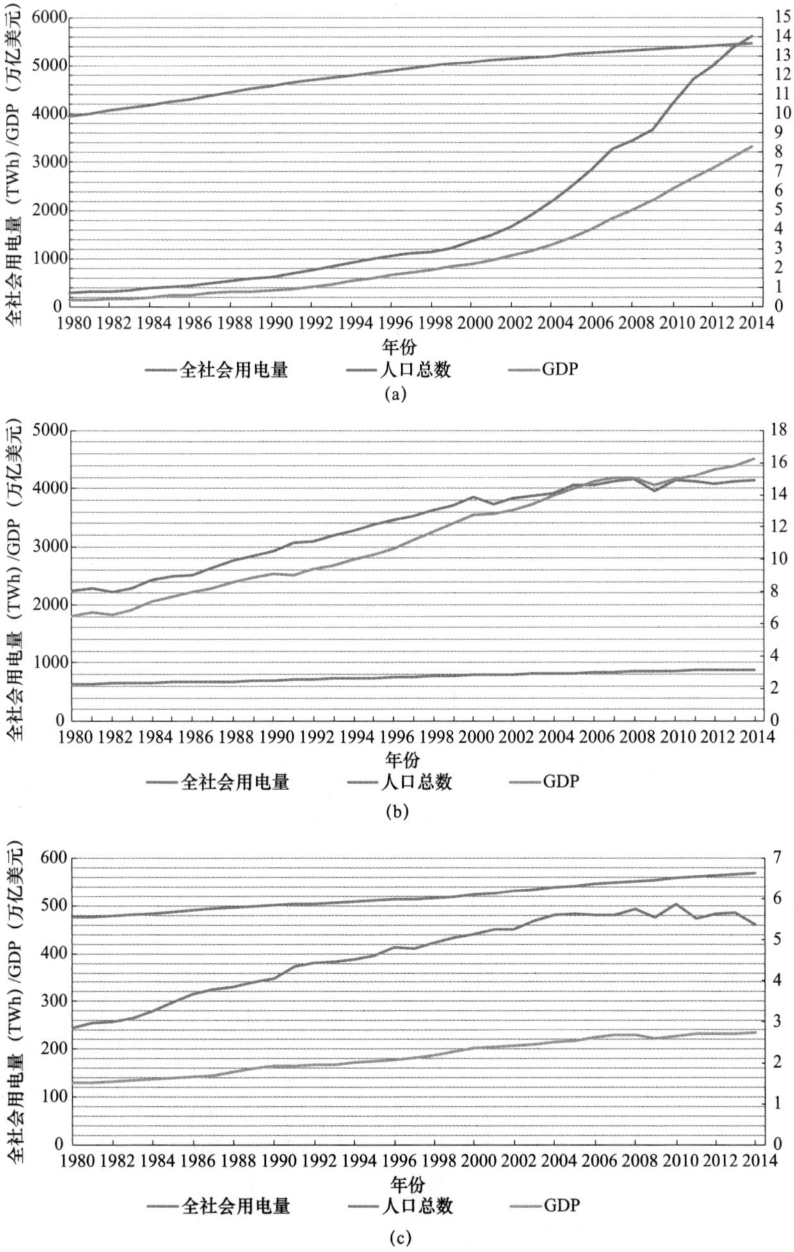

(a)

(b)

(c)

图 2-7 中国、美国、法国、印度 1980～2014 年人口总数、国内生产总值及全社会用电量（一）❶

（a）中国；（b）美国；（c）法国

❶ 中国人口总数来源于国家统计局数据库，全社会用电量来源于中国电力联合会发布数据；其他国家的国内生产总值（GDP）、全社会用电量、人口总数均来源于世界银行网站。

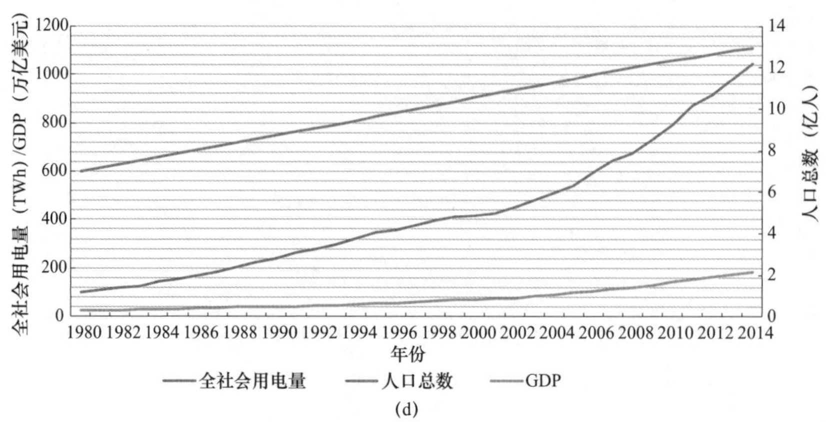

图 2-7　中国、美国、法国、印度 1980～2014 年人口总数、国内生产总值及全社会用电量（二）

（d）印度

如图 2-8 所示，从人均用电水平上看，近 20 年来，美国、法国等发达国家人均用电量增速较慢，基本处于 4%以内；中国、印度等发展中国家人均用电量呈现超过 5%甚至达到两位数的快速增长。可以看出，经济、社会的发展对用电量的增长具有直接拉动作用。同时，不同国家人均用电量水平差异巨大，2014 年美国和法国的人均用电量分别约为 13000kWh/人和 7000kWh/人，而中国与印度的人均用电量为 4000kWh/人和 800kWh/人。中国人均用电量仅是美国的 1/3、法国的 1/2，未来中国电力需求增长潜力依然巨大。

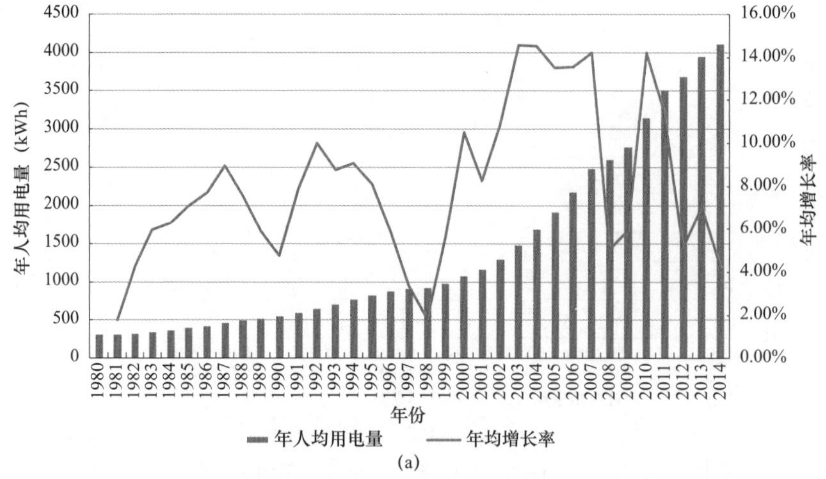

图 2-8　中国、美国、法国、印度 1980～2014 年人均用电量及其年均增长率（一）[1]

（a）中国

[1] 中国人均用电量数据来源于中国电力企业联合会官方数据，其余国家人均用电量数据来源于世界银行网站。

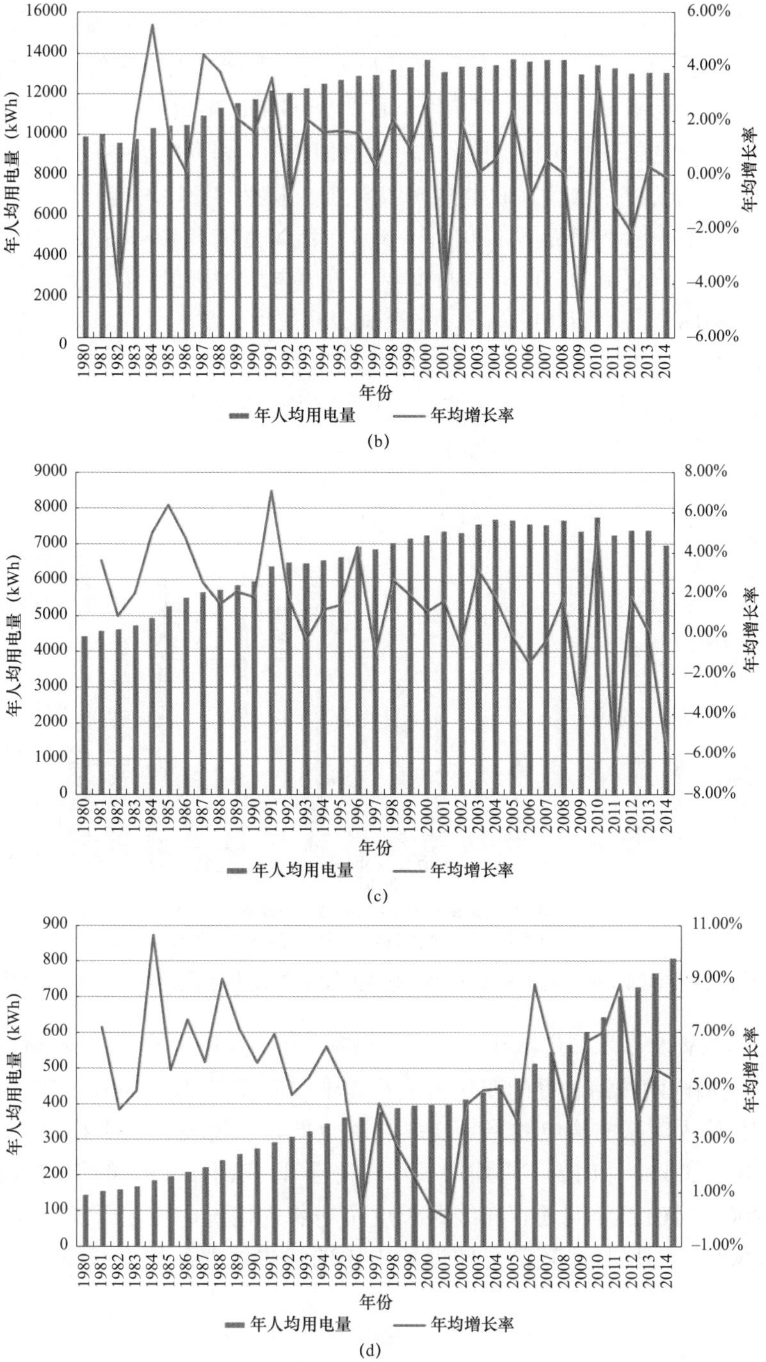

(b)

(c)

(d)

图 2-8 中国、美国、法国、印度 1980～2014 年人均用电量及其年均增长率（二）

（b）美国；（c）法国；（d）印度

为满足用电量和负荷的需求，在需求侧因素的拉动下，电网规模不断增大、供电范围不断扩展。电网从最初的负荷中心与就近电源建立低电压等级、短输电距离的孤立电网或小范围城市电网，逐步发展成为能够将远离负荷中心的能源资源输送至负荷中心的高电压互联电网。由此，输电线路的长度和变电设备的容量不断增长，形成了北美互联电网、欧洲互联电网、俄罗斯—波罗的海电网等跨国互联大电网。同时电网的电压等级不断提高，2018 年 5 月全线贯通的昌吉—古泉±1100kV 特高压直流输电工程是截至 2020 年 10 月世界上输电电压等级最高的线路。

1995～2016 年，中国 35kV 及以上输电线路长度、变压器容量及其年均增长率见图 2-9。2000～2010 年中国的输变电规模增长率较快，属于高速发展时期。近年来，输变电设备的增长率趋于平缓，输电线路长度的年均增长率保持在 5%左右，变电设备容量的年均增长率保持在 8%～10%。

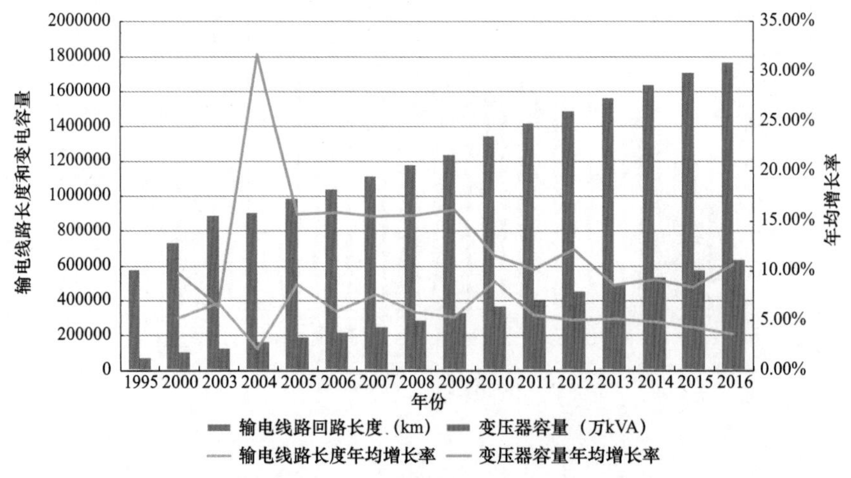

图 2-9　中国 1995～2016 年 35kV 及以上输变电设备情况及其年均增长率[1]

北美 100kV 及以上输电网线路长度、日本 55kV 及以上输电网线路长度和印度 66kV 及以上输电网线路长度的变化情况及其年均增长率见图 2-10～图 2-12[1]。北美和日本等发达国家的输电线路年均增长率较低，长度变化趋于稳定。北美的年均增长率低于 3.5%，2012 年年均增长率已降至 1%以下。日本的年均增长率低于 1%，在 2004～2012 年间还存在线路长度负增长的情况。相较于发达国家，发展中国家的线路年均增长率较高，印度和中国的输电线路年均增长率均保持在 5%左右。

[1] 数据来源于 2017 版《国际能源与电力统计手册》。

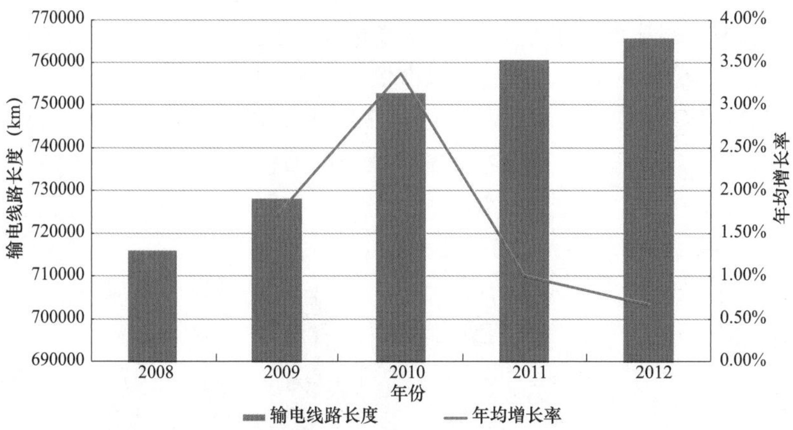

图 2-10　2008～2012 年北美 100kV 及以上输电线路长度变化情况

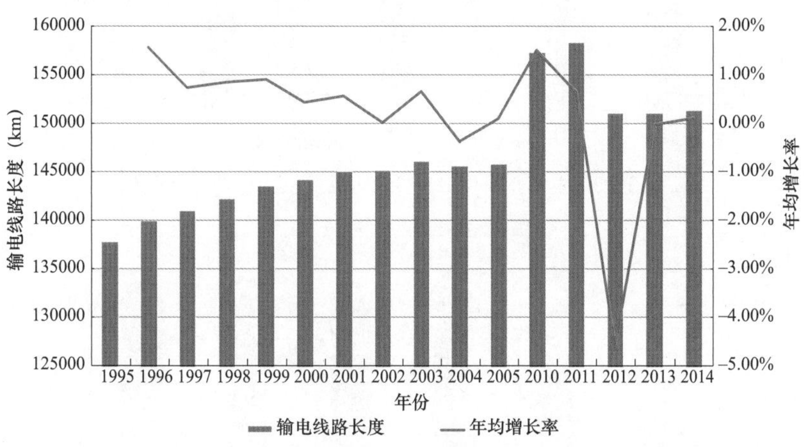

图 2-11　1995～2014 年日本 55kV 及以上输电线路长度变化情况

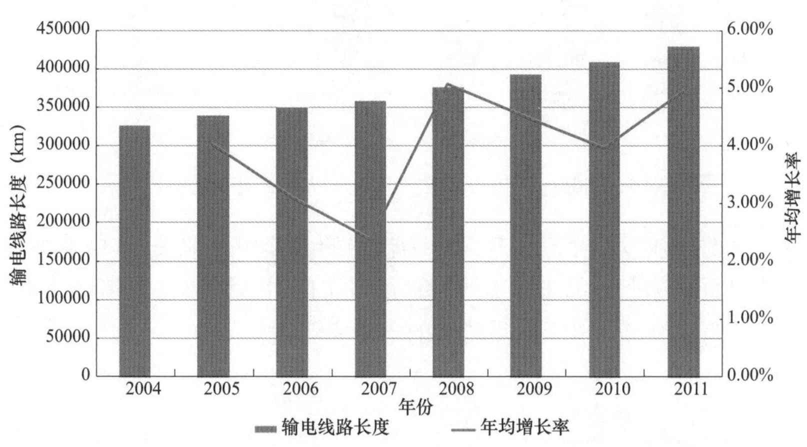

图 2-12　2004～2011 年印度 66kV 及以上输电线路长度变化情况

日本55kV及以上和印度66kV及以上变电容量变化情况见图2-13和图2-14[1]。日本的变电容量已保持平稳，年均增长率低于1%；印度的变电容量在2008～2010年期间增长较快，年均增长率最高达到了22.86%。相较于发达国家，发展中国家的电网网架还在不断完善，变电容量增长较快，仍有很大的增长潜力。

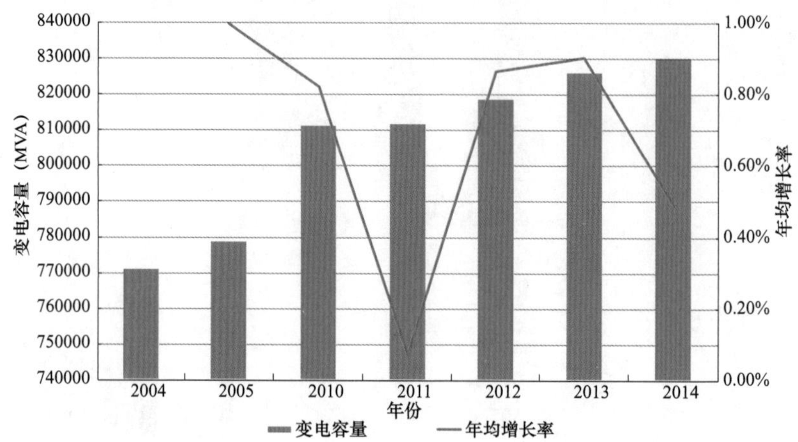

图2-13　2004～2014年日本55kV及以上变电容量变化情况

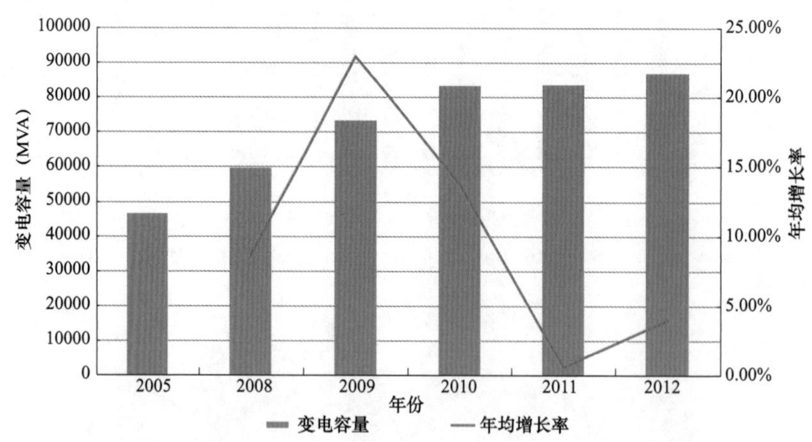

图2-14　2005～2012年印度66kV及以上变电容量变化情况

全球经济的快速发展推动了全球电力消费的持续快速增长，其中亚洲等地区的新兴经济体用电增速明显高于欧美等发达地区。同时，随着电力消费的快速增长，人类对电力的需求激增，电网所需传输的电能资源大幅增加，推动了各国电网的大规模建设。

[1] 变电容量数据来源于2017版《国际能源与电力统计手册》。

2.2.2 供应侧推动下的发展规律

供应侧即发电侧，是电网传输电力的来源。满足各类电源接入和可靠送出是电网需要实现的基本功能。能源资源的分布和利用需求决定了电源的布局、结构和规模，在很大程度上决定了电网的布局、结构和输送容量等，推动着电网的发展。

中国煤炭和水资源较为丰富，石油、天然气相对匮乏，能源资源在整体上具有总量丰富、品种齐全、分布不均的特点。水力资源分布呈现西部多、东部少的特点，因此大型水电厂，如三峡水电站、溪洛渡水电站、白鹤滩水电站、乌东德水电站等，都分布在中国西部和中部地区；煤炭主要分布在西部和北部部分省（自治）区，适宜建设大型煤电基地，如锡林郭勒盟煤电基地、宁东煤电基地、鄂尔多斯煤电基地等；风能和太阳能资源集中在中国西部、北部及东部沿海地区，这些地区是发展新能源发电的重点地区。

中国 1990～2016 年各类型电源装机容量及其变化情况见图 2-15。中国电源装机容量从 1990 年的 1.38 亿 kW 持续上升至 2016 年的 16.51 亿 kW，年均增速达到了 10.02%。结构上，中国电源装机容量主要以火电和水电为主，其中火电在 2012 年之前一直保持 70%～80%的占比水平。随着“新能源革命”在世界范围内悄然兴起，中国政府也推出了煤改电、煤改气、大力发展清洁能源等各项政策，极大地推动了以煤为主的电源结构的清洁转型，火力发电的装机占比已逐渐下降至 2016 年的 64.28%，如图 2-16 所示。在坚持生态环境保护优先、坚持节能减排的

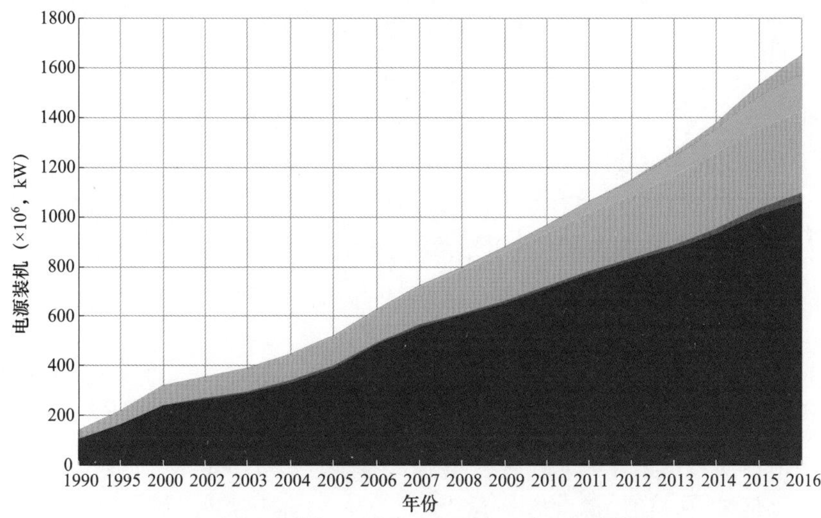

图 2-15 中国 1990～2016 年各类型电源装机容量

发展原则下，中国电力发展呈现出以火电、水电等传统能源发电为基础，以核电、风电、太阳能发电为代表的新型能源发电快速发展的态势。

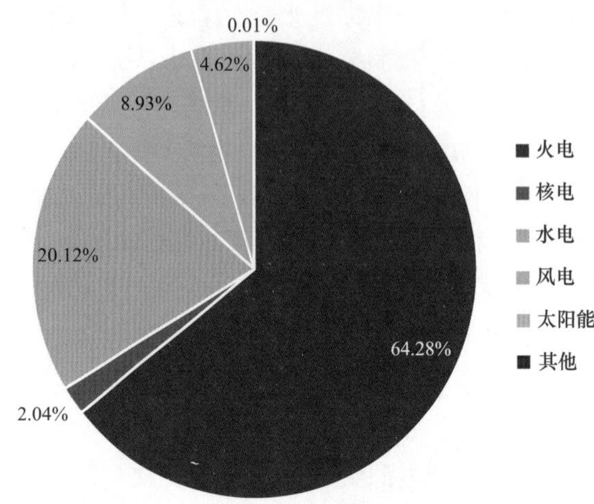

图 2-16　2016 年中国各类型电源装机占比

从能源资源禀赋上看，中国的能源资源大多集中在西、北部地区，人口则更集中分布于东、南部地区，即能源资源与负荷存在逆向分布的特征。因此，为了充分利用能源资源，实现远距离、大规模能源资源优化配置，满足大容量电源的送出需求，输电网电压等级逐步提升、输电距离和输送容量不断提高。回顾我国电网发展史上的里程碑事件，大多与电源的送出需求相关。1943 年，第一条 110kV 输电线路是为了将黑龙江镜泊湖水电站的电力送到吉林延边；1954 年，第一条 220kV 输电线路是为了将吉林丰满水电站的电力送到辽宁抚顺，线路全长 369.25km；1972 年，为实现刘家峡水电站跨省外送，建成了第一条 330kV 输电线路，即刘家峡—关中输电线路，全长 534km；1981 年，姚孟火电厂至凤凰山输电线路投运，线路全长 595km，输送容量为 1000MW，标志着中国进入了 500kV 超高压输电时代；2005 年，为实现黄河上游拉西瓦水电送出，建成了中国第一个 750kV 输变电示范工程——青海官亭至甘肃兰州东长达 140km 的 750kV 输变电线路；2009 年首条特高压交流工程 1000kV 特高压——晋东南—南阳—荆门交流试验示范工程正式投运，全长 640km，跨越黄河和汉江，输送容量达到 5000MW，成为中国南北方向的重要能源输送通道。

美国能源资源蕴藏丰富，各区域能源资源禀赋和资源价格不同，造成了各个区域的电源结构差异，但电源分布具有“就地平衡”的特点，天然气和煤厂发电站的数量最多，密集分布在整个东部、五大湖和西南地区；其他如燃油电厂主要分布在东部沿海地区，水电厂主要分布在中西部和东南部地区，太阳能发电站和风力发电

场主要集中在中西部和西南部。

美国1990～2015年各类型电源装机容量及其变化情况见图2-17。美国电源装机容量从1990年的6.90亿kW逐渐增长到2015年的10.31亿kW，年均增速仅1.62%，远小于同期中国的增长速度。美国电源装机类型主要以火电为主，其次是核电和水电，且自2005年以来，火电、核电和水电的装机容量基本保持稳定。同一时期，由于美国联邦政府投资补贴、税收优惠和加速折旧补贴等系列扶植政策的刺激，美国风电装机开始快速增长，2005～2015年期间的风电装机容量增长超过7倍（由871万kW增长至7248万kW），大幅提升了风电装机的占比，2015年风电装机占比达到7.03%，如图2-18所示。

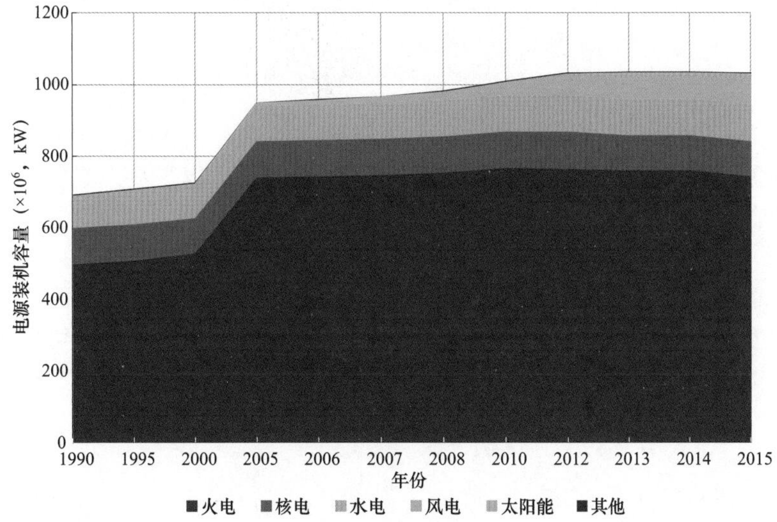

图2-17 美国1990～2015年各类型电源装机容量

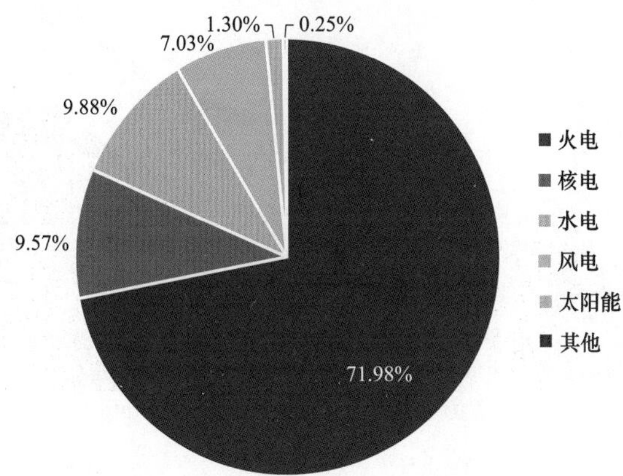

图2-18 2015年美国各类型电源装机占比

随着美国工农业的迅速发展，交通运输和工业生产用电需求急剧增长，带动了大容量和特大容量电厂的建设与发展，推动了美国主网电压等级和输送线路长度的提升。1889 年第一条长约 13km 的 4kV 交流输电线路建成投运（俄勒冈州维拉米特瀑布水电站至俄勒冈州波特兰市中心的查普曼广场）；1913 年第一条长约 390km 的 150kV 交流输电线路建成投运（南加州爱迪生大溪水电站至洛杉矶）并于 1923 年升压至 220kV 运行；1954 年建成第一条 345kV 线路，将哥伦比亚流域水电送出，并逐步将最高电压等级提升至 765kV。

印度煤炭和水能资源较丰富，主要分布在北部、东北部和东部地区，石油、天然气能源资源相对缺乏。印度从 1990 年开始推广和发展风电，风电场主要集中在南部和西部各邦的风能富集地区，最大的风电场位于泰米尔纳德邦（印度东南部）。

印度 1990～2015 年各类型电源装机容量及其变化情况见图 2-19。印度电源装机容量从 1990 年的 7500 万 kW 增长到 2015 年的 3.25 亿 kW，年均增长 6.00%。火力发电是印度主要的发电形式，装机占比一直保持在 70%左右（见图 2-20）。高比例的火力发电产生了大量的烟尘、二氧化硫和氮氧化物等空气污染物，引起了严重的空气污染问题。据世界卫生组织（WHO）2017 年发布的全球 4300 座城市的 PM2.5 空气污染数据显示，全球空气污染程度最严重的 20 个城市中，有 15 个城市在印度。自 2005 年以来，印度政府采取可再生能源责任规定、可再生能源购买义务等措施大力发展可再生能源，2015 年风力发电和太阳能发电装机年均增速

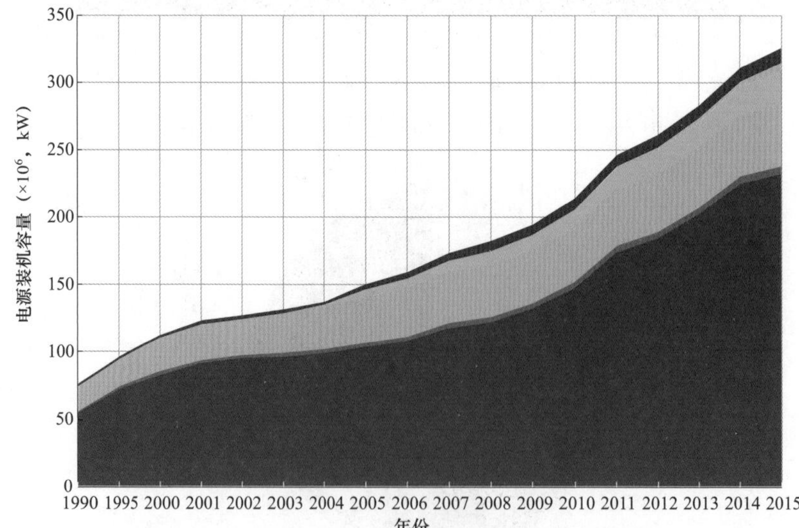

图 2-19 印度 1990～2015 年各类型电源装机容量

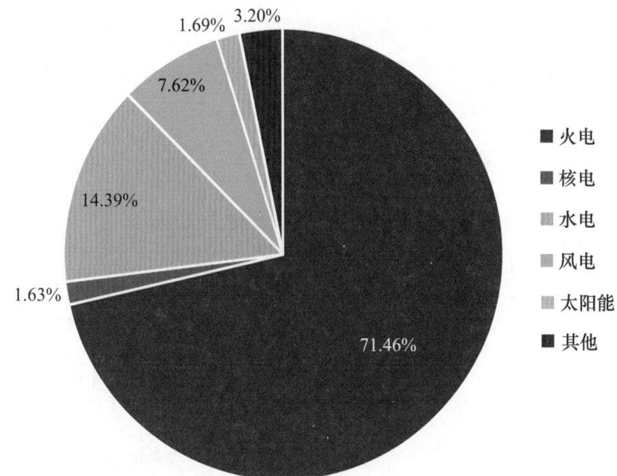

图 2－20　印度 2015 年各类型电源装机占比

分别达到 10%和 63%。

20 世纪五六十年代，印度电网最高电压等级为 132kV，六七十年代逐步提高到 220kV，1977 年出现了 400kV 电压等级，随后大部分的主网架电压等级升高至 400kV；2000 年出现了 765kV 超高压交流输电电压等级。

据统计，2017 年全球一次能源消费中有 40%用于发电，电力成为最大的用能行业。电力生产基本分为化石燃料发电和清洁能源（核能和可再生能源）发电两种方式。目前化石燃料发电在全球电力生产结构中占主导地位，但具有不可再生和易对生态环境造成严重污染等缺点。各国越来越重视资源开发和利用的可持续性，清洁能源发电量占比正逐步提升，推动能源结构逐步转型。

从以上国家的电源分布、装机类型与容量可以看出，各国的电源结构主要由其能源资源的分布、储量、开发程度决定。随着人类对于电力需求的持续增长，世界各国发电装机容量与发电量持续快速增长，带动了发电装备制造技术向大型、特大型机组发展，建设的大容量和特大容量电厂供电范围扩大，向远离负荷中心的一次能源地区发展，而大容量、远距离的输电需求，使电网电压等级迅速向高压、超高压和特高压发展。未来一段时期，大部分国家的电力供应仍将以煤电、气电等化石能源发电为主，但将逐步呈现出清洁化发展趋势，新能源发电装机占比会逐步上升，对各国的新能源发电技术和并网能力、电网的安全稳定水平提出了更高的要求，推动电源技术和电力装备水平不断提升。

2.2.3　电网自身需求下的发展规律

电网自身对安全运行、经济高效的需求推动电网设备和技术水平不断更新进步。

在高度依赖电力的今天，停电事故会对地区社会稳定和经济发展产生巨大的影响，保障电网安全运行的重要性尤为突出。自全球各国开始大范围使用电力以来，均发生过不同规模的停电事故。

部分国家电力事故情况见表 2-2。

表 2-2　　部分国家电力事故情况一览表

时间	发生地	损失情况	事故过程和导致的后果
1965-11-09	美国东北部	损失负荷 2000 万 kW，停电最长持续 13h，影响人口 3000 万人	继电器出现故障，后备保护动作，跳开了从北部安大略贝克电厂至多伦多地区的 5 条 230kV 线路中的 1 条，当潮流瞬间在剩余 4 条线路中重新分配时，2.5s 内其余 4 条线路相继跳闸，产生功率摇摆导致了连锁故障，使得美国东北部大部分区域停电
1977-07-13	美国纽约	损失负荷 600 万 kW，停电最长持续 26h，影响人口 900 万人	雷击、瞬时和永久故障以及继电保护装置的故障导致了 6 条大容量 345kV 线路退出运行，从而使得剩下的两条 138kV 线路严重超负荷。当继电保护装置动作将剩下的两条 138kV 线路切除后，爱迪生公司的供电区域与系统解列，形成一个孤岛。该孤岛中，负荷需求超过了发电供给，低频减负荷装置按照设计要求动作。孤岛频率进一步降低至 57.5Hz，发电机组无法在低频下保持稳定运行，全部跳闸
1989-03-13	加拿大魁北克	影响人口 600 万人，停电时长 9h，造成高达数千万美元的经济损失	太阳风暴对加拿大魁北克地区的电网产生影响，导致该地区出现大范围的断电事故
1996-08-10	美国西部	美国西部 9 个州发生大停电事故，数百万人生活受到严重影响	联络线负荷过重导致弧垂过大，分别有 3 条线路对树木放电跳闸，在系统电压下降过程中，又有 13 台发电机组因励磁系统问题跳闸，加剧了系统的稳定破坏，电网最终解列成 4 个区域
2003-08-14	美国东北部和加拿大南部	波及 24000km^2，5000 万人失去电力供应，停电 29h 以后才完全恢复电力供应，损失负荷 6180 万 kW	北俄亥俄州的重载输电线路跳闸，由于电网调度自动化系统故障，运行人员没有采取及时有效的控制措施，从而引起一系列的连锁反应，导致大量发电厂（站）相继跳闸
2006-07-01	中国华中电网	华中电网损失负荷共计 379.4 万 kW，其中河南电网损失负荷 276.5 万 kW	华中（河南）电网因继电保护装置误动导致华中（河南）电网多条 500kV 线路和 220kV 线路跳闸，多台发电机组退出运行，电网损失部分负荷，系统发生较大范围、较大幅度的功率振荡
2006-11-04	欧洲电网西部	累计损失负荷 1700 万 kW，近 5000 万人受影响，1.5h 后系统恢复供电	线路拉停导致同方向另一回线路过载，在未进行潮流计算的情况下，德国电网调度员在过负荷线路一端变电站进行了母线合闸操作，导致线路跳闸，发生连锁反应，共 14 条线路相继跳闸

续表

时间	地点	损失	事故过程
2011-03-11	日本本州岛	宫城县、仙台市发生大规模停电事故，福岛第一核电站泄漏，超过 261 万户停电，24h 内基本解决电力瘫痪的问题	2011 年 3 月 11 日发生东日本大地震，日本本州东面与太平洋相邻的都市遭受巨大的破坏，福岛核电站损毁极为严重
2012-07-30	印度北部	包括首都新德里在内的 9 个邦停电，影响供电负荷 3567 万 kW，停电 14h 后陆续恢复用户供电	北部电网阿格拉附近的一座 400kV 变电站出现故障，导致部分输电线路和变电站过负荷，随后发生连锁反应，最终导致整个北方电网的崩溃
2012-11-15	德国慕尼黑	慕尼黑近一半市区及周围城镇受到影响。供电中断导致多趟城铁和地铁晚点，早高峰交通受到严重影响，医院被迫使用应急电力供应，事故发生 1h 后恢复供电	分布式清洁能源的大规模接入，导致分布式能源的输出量超过地区的负荷，发生潮流逆转，导致慕尼黑北部一台变压器发生故障，保护拒动，从而引发连锁故障，导致大停电事故
2018-09-06	日本北海道	北海道几乎全境停电，全岛瘫痪 48h 之久，影响了 295 万户居民，受影响总额达到 356 亿日元	2018 年 9 月 6 日发生日本北海道地震，导致诸多输电线路和变电站受损，全岛大部分地区停电

停电事故的主要原因大致包含以下四点：

（1）网架因素。电网结构不合理，承担主要输电任务的主网架薄弱，部分区域的输电范围和输电容量不匹配，不能满足跨区、跨省的送电需求，安全稳定水平低，发生扰动极易导致电网稳定被破坏。

（2）设备因素。电网设备更新及建设严重滞后，存在设备老化和质量问题，容易因设备故障，引起连锁反应事故，进而导致大范围停电，影响了电网安全、稳定运行，使陈旧电网面临保障供电可靠性的巨大挑战。

（3）自然因素。自然因素包括洪水、地震、山体滑坡等自然灾害和强风、冰雪、沙尘暴、太阳风暴等恶劣的气候条件。自然灾害和恶劣的气候条件容易导致输电线路闪络、跳闸或杆塔倒塌等设备受损事故并给设备后续运维造成困难，导致线路或者变电站停运、失负荷等，引发电网事故。

（4）人为因素。人为因素包括故意破坏和人员误操作等原因导致的电网事故，包括偷盗电缆电线、施工破坏电力设备、恐怖袭击和战争袭击等。

为避免大面积停电事故的发生，降低停电损失，各国都在极力避免因停电事故失去负荷，对电网结构、电网技术、电能质量提出了更高的要求。

电网结构是指电力网内各发电厂、变电站和开关站的布局，以及连接它们的各级电压电力线路的连接方式。合理的电网结构是保证电网安全经济生产的物质基础，关系到电力网运行的安全稳定、供电质量和经济效益。各国电网结构都经历了由简单到复杂，低电压等级到高电压等级，输电线路和容量不断增长的过程。

中国电网在解放初期主要由上百个低电压等级的城市孤立电网构成，之后为满足远离城市负荷中心的电源送出，开始建设220kV输电线路，拉开了中国220kV电网建设的序幕。电厂通过高压输电线路将电能送至城市中的中心变电站，再由低压配电网络将电能直接输送至用户，后续为了满足系统运行稳定性和供电可靠性要求，减少备用容量和发电负担，城市之间逐渐通过高压输电线路进行互联。至20世纪六七十年代，逐步形成了以220kV线路为主网架、省域为主要供电范围的省级电网。为满足不同跨省、地区电力交换需求，骨干网架电压等级进一步提升至500（330）kV及以上。到20世纪80年代末，形成了7个跨省区域电网，即东北、华北、华东、华中、西北、川渝和南方电网。以三峡输变电工程为契机，中国的联网进程不断加快，电压等级也在进一步提升，到2014年11月川藏联网工程投运，中国各省电网（除台湾省外）全部实现交直流联网，全国形成了电网互联的

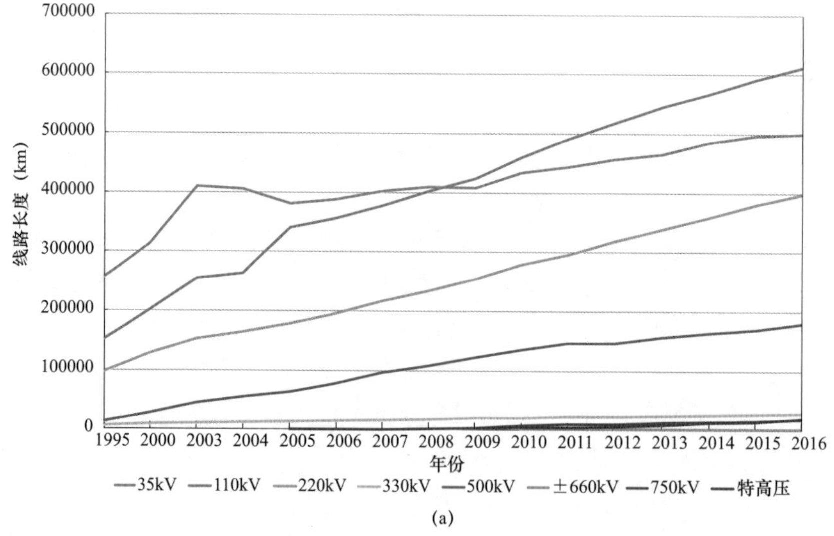

(a)

图2-21　中国1995～2016年各电压等级线路长度和变压器容量（一）❶

（a）线路长度

注：1. 线路长度中，特高压含1000kV交流和±800kV直流；2003～2004年66kV线路数据含在35kV线路中，2005年起含在110kV线路中。

2. 变压器容量中，2005年起110kV含66kV数据。

❶ 数据来源于2017版《国际能源与电力统计手册》。

格局，形成了 1000/500/220/110（66）kV 和 750/330/220/110kV 两个交流电压序列。图 2-21 所示为中国 1995～2016 年各电压等级线路长度和变压器容量。

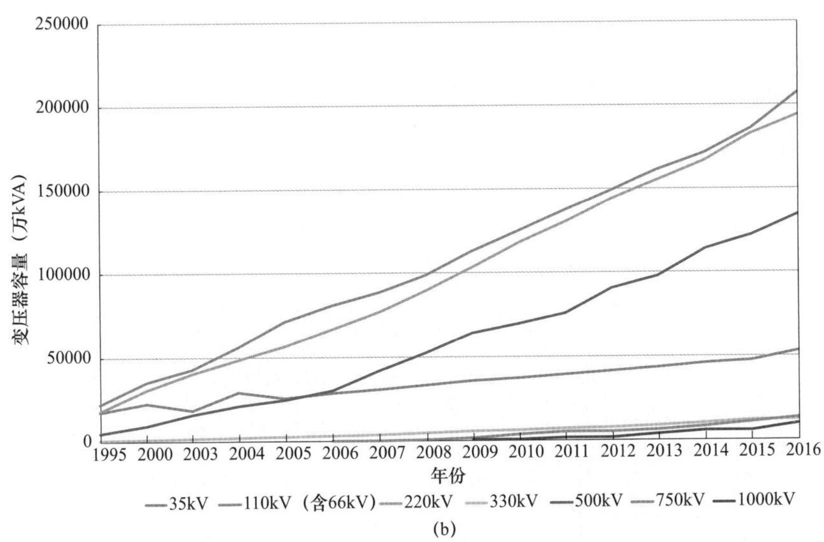

图 2-21　中国 1995～2016 年各电压等级线路长度和变压器容量（二）
（b）变压器容量

法国与欧洲其他国家最初主要采用直流输电技术，后随着工业革命的推动，交流电力技术的优势逐步显现，开始推广交流输电技术，并进行邻国间的电网互联。法国与周边国家的输电网互联开始于 1946 年，主要通过 225kV 线路与德国交换电力；1952 年，法国电网中出现 380kV 电压等级；1954～1960 年为满足法国东南部水电群电力外送，法国开始发展 400kV 交流输电技术，并于 1964 年通过 400kV 交流线路实现与西班牙电网互联；1961 年法国通过±110kV 直流线路与英国异步互联，1985 年将电压等级提升至±270kV。法国电网的标准交流输电电压等级有 400、225、150、90kV 和 63kV，直流输电电压等级有±270kV 和±225kV。目前法国电网新建线路以 90kV 和 63kV 的配电网电缆线路为主。法国巴黎大区配电网呈现双环网和三环网结构为主，外围 400kV 输电网呈双环结构，以提升城区内的供电可靠性。法国 1990～2014 年各电压等级线路长度和变压器的变化情况如图 2-22 所示。

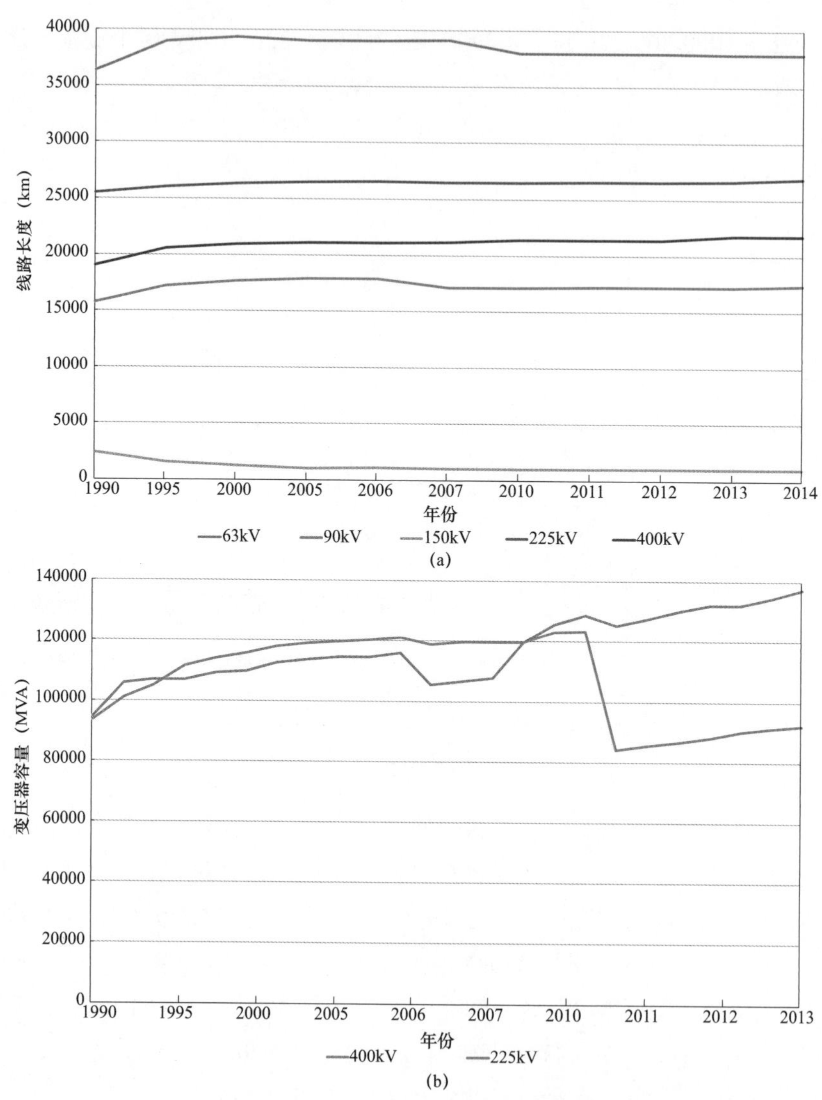

图 2-22　法国 1990～2014 年各电压等级线路长度和变压器容量❶

（a）线路长度；（b）变压器容量

19 世纪 80 年代初到 1945 年，日本输电电压等级达到 154kV，开始发展远距离电力输送。1951 年，日本形成了北海道、东北、东京、中部、北陆、关西、中国、四国、九州 9 大独立区域电网，输电线路以 110kV 或 154kV 为主。区域间电网互联从 1960 年开始逐步加强，最终形成了三大联合电网，即东部电网（东京与

❶ 线路长度数据来源于 2017 版《国际能源与电力统计手册》；变电容量数据来源于法国输电网公司（RTE）网站（https://www.rte-france.com/fr/documents）。

东北)、西部电网（中部、北陆、关西、中国、九州、四国）、东北部电网（北海道），输电电压等级上升到187kV和275kV。1980年至今，日本基本实现了以500kV线路为骨干的全国联网。日本电网的标准交流电压等级有55、66（77）、110（154）、187、220、275、500kV等，多采用同塔多回线布置以通过狭窄而人口稠密的地区。日本1995～2014年各电压等级线路长度和变压器容量的变化情况如图2-23所示。

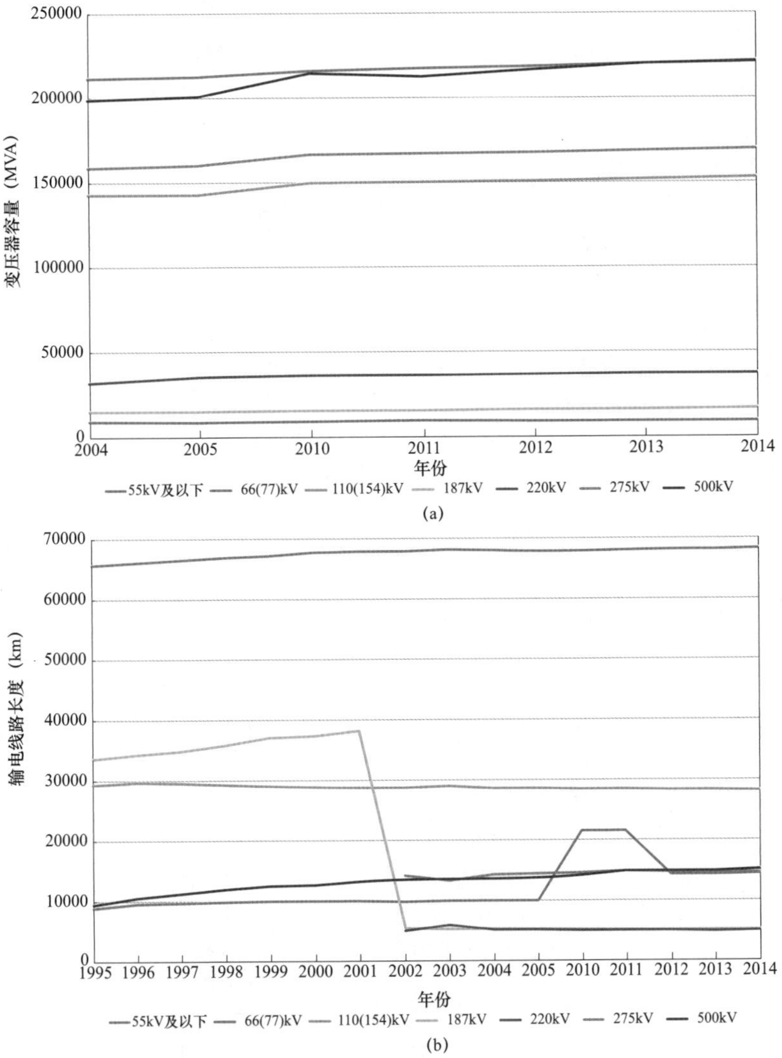

(a)

(b)

图2-23　日本1995～2014年各电压等级线路长度和2004～2014年各电压等级变压器容量❶

（a）线路长度；（b）变压器容量

❶ 数据来源于《日本电力概况1996-2009》。

印度在 1947 年 8 月独立，全国装机容量仅 136 万 kW，只有几个孤立的小电厂通过辐射型线路向用户供电。20 世纪 50～60 年代，印度电网最高电压等级为 132kV，60～70 年代逐步升高到 220kV。随着印度的城市和经济发展，输送容量和输送距离持续增加，大部分邦的主网架电压等级都升高至 400kV。2007 年，东部、西部、北部、东北部区域电网实现同步互联，形成中央电网。2013 年南部电网通过 765kV 超高压交流联入中央电网，实现全国同步互联。印度电网的交流电压等级包括 66（78）、90（110）、132、220、230、400kV，直流电压等级为 800kV。印度 2004～2011 年各电压等级线路长度的变化情况如图 2-24 所示。

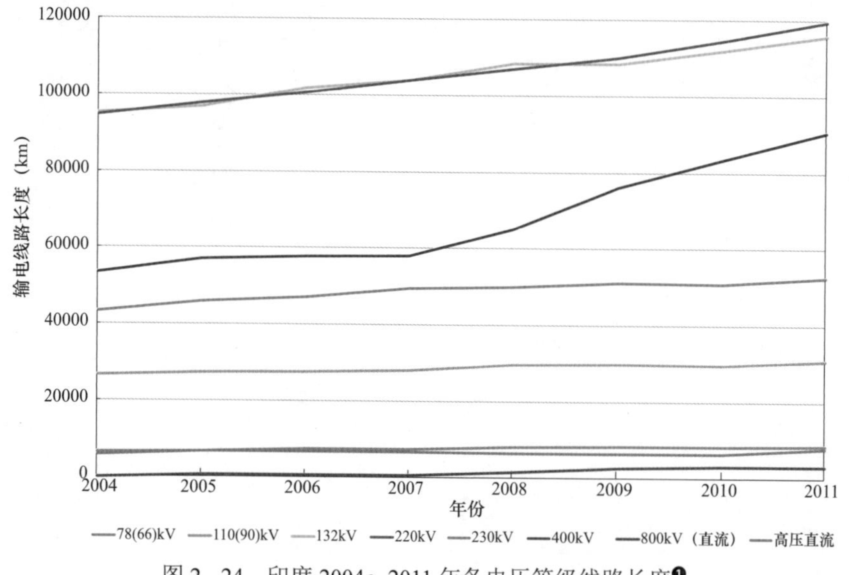

图 2-24　印度 2004～2011 年各电压等级线路长度[1]

能源电力转型的内在发展需求驱动了电网技术的进步，促使了各国电网结构改造升级。技术进步可以促进能源利用效率的提高，降低能源供应成本，缓解能源环境影响。清洁能源发电技术、柔性直流输电技术、新型输变电技术、大容量储能技术、电动汽车技术和信息通信技术等先进技术的发展，驱动电网向高效、节能、智能化发展，推动着全球电网发展进步。

（1）清洁能源发电技术。世界各国日益重视环境保护，倡导节能减排，供应侧的发电技术逐渐由化石能源向清洁能源转型，以便有效控制温室气体的排放。供应侧清洁替代技术致力于解决风力发电、光伏发电的规模化开发与友好并网的问题，

[1] 数据来源于《印度中央电力局历年统计数据》。

包括虚拟同步发电机技术、智能风光电站技术、光热电站技术等；除此之外，各国还致力于发展水力发电技术、核能发电技术、生物质能发电技术、地热能发电技术、海洋能发电技术等。

（2）柔性直流输电技术。柔性直流输电技术是基于电压源换流器（Voltage Source Converter，VSC）技术的新一代直流输电技术，具有无功功率、有功功率独立控制，无需滤波及无功补偿设备，潮流反转时不改变电压极性等优势，是构建多端直流输电及直流电网的基础。中国已投运上海南汇柔性直流输电工程、广东南澳三暖柔性直流输电工程、浙江舟山五端柔性直流输电工程和福建厦门柔性直流工程等，在高压直流断路器关键技术上具有世界领先优势。

（3）新型输变电技术。新型输变电技术包括增加分裂导线数量、降低电抗、增加电容提高线路输送能力的紧凑型交流输电技术；降低输电频率、减小输电系统电抗、增加输电容量的分频交流输电技术；运用超导体制作超导导线，将电力无损耗输送给用户的超导输电技术等。

（4）大容量储能技术。储能技术是电网运行过程中“采－发－输－配－用－储”六大环节中的重要组成部分。大容量储能技术可以实现需求侧管理，能更有效地利用电力设备、降低供电成本、促进可再生能源的应用，也可作为提高系统运行稳定性、调整频率、补偿负荷波动的一种手段。该技术是解决智能电网中大规模清洁能源接入、用户智能化与互动化发展等诸多问题的最佳方案之一。目前有关电网储能的技术热点主要有深冷液化空气储能技术、电化学储能技术和多点分布式储能技术。

（5）电动汽车技术。电动汽车是 21 世纪世界汽车工业发展的重要方向，具有优化能源消费方式和结构、缓解石油供应和环境保护压力、构建绿色能源消费模式的作用。电动汽车的种类主要有纯电动汽车（Blade Electric Vehicle，BEV）、混合动力汽车（Hybrid Electric Vehicle，HEV）和燃料电池汽车（Fuel Cell Electric Vehicle，FCEV）。

（6）信息通信技术。能源革命和数字革命融合发展的趋势日益明显，电网作为能源流、业务流、数据流的载体，具有为数字经济提供信息互联互通的功能，其广泛应用为各国经济发展做出强有力的贡献，是实现电网智能化、互动化的重要基础。

电力技术的进步除了提升能源利用的效率、电力系统的安全可靠性之外，还极大地提高了电网的运行经济性，如减少网损率、提高设备利用率等。网损是衡量一个国家电力企业综合管理水平的重要经济和技术指标，它不但反映电网结构和运行的合理性，而且体现了电力企业的技术和管理水平。部分国家的网损率见图 2–25。大部分国家的网损率都低于 10%，线损率较高的是印度和巴西两国，其主要原因是由于两国的电网技术和管理水平较低、电网结构不合理、资源和负荷分布不均衡等。

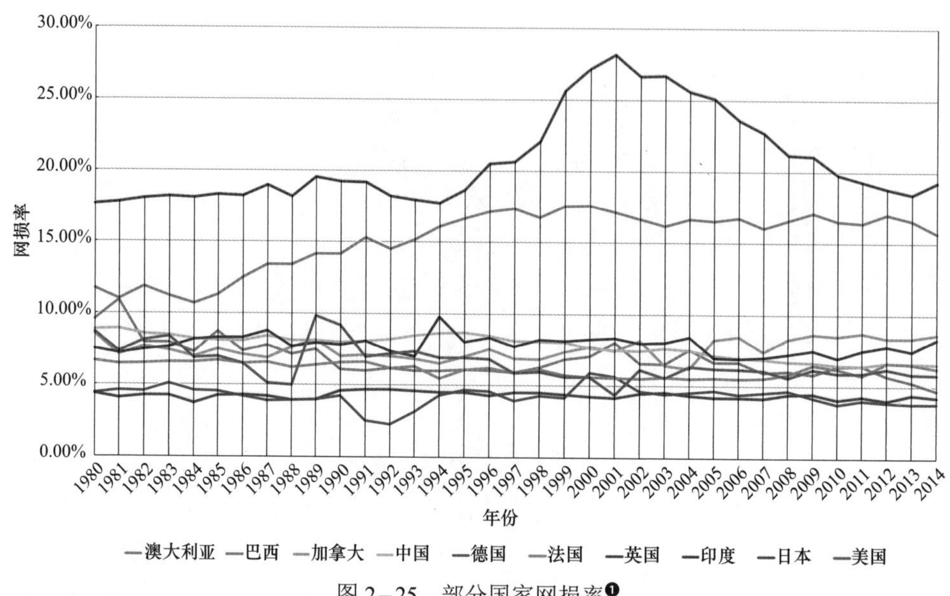

图 2–25　部分国家网损率❶

中国网损率降幅较大，2000～2014 年间网损率下降约 1.44 个百分点，主要是归功于中国电网运行和管理水平得到了大幅提升。相比于发达国家，中国网损率依旧高于日本、德国、美国。考虑到美国和日本电力供需以就地平衡为主，而中国资源分布特点决定了需要大规模远距离输电，相比之下，中国电网的网损水平已处于世界前列。

电力安全使用、经济输送事关社会经济发展全局。在满足人类基本用电需求之后，世界各国电网的发展目标都转向了安全、可靠、高效用电。如今，各国新建输电线路的首要驱动因素是保证和提升电网供电的可靠性，通过补强区域内电网短板，辅以区域间通道建设，进一步提升了区域间互济能力，满足负荷增长、电网稳定和新能源接入的需求。在确保电力系统安全稳定、发用电节能智能高效等方面的要求下，发电技术、输电技术、储能技术、通信技术随之快速发展，电网发展逐渐走向绿色智能化，促进了能源发电利用效率、电能输送效率的提升，降低了能源供应成本和电能使用成本。

❶ 数据来源于国际能源署（International Energy Agency，IEA）网站（https://www.iea.org/data-and-statistics）。

参考文献

[1] 李菊根，史立山. 我国水力资源概况［J］. 水力发电，2006，32（1）：3-7.

[2] BP 中国. 2018 年世界能源统计评述，https://www.bp.com/. 2018.

[3] 刘振亚，舒印彪，等. 世界大型电网发展百年回眸与展望［M］. 北京：中国电力出版社，2017.

[4] 姜文立，许有方. 谈电网合理结构及电源优化配置［J］. 电网技术，1998（11）：44-47.

电网发展评价与投资决策指标及方法

科学的电网评价是提升电网企业管理水平的重要前提，是实施精准投资决策的重要基础，也是实现系统分析电网现状、全面认识主要问题、揭示电网基本矛盾、提出改进措施和发展方向、精准投资和精益管理的重要内容，对于准确分析评价电网、掌握电网各方面发展短板、实施电网可持续发展战略具有重要意义。

由于各国基本国情、电网发展阶段、电网发展水平、电力体制和电网企业性质不同，不同国家、电力独立运行机构和输电系统运营商评价的内容存在一定差异，也因此在具体制定电网发展目标和实施路径时，考虑的评估指标也不尽相同，但大体上都包含了技术、经营、环境和社会四个主要维度。

除了评价指标，科学的电网评价和投资决策还依赖于科学、适用的评价方法。常用评价理论中，评价方法分成三类，即定性评价、定量评价和综合评价。定性评价不采用数学方法，根据评价对象的表现、现实和状态或对文献资料的观察和分析，直接对评价对象做出定性结论的价值判断；定量评价是采用数学方法收集和处理数据资料，对评价对象做出定量结果的价值判断；综合评价综合考虑定性评价和定量评价，针对评价对象，建立一个进行评价的系统、综合的指标体系，利用特定的方法或模型，对评价指标进行分析，对被评价的事物作出定量化的总体判断，可对于多个指标、多个单位同时进行评价。为满足电网发展评价与投资决策全面、准确的要求，在实际应用中，所采用的评价方法一般为多种评价理论和方法的综合。

3.1 电网发展评价与投资决策指标

电网发展评价与投资决策指标主要包括技术、经营、环境与社会四个维度，通过指标计算和相关评价结果分析，对电网发展现状做出诊断，为电网投资决策提供指导。

3.1.1 中国电网发展评价与投资决策指标

综合近年来国内外专家学者以及电网企业在电网评价和投资决策方面的研究和应用成果，建立电网发展评价与投资决策指标体系，如图 3-1 所示。从电网技术、经济、环境与社会四个维度评价电网发展水平，共设置 52 个具体评价指标，反映电网在建设规模、安全运行、利用效率、设备寿命、装备水平方面的发展情况，

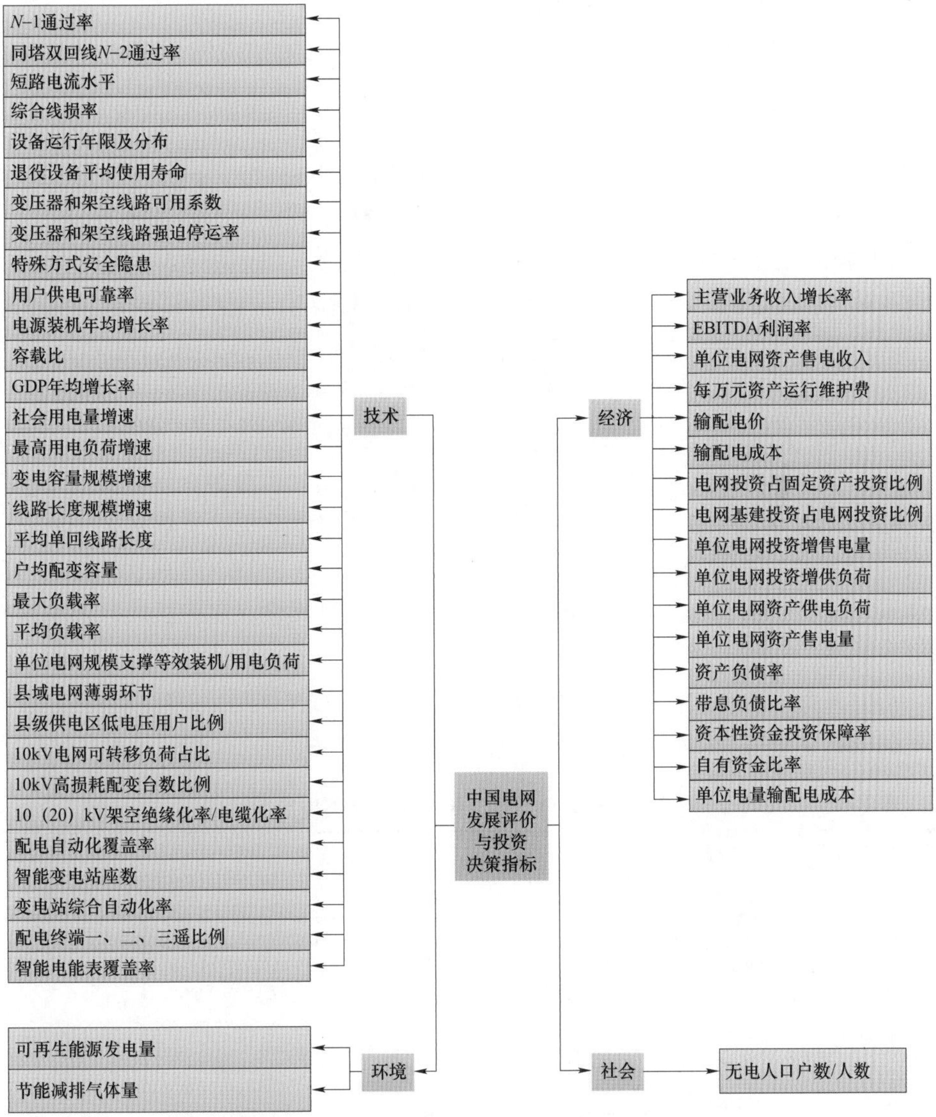

图 3-1　中国电网发展评价与投资决策指标体系

以及企业盈利能力、投资能力和地方政府对电网建设的支持政策情况。指标与指标之间既相互影响，又相互制约。

3.1.2 国外电网发展评价与投资决策指标

国外电网评价指标体系主要涵盖技术、经营、环境和社会四个方面。下面以美国、欧洲主要发达国家的电网发展评价与投资决策指标为例进行阐述。

3.1.2.1 美国 RTO/ISO 电网评价指标体系

美国已建立加州独立系统运营商（California Independent System Operator Corporation，CAISO）、新英格兰独立系统运营商（ISO New England Inc.，ISO－NE）、大陆中部独立系统运营商（Midcontinent Independent System Operator，Inc.，MISO）、纽约独立系统运营商（New York Independent System Operator，Inc.，NYISO）、马里兰电力联营体（PJM Interconnection，L.L.C.，PJM）、西南电力联营体（Southwest Power Pool，Inc.，SPP）和德克萨斯电力可靠性委员会（Electric Reliability Council of Texas，ERCOT）等七大非营利性的区域输电组织（Regional Transmission Organization，RTO）或独立运行机构（Independent System Operator，ISO），其中前六个 RTO 和 ISO 由美国联邦能源管理委员会（Federal Energy Regulatory Commission，FERC）管理，ERCOT 受德州公共事业管理委员会监管。FERC 是美国对州际电力销售、批发电力价格、水电许可证、天然气定价等有管辖权的联邦机构，是美国能源部内的一个独立的监管机构。FERC 根据美国政府责任署（General Accountability Office，GAO）的要求，建立了美国 RTO 和 ISO 等独立机构电网评价体系（见表 3－1），以评估各 RTO 和 ISO 的电网可靠性、运行性能、市场效益和组织效率。

指标主要通过统计、监测和审查数据进行分析，对发展趋势、完成效率、预测精准度等进行定量与定性评价，其中定量为主、定性为辅。

表 3－1　美国 RTO 和 ISO 等独立机构主要电网评价指标

类型	指标	计算公式/来源	典型指标数据
技术	违反可靠性标准的次数	监测/统计/审查数据	60 次/年
	控制性能评价 1（Control Performance Standard 1，CPS1）	$CPS1=100\%\times(2-CF)$ 其中：$CF=\dfrac{\Delta f\cdot ACE_1}{-10B\varepsilon^2}$，$ACE_1=k\Delta f+\Delta P$	140%
	控制性能评价 2（Control Performance Standard 2，CPS2）	$CPS2=\dfrac{\text{月合格区域控制偏差数}}{\text{月区域控制偏差统计数}}\times100\%$	90%
	能量管理系统可用性	可用时间 / 全年时间	99.7%

续表

类型	指标	计算公式/来源	典型指标数据
技术	发电机可用率	1－发电机强迫停运率	99%
	不同类型电源装机容量占比	统计数据	–
	不同类型电源发电量占比	统计数据	–
经营	管理费用	审查/统计数据	–
社会	客户满意度	审查/统计数据	90

注 1. 表中“典型指标数据”来源于 FERC 2019 年公布数据中的典型值，不代表评价标准或美国 RTO/ISO 的平均水平。

2. 区域控制偏差（Area Control Error，ACE）表示两个控制区域间联络线的实际功率与计划功率的偏差。

3. 表中，ACE_1 为控制区 *ACE* 1min 的平均值，MW；Δf 为系统频率偏差一分钟的平均值，Hz；ΔP 为控制区对外联络线实际和计划功率偏差，MW；k 为控制区电网静态调节效应系数，MW/0.1Hz；ε 为互联电网频率偏差 1min 目标均方根值，Hz。

3.1.2.2 欧洲 ENTSO－E 电网评估指标体系

欧洲输电运营商联盟（European Network of Transmission System Operators for Electricity，ENTSO－E）负责包括欧洲大陆、北欧、波罗的海、英国、爱尔兰 5 个同步电网区域，以及冰岛和塞浦路斯两个独立系统在内的 7 个区域的电网互联和调度工作，协会成员包括来自欧洲 36 个国家的 43 个输电网运营商，其目标是在欧洲能源系统中整合使用更高比例的可再生能源，促进欧洲电网更加灵活的发展。截至 2017 年底，ENTSO－E 负责区域内的 110kV 及以上交流输电架空线路总长度达到 47.36 万 km、电缆线路长度达到 5070km，110kV 及以上直流输电电缆总长度达到 8545km；电网总装机容量约 11.52 亿 kW，发电量 3.67 万亿 kWh，用电量约为 3.33 万亿 kWh；各成员国间交换电量约为 4348 亿 kWh，达到总用电量的 13%[❶]。

ENTSO－E 主要基于其掌握的各类数据，通过电网评价指标进行定量和定性相结合的综合评估，通过近几年的数据趋势分析，判断电网未来相关指标是否能够达到欧盟制定的目标标准。ENTSO－E 每年会发布 *Power Facts* 报告，采用各种电力数据反映欧洲电力系统的发展、互联状况，分析各国、各运营商为达到《巴黎协定》和 2020 年、2030 年、2050 年等节能减排目标所做的努力和贡献。ENTSO－E 采用的电网评估指标主要包括可靠性、可持续发展、用户、储能建设和信息化系统建设 5 个方面，为对比方便，进一步整合为技术、经营、环境和社会四个维度（见表 3－2）。

❶ 数据来源于 ENTSO－E 发布的 *Statistical Factsheet 2017* 和 *Electricity In Europe 2017*。

表 3-2 欧洲 ENTSO-E 主要电网评价指标

类型	指标	计算公式/来源	典型指标数据
技术	缺电时间	监测/统计数据	–
	事故数量	监测/统计数据	–
	储能设施花费及放电时间	统计数据	–
	输电阻塞时间	统计数据	18h/年
	数据信息可获取性	统计数据	–
	微电网发电量	统计数据	3.7GW
	智能用户数占比	统计数据	–
	需求响应容量	统计数据	英国储能调节量达 1369MW
经营	电费及构成	统计数据	–
	网络安全导致的经济损失	统计数据	1 千万欧元
环境	碳排放	监测/统计数据	296gCO_2/kWh
	可再生能源发电量占比	统计数据	冰岛可再生能源发电量占比达 100%
社会	能源贫困用户数据	统计数据	欧洲约有 5 千万～13 千万能源贫困用户

注 1. 表中"典型指标数据"来源于 ENTSO-E *Power Facts 2019* 报告公布数据中的典型值，不代表评价标准或 ENTSO-E 协会成员的平均水平。

2. 表中"能源贫困用户数据"指由于经济状况不好而用不起电的用户。

3.1.2.3 德国电网评价与投资决策指标

德国电网公司电网发展和运营目标是保证电网的可靠性、追求卓越的运营管理，保持合理的回报，促进电力市场的进一步融合以及加强新能源的接入。德国电网评价指标（见表 3-3）是电网公司内部评价电网的重要工具、依据，也用于电网现状的水平校核和指导电网规划、电网投资决策，是优化电网企业自身运营状况的重要依据。

表 3-3 德国输电公司主要电网评价指标[❶]

分类	指标	计算公式/来源	典型指标数据
技术	断电次数	监测/统计数据	无
	供缺电量	监测/统计数据	无
	网损率	监测/统计数据	1.51%
	短路电流	统计计算	IEEE 标准
	$N-1$ 校验	仿真计算	–

❶ 指标来源于西门子（中国）有限公司。

续表

分类	指标	计算公式/来源	典型指标数据
技术	电压稳定评估	监测数据	–
	阻尼因数	仿真计算	标准值：5%（非故障）、10%（故障）
	每 100km 线路故障率	线路故障次数/回路总长度	0.06 次/100km
	线路/变压器平均故障修复时间	故障恢复所用时间总和/故障数量	720min/240min
	瞬时故障次数	统计数据	1014 次/年
	永久故障次数	统计数据	1463 次/年
	持续断电小时	统计数据	–
	元件可用率	统计数据	–
	设备寿命周期	统计数据	40 年
经济	过网费	系统使用费收入	16.21 亿欧元
	年 EBIT	EBIT＝收入－营业支出＋非营业收入	5.64 亿欧元
	年 EBIT 增长率	年 EBIT 增长＝（当年 EBIT－前一年 EBIT）/前一年 EBIT	29.1%
	资产收益率	（净收入－税收）/总资本	11%
	客户员工比	客户总数/员工总数	2000~3000
环境	DG/RES 接入容量占比	分布式电源容量/全网电源接入容量	33%
	SF_6 排放	监测/统计数据	595kg
	绝缘油排放	监测/统计数据	–
	土壤灾害	监测/统计数据	–
	挥发性有机化合物	监测/统计数据	–
社会	客户满意度	调研/统计数据	95%
	员工满意度	调研/统计数据	85%
	事故应急响应能力	得到合理并及时处置的事故比例	无

注 1. 表中“典型指标数据”仅作示例，不代表评价标准或平均水平。

2. EBIT（Earnings Before Interest and Tax），息税前利润。

3. DG/RES（Distributed Generation/Renewable energy sources）：分布式发电/可再生能源。

3.1.3 国内外电网发展评价与投资决策指标对比

不同国家、电力独立运行机构和输电系统运营商对电网发展情况开展评价的内容存在一定差异。

指标分类上，可将国内外电网发展评价指标大致分为技术、经营、社会和环境四大类（见表 3-4）。其中，有关技术指标和经营指标数量相对较多，社会指标和环境指标的数量相对较少。

表 3-4　　国内外电网发展评价指标体系构成

体系名称	技术	经营	社会	环境
美国 RTO/ISO 电网评价体系	7	1	1	–
欧洲 ENTSO-E 电网评价体系	8	2	1	2
德国电网评价体系	14	5	3	5
中国电网发展诊断指标体系	32	17	1	2

三个电网发展评价指标体系在指标设置关注点上的异同，可以发现：

（1）技术指标方面，三者均针对电网安全性、可靠性评价设置了评价指标，例如故障次数、停电时间、输变电设备或信息系统可用性等。从指标数量上看，德国电网公司所采用的技术指标最为细致，除了包括瞬时/永久故障次数、每 100km 线路故障率等元件可靠性相关指标外，还包括 $N-1$ 校核、电压稳定评估、阻尼因数和短路电流等确定性的电网安全性评价指标。三者之间的主要差异是美国和欧洲在调度、需求侧、电网智能化水平等方面的评价更为细致，设置了控制性能评价指标、能量管理系统可用性、需求响应容量和微电网发电量等指标。

（2）经营指标方面，三者均涵盖电价或者电费有关的指标，但是侧重点不同，ENTSO-E 的指标体系中的电费及构成指标是从用户的角度评价电费及其构成占比；美国的指标体系中的管理费用指标是从电网公司的角度分析管理费用与负荷增加的关系，是分析一类成本；德国的指标体系中的过网费同样是从电网公司角度计算电网接入者收取的系统使用费，但过网费是一种收入。差异主要是欧洲指标体系还统计了因网络安全事故给社会造成的经济损失，德国则是更关注公司经营涉及的财务和效率指标，如 EBIT 等。

（3）社会指标方面，美国和德国的电网评价指标体系都关注了满意度评价，其中，美国有客户满意度指标，德国公司还会对员工满意度进行统计。主要差异是欧洲的指标体系还会统计能源贫困用户数据，关注民众是否用得起电，反映民众的生活水平状况。

（4）环境指标方面，欧洲和德国电网评价体系对其进行了重点关注，主要是欧洲因面临巨大的碳减排压力和资源相对匮乏的现状，对环境方面的指标较为关注。差异主要是德国对于污染物排放统计得更加细致，还监测了电网建设导致土壤灾害方面的指标。

表 3-5 所示为国内外电网发展指标中技术指标的对比情况。

表 3-5　　　　国内外电网发展指标对照表——技术指标

<table>
<tr><th>类型</th><th>国外</th><th>中国</th></tr>
<tr><td rowspan="21">技术</td><td>1. N−1 校验</td><td>1. N−1 通过率</td></tr>
<tr><td>2. 短路电流校验</td><td>2. 短路电流水平</td></tr>
<tr><td>3. 网损率</td><td>3. 综合线损率</td></tr>
<tr><td rowspan="2">4. 设备寿命周期</td><td>4. 设备运行年限及分布</td></tr>
<tr><td>5. 退役设备平均使用寿命</td></tr>
<tr><td>5. 元件可用率百分数</td><td rowspan="2">6. 变压器和架空线路可用系数</td></tr>
<tr><td>6. 发电机可用率</td></tr>
<tr><td>7. 每百公里线路故障率</td><td>7. 变压器和架空线路强迫停运率</td></tr>
<tr><td>8. 缺供电量</td><td>8. 停电缺供电量</td></tr>
<tr><td>9. 电压稳定评估
10. 阻尼因数</td><td>9. GB 38755《电力系统安全稳定导则》和 DL/T 1234《电力系统安全稳定计算技术规范》中涉及相关指标的计算分析，如：动态稳定计算分析、电压稳定计算分析</td></tr>
<tr><td>11. 控制性能标准（CPS1&2）</td><td>10. GB/T 31464《电网运行准则》中频率及电压控制中涉及的同类指标：CPS1&2</td></tr>
<tr><td>12. 事故数量
13. 违反可靠性标准的次数
14. 瞬时故障次数
15. 永久故障次数
16. 事故响应能力
17. 输电阻塞时间</td><td>11. 特殊方式安全隐患
12. 事故应急预案（调度）
注：在《电力生产事故调查规程》、国务院 599 号令中有“事故”的相关定义</td></tr>
<tr><td>18. 断电次数
19. 持续断电小时
20. 平均故障修复时间
21. 缺电时间</td><td>13. 用户供电可靠率
14. DL/T 836《供电系统用户供电可靠性评价规程》中涉及相关指标，如：用户平均（短时/预安排/故障）停电次数、用户平均（故障/预安排）停电时间、故障停电平均持续时间、停电/停运持续时间</td></tr>
<tr><td>22. 不同类型电源装机容量占比</td><td rowspan="2">15. 电源装机年均增长率</td></tr>
<tr><td>23. 不同类型电源发电量占比</td></tr>
<tr><td>24. 微电网发电量</td><td rowspan="6"></td></tr>
<tr><td>25. 智能用户数占比</td></tr>
<tr><td>26. 需求响应容量</td></tr>
<tr><td>27. 储能设施花费及放电时间</td></tr>
<tr><td>28. 能量管理系统可用性</td></tr>
<tr><td>29. 数据信息可获取性</td></tr>
</table>

续表

类型	国外	中国
技术		16. 容载比
		17. GDP 年均增长率
		18. 社会用电量增速
		19. 最高用电负荷增速
		20. 变电容量规模增速
		21. 线路长度规模增速
		22. 同塔双回线 $N-2$ 通过率
		23. 平均单回线路长度
		24. 户均配变容量
		25. 最大负载率
		26. 平均负载率
		27. 单位电网规模支撑等效装机/用电负荷
		28. 县域电网薄弱环节
		29. 县级供电区低电压用户比例
		30. 10kV 电网可转移负荷占比
		31. 10kV 高损耗配变台数比例
		32. 10（20）kV 架空绝缘化率/电缆化率
		33. 配电自动化覆盖率
		34. 智能变电站座数
		35. 变电站综合自动化率
		36. 配电终端一、二、三遥比例
		37. 智能电能表覆盖率

从具体指标看，国内外采用的技术指标在涉及安全、可靠性、用电质量方面的基础指标存在相似性，一方面是 $N-1$ 通过率、短路电流水平、电压稳定、阻尼因数等确定性电网安全评价指标，一方面是故障次数、停运率、故障持续时间、可用系数、缺供电量等电网输变电设备可靠性评价和供用电可靠性评价指标，另一方面是线损率、设备运行年份/使用寿命等电网运行经济性指标。

由于国外发达国家电网设施老化、陈旧设备居多，在评价中更注重安全稳定性分析，指标体系中会设置更加细致、全面的统计和分析涉及安全和可靠性的指标，如故障次数、故障持续时间等。例如，北美输电网现行可靠性相关导则主要遵循 IEEE 3000 标准集中的电力系统可靠性系列标准（3006 系列标准），其中包括了评估现有电力系统的可靠性准则（E 3006.2－2016－IEEE *Recommended Practice for Evaluating the Reliability of Existing Industrial and Commercial Power Systems*）、电力系统设备的可靠性数据分析标准（IEEE 3006.8－2018－IEEE *Recommended Practice for Analyzing Reliability Data for Equipment Used in Industrial and Commercial Power Systems*）和电力系统可靠性、可用性、可维护性数据收集准则（IEEE 3006.9－2013－*IEEE Recommended Practice for Collecting Data for Use in Reliability，Availability，and Maintainability Assessments of Industrial and Commercial Power Systems*）等，主要指标包括设备故障频率、持续时间、可用率、百英里线路故障频率等。配电网现行供电可靠性标准是 IEEE 配电可靠性指标导则（IEEE 1366－1998－IEEE *Guide for Electric Power Distribution Reliability Indices* 和 IEEE 493－2007－IEEE *Recommended Practice for the Design of Reliable Industrial and Commercial Power Systems*），主要指标包括平均停电次数（SAIFI）、用户平均停电时间（CAIDI）、系统平均停电时间（SAIDI）、平均服务可用率（ASAI）、平均瞬时停电次数（MAIFI）等。北美电力可靠性委员会（North American Electric Reliability Council，NERC）形成了输电可靠性数据系统（Transmission Availability Data）工作小组，旨在记录和分析输电网可靠性指标，用以评价输电网的可靠性和效果，主要的指标包括元件设备故障频率、持续时间、修复时间、可用率等。除此之外，美国电科院（Electrical Power Research Institute，EPRI）也建立了一套输电网可靠性评价体系，指标包括输电回路停用频率、输电回路持续停用时间、输电回路停电恢复时间等。

中国此类型指标大多在 GB 38755《电力系统安全稳定导则》、GB/T 31464《电网运行准则》、DL/T 836《供电系统用户供电可靠性评价规程》等标准文件中进行了严格的规定和要求，或是由公司调度中心和运行部门进行统计和分析，因此不在电网发展评价中再次进行评价。DL/T 837《输变电设施可靠性评价规程》、DL/T 836《供电系统用户供电可靠性评价规程》，主要规定了输电网变压器、线路、断路器等设备的运行可靠性评价指标、方法以及用户侧供电持续性的相关指标和评价方法。另外，中国电网企业也分别统计不同层级各类客户报修的输变电设备故障情况及原因，主要统计指标包括变压器重载、过载，低电压、三相不平衡数量，高压故障数量，低压故障数量，电能质量问题数量，计量故障报修数量等。在及时开展故障修复，提高企业优质服务水平的同时，也为设备部门开展设备运行维护提供重要依据。对于事故数量、故障次数、响应能力等指标，在特殊方式安全隐患和事故应急预案（调度）中有所统计和规定，其中事故的分类和标准在《电力生产事故调查规程》、国务院 599 号令《电力安全事故应急处置和调查处理条例》中有详细的定义。

差异性指标方面，国外的技术指标中关注了需求侧方面的指标，包括：微电网发电量、智能用户数占比、需求响应容量、储能设施花费及放电时间等。这类指标均是反映需求侧对电网平衡、可靠性与稳定性的作用和进行调节的参与程度，利用用户与电网的互动，提高大电网灵活性。中国电网采用需求侧调控电力系统平衡的情况还不是很普遍，主要通过增加或减少发电出力对系统进行平衡。除此之外，国外对数据信息的可获取性十分关注，并希望通过大量的电网运行实时数据和历史数据进行深层挖掘分析，因此统计了可获取数据资源的电力公司和用户数量。中国对于大数据的采集，主要是由运行监控等部门进行管理，且并不对获取性进行考核。

另外，由于国外发达国家智能化和自动化电网的普及率相对高，指标体系中并不关注自动化覆盖率、智能变电站座数、智能电能表覆盖率等指标。中国电网发展过程中，对于变电站和各种设备的智能化升级改造还有进一步的工作，因此在指标体系中关注了配电自动化覆盖率，智能变电站座数，变电站综合自动化率，配电终端一、二、三遥比例，智能电能表覆盖率等指标，体现中国电网设备智能化的水平。

中国电网发展指标中的技术指标还包括 GDP 增长率、容载比、电源–负荷–电量–电网规模等指标，这些指标主要用于衡量中国近年来电网快速发展过程中的协调性，是评价发展过程和反映电网形态变化方面的指标，而国外发达国家电网发展已经进入平稳期，这类指标已基本保持稳定，不需要特别关注。

表 3–6 所示为国内外电网发展指标中经营指标的对比情况。

表 3–6　　　　国内外电网发展指标对照表——经营指标

类型	国外	中国
经营	1. 年收入	1. 主营业务收入增长率
	2. 年 EBIT、年 EBIT 增长率	2. EBITDA 利润及利润率
	3. 资产收益率	3. 单位电网资产售电收入
	4. 过网费 5. 电费及构成 6. 管理费用	4. 每万元电网资产运行维护费 5. 输配电价 6. 输配电成本
	7. 网络安全导致的经济损失	
	8. 客户员工比	
		7. 电网投资占固定资产投资比例
		8. 电网基建投资占电网投资比例
		9. 单位电网投资增售电量
		10. 单位电网投资增供负荷
		11. 单位电网资产供电负荷
		12. 单位电网资产售电量
		13. 资产负债率

续表

类型	国外	中国
经营		14. 带息负债比率
		15. 资本性资金投资保障率
		16. 自有资金比率
		17. 单位电量输配电成本

从具体指标上来看，经营指标基本相似，均采用收入、利润、资产等财务指标评价企业的经营情况。在费用方面，由于国外电力体制的不同，其电价形成机制复杂，因此会更关注电力费用的组成部分及各部分的花费。中国电价形成主要由政府定价，采用单一制度电价为主，其具体构成和各部分花费占比关注相对较少。

在工作效率方面，国外采用了用户员工比来反映供电企业员工的工作效率，而中国未设置反映员工工作效率的直接指标。

另外，由于智能化和自动化电网的普及率高，网络化设备中心、调控与管理中心及数据中心基础设施设备都易受黑客攻击的影响，美英等国都多次报道其电力网络等公用基础设施遭到黑客攻击，导致停电断电等事故的发生，产生了直接的经济损失。因此他们在经营指标方面还特别关注了网络安全。目前，中国的电网企业对电网网络信息安全控制较为严格，至今未发生过电网黑客入侵并进行攻击的事件，但随着能源互联网的不断建设和成熟，信息的开放性和交互性将会使得电网面临的网络攻击风险增加，需要借鉴国外经验，防范可能发生的网络安全事件。

中国电网发展起步较国外晚，正处于快速发展的过程中，且公司更关注电网发展过程中的电网工程对人民生活的服务作用以及电网投资所带来的电量效益，因此经营指标中关注了大量如单位电网投资增售电量、单位电网投资增供负荷、单位电网资产增供负荷、单位电网资产售电量等指标。这些指标主要用于衡量中国近年来电网快速发展过程中的增长协调性及电网整体投资效益的增长情况。国外电网建设已处于平稳期，此类指标的关注程度不高。

表 3-7 和表 3-8 所示为国内外电网发展指标中社会和环境指标的对比情况。可以看出，相比较于技术指标和经营指标，社会指标和环境指标的数量较少。

表 3-7　　国内外电网发展指标对照表——社会指标

类型	国外	中国
社会	1. 能源贫困用户数据	1. 无电人口户数、人数
	2. 客户满意度	
	3. 员工满意度	

表 3-8　　国内外电网发展指标对照表——环境指标

类型	国外	中国
环境	1. 可再生能源接入容量占比	1. 可再生能源发电量
	2. 碳排放	2. 节能减排气体量
	3. 设备 SF_6 排放	
	4. 绝缘油排放	
	5. 挥发性有机化合物	
	6. 土壤灾害	

在社会指标方面，国外更注重客户和员工满意度、能源贫困等反映服务品质、员工诉求和民众生活水平的社会指标。中国电网发展诊断指标体系中这方面指标也有涉及，主要是通过无电人口数量来进行评价。中国无电人口大多是因为地处偏远、居住分散、自然条件差、施工难度大导致无法用电，而不等同于国外因承担不起电费而无法用电的能源贫困用户。中国各电网企业也非常关注用户服务质量，有专门的客户服务中心，同时各公司逐步制定了相关政策，通过加强设备维护、降低网损等措施，不断提高自身在社会服务方面的水平。

在环境指标方面，国内外都统计了可再生能源发电量来评价电网的绿色环保水平，但国外主要通过可再生能源接入容量占比进行评价，更能体现可再生能源发展规模。除此之外，国外对电力设施对环境的影响比较重视，尤其是欧洲各国面临巨大的减排压力和资源相对匮乏的现状，其制定的电网评价指标中对新能源的开发利用和低碳发展给予了特别关注，使得国外电网评价体系中环境指标比国内指标更为丰富和细致，具有专门评估、计算各种污染物排放的指标。

3.2　电网发展评价与投资决策理论

对电网发展进行评价和投资决策，需要明确评价和选择的目标、标准。为了评价过程和结果的科学、客观和公正，就要有一套科学、完善的理论体系作为现代电网发展评价与投资决策的理论基础和依据。电网发展评价与投资决策理论是多种评价思想、理论的彼此结合与应用，能够为电网发展提供方向指导、为投资决策提供理论支持。

3.2.1　价值理论

价值理论是电网发展评价与投资决策的理论基础之一，因为科学的电网评价决策活动本质上是对电网价值进行判断的过程。价值理论是电网公司对电网发展现状评价和电网项目投资决策的指导和依据。价值和评价决策是紧密联系的，没有价值现象，就没有评价决策的活动。电网价值是电网评价决策的基础，电网价值是客观存在的，包括电网本身的建设价值，还包括电网产生的经济和社会效益价值。电网的客观价值先于评价决策的活动而存在，评价决策随着电网客观价值的变化而变化。电网评价决策揭示电网的价值，电网公司通过评价，揭示、把握电网的价值，使电网的价值由潜在的形式转化为直接的、量化的形式展现在决策人的面前，为电网的发展方向和投资决策提供指导和支撑。

3.2.2 认识理论

电网发展评价和投资决策在本质上属于对电网的认识，是一种特殊的认识活动，是通过对评价对象即所评价的电网的掌握过程，认识电网的价值，做出后续发展方向定夺和项目投资决策的工作，是一种价值认识活动。评价决策作为认识价值的一种观念性活动，它既属于价值论研究的范围，同时也属于认识论研究的范围。科学的评价和决策工作就是在事实认识和价值认识的基础上对评价对象的价值和意义做出的合理判断，即了解、认识、确定和判断评价对象有无价值及价值量的大小。电网发展评价和投资决策即是在对电网状态、电网发展水平、政策形势等作出深入认识、总结、分析后，进行的科学合理判断，为电网规划和投资计划提供参考。

3.2.3 计量学理论

计量学理论是电网发展评价和投资决策的重要理论来源和理论基础，科学的评价和决策工作是对评价对象进行质与量的评判，而计量学理论则是完成评价和决策量化分析的基础。计量学理论主要关注计量的对象、计量的方法与计量的效果。科学的计量学理论方法，是借助有关科学文献产生、传播和利用的定量数据，描述科学交流以及研究活动的内在规律，运用数学的语言和模型去阐述科学过程的理论和实践，经过数学和统计学处理，得出供人们进行分析、预报决策或管理控制的定量结果。电网发展评价和投资决策即是以建立电网发展诊断指标体系为手段，以指标评判标准为标尺，对电网发展的技术指标和经济指标进行量化分析，为电网企业开展电网规划和进行投资决策提供依据。

3.2.4 比较与分类理论

科学评价与决策的活动过程就是设计不同的评价指标体系，采用不同的评价方法，将不同的评价对象放入各自的评价指标体系中进行比较，或者直接将不同的评价对象分成不同的类进行相互比较的过程。科学评价决策就是在分类的基础上进行同类比较，比较与分类评价原则是科学评价与决策的基本原则。中国东中西部区域经济和电网处于不同发展阶段，电网投资水平存在显著差异，基于比较与分类理论可以针对不同省份的差异化特征和发展需求，科学和准确地提出差异化的评价手段，做出具有针对性的决策，提升投资效益，避免低效、无效投资。

3.2.5 系统工程理论

系统工程是从总体出发，合理规划、开发、运行、管理及保障一个大规模复杂系统所需思想、理论、方法与技术的总称。系统工程理论是从系统工程的过程出发，以系统工程的理论和方法为重点，对系统工程的基本理论、应用理论、系统评价、预测和决策理论进行归纳总结。研究内容为系统分析、设计、制造和服务，研究目的是充分发挥人力、物力的潜力进行各种组织管理活动，总目标是综合最优化。系统工程理论在电网评价与决策中有广泛的应用，即通过对现状电网、规划网架、电网项目的分析、预测、评价，进行综合使该电网系统达到最优，以致力于取得经济合理、运行可靠、技术先进与时间最省的良好结果。

3.2.6 可持续发展理论

可持续发展理论是指既满足当代人的需要，又不对后代人满足其需要的能力构成危害的发展理论，其主要包含两个基本要素："需要"和对需要的"限制"。该理论以公平性、持续性、共同性为三大基本原则，以最终达到共同、协调、公平、高效、多维的发展目标。在电网发展评价与投资决策过程中使用可持续发展理论，可实现电网项目和电网企业持续、平稳地运行与经营，并进一步推进社会经济的增长与环境的改善，达到生态、社会、企业本身三个方面的可持续发展。

3.2.7 模糊理论

模糊理论是指利用模糊集合的基本概念或连续隶属度函数的理论，分为模糊数学、模糊系统、不确定性和信息、模糊决策、模糊逻辑与人工智能这五个分支，每个分支之间有紧密的联系。模糊理论主要是用于研究许多界限不分明甚至是很模糊问题的一种工具。例如在电网发展评价与投资决策过程中存在着许多不具备随机分布特性的模糊数据和信息，不能采用确定的方法进行描述和处理。应用模糊理论，可以根据这些不确定信息的模糊特性，通过模糊集来描述，并用其隶属度函数来表示，从而可以将这些不确定性信息以数学模型的形式包含在规划模型中进行模糊规划计算。

3.3 电网发展评价与投资决策评价方法及应用

3.3.1 电网发展评价与投资决策评价方法

科学的评价方法一般分为三类，包括定性评价、定量评价和综合评价，如表3-9所示。

表3-9　　科学评价的主要方法

方法分类	方法性质	主要代表性方法
定性评价	基于专家知识的主观评价法	同行评议法、德尔菲法、调查研究法等
定量评价	基于统计数据的客观评价方法	灰色系统理论法、熵权法、主成分分析法等
综合评价	基于系统模型的综合评价方法	层次分析法、模糊数学法、统计分析法、系统工程方法和智能化评价方法等

3.3.1.1 定性评价

定性评价方法主要有同行评议法、专家评议法、德尔菲法、调查研究法、案例分析法和定标比超法等，这些方法都是基于同行或是专家通过已有的知识和经验对评价对象做出的主观判断。

（1）同行评议法。同行评议法是某一或者若干领域的专家通过采用同一种评价标准，对涉及相关领域的某一事项进行评价的活动，该方法主要以专家定性判断为主，其评价结果为有关部门的决策工作提供参考。同行评议法的优点在于利用了科学研究活动中专家的经验，一定程度上确保了评价对象的质量，同时允许相关专家进行科学的交流，促进了科学进步；缺点是评价过程依赖评价者的看法和过去的经验，专家本身会存在固有的弱点和偏见，从而反映到评价的结果中，也会有易屈服于权威或大多数人意见、易受劝说性意见的影响等缺点。

（2）德尔菲法。德尔菲法即专家调查法，是一种背对背的多轮匿名征询专家意见的调研方法，通过多轮次调查专家对问卷所提问题的看法，经过反复征询、反馈、修改和归纳，最后汇总成专家基本一致的看法。专家之间不得互相讨论，不发生横向联系。德尔菲法的优点在于能充分发挥各位专家的作用，把各位专家意见的分歧点表达出来；缺点是过程比较复杂，花费时间较长，多人评价时结论难收敛。

（3）调查研究法。调查研究法是调查人员针对评价对象，采用各种调查方法和手段（如调查表调查、访问调查、文献调查等）搜集有关资料、数据，并对信息进行整理、分析、研究，掌握了解的情况和问题，预测其发展变化趋势，并提出有针对性的具体方案和意见。调查研究法的优点在于能获取第一手材料，保证结果的可信度；缺点在于工作量大，定量处理较难。

3.3.1.2 定量评价

定量评价方法又称为计量方法、统计方法，主要有灰色系统理论法、熵权法、主成分分析法等，是通过把复杂现象简化为指标或者相关数据，并对评价决策活动中的指标或者相关数据的数值进行统计，用数值比较来进行判断、分析、选择的方法。

（1）灰色系统理论法。灰色系统理论法通过对“部分已知信息”的生成、开发、研究和利用，提取有效的价值信息，实现对系统运行行为、演化规律的正确描述和有效监控。灰色系统理论法的优点是依据极少的数据和信息资源，从残缺、不完整、不规则的信息系统中提取出对我们有益的结论；缺点是该方法对于长期预测的精度较差，并且关联度有关的因素很多，参考、比较、规范化方式的不同会导致不同的结果。

（2）熵权法。熵权法是一种客观赋值的方法，即根据指标变异性的大小来确定客观权重。若某个指标的信息熵越小，表明指标值的变异程度越大，所能提供的信息量越多，权重也就越大，反之则权重就越小。熵权法的优点在于其评价结果主要依据客观资料，几乎不受主观因素的影响，可以很大程度上避免人为因素的干扰，具有较高且客观的精准度；缺点在于，熵权法只在确定权重的过程中使用，范围有限，因此解决的问题也有限。

（3）主成分分析法。主成分分析法是一种通过降维来简化数据结构的方法，即利用综合变量（综合指标）反映原来多个变量（指标）的大部分信息且所含信息互不重复。主成分分析法的优点在于减少了指标数量，降低指标选择的工作量，使问题简单化；不足在于降维过程中存在模糊性，不像原始变量能充分、确切描述评价对象的特征。

3.3.1.3 综合评价

综合评价方法，即定性与定量相结合的各种综合评价方法，包括层次分析法、模糊综合评价法、统计分析法等。

（1）层次分析法。层次分析法是把一个复杂问题分解成若干组成因素，并按支配关系形成层析结构，然后应用两两比较的方法确定各因素（包括指标和方案）的相对重要性，计算各因素的权重，并以此为基础实现不同决策方案的排序。层次分析法的优点主要在于简单明了，灵活实用；缺点在于当指标过多时数据量统计较大，且权重难以确定。

（2）模糊综合评价法。模糊综合评价法根据模糊数学的隶属度理论把定性评价转化为定量评价，即用模糊数学对受到多种因素制约的事物或对象做出一个总体的评价。模糊综合评价法的优点在于能解决难以量化的问题，提高结论的可信度；缺点在于其计算复杂，对指标权重矢量的确定主观性较强。

（3）统计分析法。统计分析法指通过对评价对象的规模、速度、范围、程度等数量关系的分析研究，认识和揭示事物间的相互关系、变化规律和发展趋势，对评价对象做出正确解释和预测，然后进行决策的方法。统计分析法的优点在于直接利用历史数据进行判断，方法简单，工作量小；缺点在于对于历史数据的完整性和准确性要求高，数据的准确性和可靠性对评价影响大。

3.3.2 电网发展评价与投资决策方法应用

电网发展评价指标体系涵盖众多指标，在实际的应用中，一般会根据实际工作要求，全面应用或筛选关键指标进行评价分析。下面以筛选出的电网规模与速度、电网安全与质量、电网效率与效益、企业经营与政策四个方面共 13 个关键指标为例介绍电网发展评价与投资决策方法在省级电网发展评价中的应用。

在开展电网发展评价时，首先要针对评价对象和工作要求，确定评价指标体系和单指标评价方法。本例中所运用的指标体系构成和单指标评价方法如表 3–10 所示。

表 3–10　　电网发展综合诊断分析指标层级

一级指标	二级指标	评价方法
电网规模与速度	变电容载比	参考 Q/GDW 156《城市电力网规划设计导则》各电压等级容载比建议范围： （1）处于 Q/GDW 156 规定的范围内，评分：100； （2）低于 Q/GDW 156 下限或高于上限时，计算与上限或下限的偏差程度，每偏差 1%扣 5 分，最低为 0； （3）变电容载比最终得分，按照 220kV 及以上电网权重 0.4、110kV 电网权重 0.2 加权
	农网户均配变容量	（1）农网户均配变容量不小于 2kVA/户，评分：100； （2）农网户均配变容量小于 2kVA/户，评分 = 100 – ［（2 – 农网户均配变容量）/2］ × 200
电网安全与质量	输电网 $N-1$ 通过率	评分 = （1 – Σ|1 – 某电压等级 $N-1$ 通过率| × 2） × 100
	特殊方式安全隐患	（1）不存在国务院 599 号令特殊方式安全隐患，评分：100； （2）存在特大等级事故隐患，评分：一个减 10 分； （3）存在重大等级事故隐患，评分：一个减 5 分； （4）存在较大等级事故隐患，评分：一个减 3 分； （5）存在一般等级事故隐患，评分：一个减 1 分，扣完为止
	暂稳控制线路条数	（1）暂稳控制线路条数 = 0 时，评分：100； （2）暂稳控制线路条数>0 时，评分：每增加一条，扣 5 分，扣完为止
	供电可靠率	（1）评分 = （城网供电可靠率 + 农网供电可靠率）/2 × 100%； （2）供电可靠率（RS – 3） = 1 – ［（用户平均停电时间 – 用户平均限电停电时间）/统计期间时间］ × 100%

续表

一级指标	二级指标	评价方法
电网效率与效益	负载率	（1）变电最大负载率≥60%，评分：100；低于 60%，每降低 1%减 3 分； （2）线路平均负载率≥30%，评分：100；低于 30%，每降低 1%减 3 分； （3）负载率指标最终得分为变电最大负载率得分与线路平均负载率得分的平均值
	单位投资增供负荷	以最好水平的省份为 100 分，其他省份按插值递减
	单位投资增收电量	以最好水平的省份为 100 分，其他省份按插值递减
企业经营与政策	EBITDA 利润率	最好水平的省份评分为 100 分，其他省份按插值递减
	资产负债率	（1）资产负债率≤70%，100 分； （2）资产负债率＞70%，每增加 1%减 2 分
	单位电网资产售电量	最好水平的省份评分为 100 分，其他省份按插值递减
	每万元电网资产运行维护费	以公司平均水平为 50 分基准，较平均水平每增加 1%，扣 1 分，扣完为止；每减少 1%，加 1 分，上限 100 分

然后，确定综合评价方法。本算例，采用专家打分法确定了各二级指标的权重，如表 3-11 所示；各一级指标的权重相同，均为 0.25。

通过对指标的计算分析，获得单指标得分，通过指标得分与权重系数相结合，最终获得被评价对象的综合评价分数。根据评价对象的最终得分和具体指标情况，分析造成影响电网发展水平的主要原因，提出电网发展水平改善的结论与建议。

表 3-11　　二级指标权重

指标		权重
规模与速度	变电容载比	0.6
	农网户均配变容量	0.4
安全与质量	输电网 $N-1$ 通过率	0.5
	特殊方式安全隐患	0.2
	暂稳控制线路条数	0.1
	供电可靠率 RS-3	0.2
效率与效益	负载率	0.4
	单位投资增供负荷	0.3
	单位投资增售电量	0.3
经营与政策	资产负债率	0.5
	EBITDA 利润率	0.2
	单位电网资产售电量	0.15
	每万元电网资产运行维护费	0.15

下面，针对 A、B 两个省级电网进行计算和分析。

A 省电网建设较早，具有负荷密集、用电峰谷差大等特点。A 省已形成较为完善的 500kV 双环主干电网格局，其高压配电网为 220kV 电网，且部分 220kV 变电站采用了深入负荷中心送电的方式。110kV 电网是 A 省中心城区 10kV 电网的主要上级电源。

A 省综合得分为 81.87 分（见表 3-12），电网安全与质量方面得分最高，电网效率与效益方面得分最低。

表 3-12　　A 省电网各级指标评价分析表

综合得分	一级指标		二级指标	
	指标	分数	指标	分数
81.87	电网规模与速度	88	变电容载比	80
			农网户均配变容量	100
	电网安全与质量	100	输电网 $N-1$ 通过率	100
			特殊方式安全隐患	100
			暂稳控制线路条数	100
			供电可靠率 RS-3	100
	电网效率与效益	49.39	负载率	85.64
			单位投资增供负荷	25.21
			单位投资增售电量	25.24
	企业经营	90.07	资产负债率	100
			EBITDA 利润率	100
			单位电网资产售电量	33.82
			每万元电网资产运行维护费	100

电网规模与速度方面，由于 A 省 110kV 电网容载比达到 2.8，超过上限较多，得分仅 80 分。其主要原因在于 A 省的 110kV 电网与其 35kV 电网同时向 10kV 降压，目前规划思路是限制 35kV 电网发展，逐步向 110kV 过渡，110kV 电网建设加快，但 35kV 网供负荷尚未完成向 110kV 电网转移。

电网效率与效益方面，A 省属于单位投资增供负荷与单位投资增售电量效益偏低的省级电网。主要原因在于 A 省电网主网架结构已较为完善，电网发展需求逐渐向改造升级转变，在“国际一流配电网”、改善营商环境等投资需求的推动下，电网网架优化、装备水平提升、供电可靠性提升、架空线入地等投资占比较大，这类投资的电量、负荷效益往往不太明显。同时，随着经济增长步入新常态，电量增速逐步放缓（A 省 2019 年售电量增速为 3.4%），在维持较高水平电网基建投资规模的情况下，电网投资效益指标受到影响。

企业经营与政策方面，A 省电网资产售电量指标评分低于 60 分，原因主要在于在电量增速放缓的背景下，存量资产效益有所下降。

总体结论：

A 省电网 500kV 已形成双环网，500/220kV 实现分层分区运行，整体稳定水平较高。A 省 35kV 网络发展已较为成熟，变电站平均运行年限较长，利用率较高；而 110kV 变电站以新建站为主，主变压器容量相对于 35kV 明显增大，负载率较低。A 省电量受区域经济转型深度不断加大影响，效益增量空间有限，同时 A 省近两年电网投资持续处于高位，且每年接收的用户资产规模较大，通过压降成本来提高效益的空间有限。

措施建议：

（1）增加地区电网变电容量，解决热点地区供电能力紧张的问题。

（2）加强 220kV 联络通道建设，提高分区间的负荷转移能力，通过灵活安排运行方式，充分释放具有供电能力盈余分区的变电容量。

（3）优化 110kV 变电站布点、提升 10kV 电网对上级电网的支撑，优化 110kV 和 35kV 电网负荷供电布局，提升各级电网的运行效率。

（4）开展老旧设备改造和重点城区配网自动化建设，推进 220kV 老旧变电站改造工程，提高电网可靠性、安全性，改善电网设备水平。

B 省电网整体发展速度和电网规模总体适中，电网结构整体日趋完善。B 省公用电网最高电压等级为 1000kV，已经形成电压等级齐全、电力交换集中，以 500kV 电网为骨干、以 220kV 电网为主体、110kV 及以下电网覆盖全省城乡的大电网。

B 省综合得分为 79.21 分（见表 3－13），电网安全与质量方面得分最高，电网效率与效益方面得分最低。相较于 A 省，B 省电网效率与效益方面的得分较高，但其余三个一级指标的得分均低于 A 省。

表 3－13　　B 省电网各级指标评价分析表

综合得分	一级指标		二级指标	
	指标	分数	指标	分数
79.21	电网规模与速度	78.69	变电容载比	77.82
			农网户均配变容量	80
	电网安全与质量	96.52	输电网 $N-1$ 通过率	100
			特殊方式安全隐患	92
			暂稳控制线路条数	100
			供电可靠率 RS－3	90.58

续表

综合得分	一级指标		二级指标	
	指标	分数	指标	分数
79.21	电网效率与效益	57.68	负载率	82.01
			单位投资增供负荷	35.26
			单位投资增售电量	47.66
	企业经营	83.95	资产负债率	100
			EBITDA 利润率	77.42
			单位电网资产售电量	57.35
			每万元电网资产运行维护费	65.73

电网规模与速度方面，B 省电网虽然结构整体日趋完善，但由于经济发展不均衡和能源分布不均，存在线路与变电发展速度协调性有待加强的情况。220kV 容载比已在合理范围，但 500、110、35kV 容载比仍略有偏高；110kV 及以下电网存在市辖供电区网络结构不强，县级供电区电网结构薄弱，户均配变容量偏低的情况。

电网安全与质量方面，220kV 及以上局部电网仍存在短路电流超标的风险和事故安全隐患，110kV 及以下电网安全性相对偏低，市辖供电区安全可靠性不高，县级供电区安全可靠性较低，薄弱县级电网问题依然存在。

电网效率与效益方面，B 省 2019 年负荷和电量增长情况较好（增速处于 6%～10%），因此较 A 省的单位投资增供负荷和增售电量的指标得分较高，但由于 2013～2018 年售电量增速呈现了不同程度的波动，且年度电网基建投资规模维持在较高水平，因此电网投资效益水平偏低。

企业经营与政策方面，B 省电网资产售电量指标评分低于 60 分，是由于逐年接收代管县及用户资产，售电收入增长幅度低于电网资产增长幅度。每万元电网资产运行维护费评分整体偏低，仍需进一步加强成本控制。

总体结论：

B 省电网整体发展速度和电网规模总体适中，电网结构日趋完善，满足各类电源上网和负荷增长需求；容载比偏高问题有所缓解，但仍存在部分电压等级容量裕度整体偏高的问题。110kV 及以下电网安全性不断增强，但相对 220kV 以上电网，其安全性偏低，市辖供电区安全可靠性不高，县级供电区安全可靠性较低，薄弱县级电网问题依然存在。线路利用效率有待提升，其中重载变压器和线路主要位于县级供电区。电力销售增长乏力，成本刚性增长，公司经营压力大。

措施建议：

（1）适度控制电力需求增长乏力、容载比长期偏高地区的电网投入，提升电网利用效率。

（2）调整优化电网投资结构，优化 35～110kV 电网建设时序；紧密结合用户报装，合理安排 10kV 电网切改，均衡线路负载率，满足负荷增长，促进电网线路与变电容量协调发展。

（3）提升 110kV 及以下电网安全可靠性，确保电网设备安全运行，保障重要输电通道安全和重要用户可靠供电。

参考文献

［1］Federal Energy Regulatory Commission. Common Metrics Report［C］，August 2016.

［2］ENTSO－E，POWER FACTS［C］，2019.

［3］ENTSO－E，ENTSO－E Statistical Factsheet［C］，2017.

［4］ENTSO－E，Annual Work Programme［C］2016/2017/2018.

［5］刘则渊，韩霞. 大学评价的理论基础和指标体系［M］. 北京：华夏出版社，2005.

［6］袁贵仁. 价值学引论［M］. 北京：北京师范大学出版社，1991.

［7］高燕云. 研究与开发评价［M］. 西安：山西科学技术出版社，1996.

［8］陈敬全. 科研评价方法与实证研究［D］. 武汉：武汉大学，2003.

［9］埃利泽·盖斯勒. 科学技术测度体系［M］. 周萍，黄军英，刘娅，等译. 北京：科学技术文献出版社，2003.

［10］吴述尧. 同行评议方法论［M］. 北京：科学出版社，1996.

［11］Grol R.，Lawrence M.. Quality Improvement by Peer Review. New York：Oxford University press，1995.26－38.

［12］Benfield J.. The anatomy of peer review. Journal of Thoracic and Cardiovascular Surgery，1991，101（2）：190－195.

［13］Kassirer J.，Campion E.. Peer review：crude and understand，but indispensable. Journal of the American Medical，1994，272（2）：96－97.

［14］Klein C.. Benefits of Peer－review publication. American Journal of Hospital Pharmacy，1991，48（7）：1421－1426.

［15］Kostoff R. N.. Peer review：the Appropriate GPRA Metric for Research. Science，1997，227（5326）：651，652.

电网发展安全性评价

电网发展安全性是表征电网运行以及规划网架安全性能的属性，是指在一定边界条件下，电网按规定的质量标准和电力需求数量，稳定、持续地向电力用户供应电力的能力，也是在运行中承受扰动（如突然失去系统元件或短路故障）的能力。这一能力的实现，一方面取决于具有合理的电网结构和电源结构、可靠的一次系统和二次系统元件，还取决于调度自动化等辅助系统的可靠运行和故障条件下正确动作等。随着电力系统信息化、自动化水平不断提高，先进的信息系统和网络技术将大幅提升电力系统的效率和效益，也使得电力系统对计算机信息系统和自动控制系统愈加依赖。电力系统除了面临着短路、断线等一次系统安全事故隐患外，还存在因信息系统和控制系统被入侵而遭到破坏的风险。2010 年 8 月伊朗核电站遭受网络病毒攻击至瘫痪、2019 年 3 月委内瑞拉大停电都是通过网络攻击破坏电力系统并造成严重后果的实例。

电网发展安全性评价具有丰富内涵，包括源网荷协调、调控运行、继电保护、网络信息与自动化、设备运维、消防治安管理等多方面的隐患辨识和定性、定量分析。在电网规划和运行中，电力系统安全分析和电网可靠性评估共同构成了电网安全性评价，也是本章介绍和讨论的重点。

电力系统安全分析研究系统的基本稳定特性，包括静态安全分析和动态安全分析，通常通过电力系统安全稳定计算分析进行评估判断。电力系统安全稳定计算分析根据系统的具体情况和要求，在一定的电网结构、参数、扰动类型及发生地点确定的条件下，运用相应数学模型开展，确定电网稳定特征和安全稳定水平，量化分析电网受到扰动后保持或恢复平衡状态的能力。电力系统安全稳定计算分析采用 $N-1$、电力系统稳定性判据等确定性指标，是实际电力系统规划、运行人员广泛采用的电网安全性评价指标。

电网可靠性评估则是在考虑电力设备故障、负荷变化、电网运行方式调整等客观存在的随机特性后，采用概率性指标评价电网不间断满足负荷需求的能力，并对因元件故障引起的负荷损失量进行概率评价。可靠性评估采用概率性指标，主要包括故障概率、频率、持续时间、故障导致的电力损失期望及电能量损失期望等，反映了设备可靠性、电网结构对电网安全性的影响，并通过负荷切除期望值、电量不足期望值等指标对这些影响进行量化描述。

近年来，随着中国国民经济的持续快速发展和人民生活水平的不断提升，人民生产、生活对电能的依赖不断增加，而电网结构日趋复杂，大面积停电风险始终存在，停电带来的社会影响也愈发难以估量。本章在介绍传统电网发展安全性评价的同时，还提出了一种量化评价大面积停电事故对社会安全造成影响的指标体系和评估方法。依靠电网可靠性评估计算出任一区域范围内停电事故发生的概率，通过大面积停电社会安全评估进一步掌握该区域停电事故对社会安全的影响程度，二者结合可为地区电网规划和电网可靠性目标设定提供参考。

4.1 电力系统安全分析

电力系统稳定性是指电力系统受到扰动后保持稳定运行的能力。根据 GB 38755《电力系统安全稳定导则》（以下简称《导则》）和 DL/T 1234《电力系统安全稳定计算技术规范》（以下简称《规范》），电力系统稳定可分为功角稳定、电压稳定和频率稳定三大类。根据动态过程特征、扰动大小以及稳定问题涉及的设备、过程和时间框架，进一步划分出若干子类。电力系统稳定性分类如图 4-1 所示。

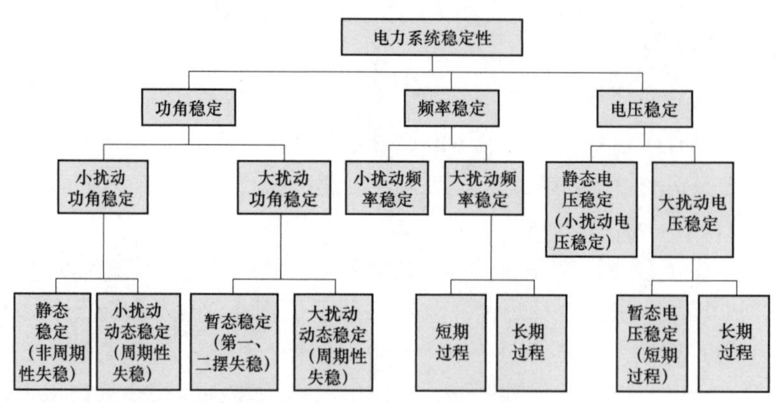

图 4-1 电力系统稳定性分类

电力系统安全稳定计算分析的目的是根据系统的具体情况和要求，对系统的静态安全、功角稳定、频率稳定、电压稳定、短路电流进行计算与分析，并关注次同步振荡或超同步振荡问题，确定系统的基本稳定特征，检验电网的稳定水平，优化电网规划方案，提出提高系统稳定水平的措施和保证系统安全稳定运行的控制策略，用以指导电网规划、设计、建设、运行等工作。

4.1.1 电力系统静态安全分析

电力系统静态安全分析是电力系统安全分析的重要组成部分，指根据 $N-1$ 原则，逐个无故障断开线路、变压器等单一元件，检查其他元件是否因此过负荷或电压越限，用以检验电网结构强度和运行方式是否满足安全运行要求。静态安全分析不涉及元件动态特性和电力系统动态过程，其实质是分析电力系统稳态情况，通常在预想元件开断等事故条件前提下通过潮流计算进行校验，主要应用于电网规划阶段或调度在线实时计算。

$N-1$ 原则是指在正常运行方式下，电力系统中任一元件（如发电机、交流线路、变压器等）无故障或因故障断开，电力系统应能保持稳定运行和正常供电，其他元件不过负荷，电压和频率均在允许范围内。静态安全分析的主要判据是 $N-1$ 开断后设备不过载，系统母线电压不越限。除了电力系统静态安全分析，$N-1$ 原则也可用于动态安全分析（单一元件故障后的电力系统稳定性分析）。

$N-1$ 通过率是 $N-1$ 原则的具体体现，该指标可衡量某一电压层级的电网整体安全水平，即电网内满足 $N-1$ 原则的元件（线路和变压器）数量占总元件数量的比例，如式（4–1）所示。

$$\text{电网}N-1\text{通过率}=\frac{\sum\text{满足}N-1\text{原则的元件数}}{\sum\text{总元件数}}\times 100\% \tag{4-1}$$

对于 220kV 及以上的电网，$N-1$ 通过率应达到 100%，即在正常方式运行（含计划检修方式）下的某一电压层级电网中任一元件（发电机、线路、变压器、母线）发生单一故障时，不应导致主系统非同步运行，不应发生频率崩溃或电压崩溃。

4.1.2 功角稳定分析

功角稳定是指同步互联电力系统中的同步发电机受到扰动后保持同步运行的能力，因此功角稳定性又称电力系统同步运行稳定性。功角稳定计算分析主要包括静态功角稳定分析、暂态功角稳定分析以及动态功角稳定分析三部分。

4.1.2.1 静态功角稳定

静态稳定是指电力系统受到小扰动后，不发生功角非周期性失步，自动恢复到起始运行状态的能力。所谓小扰动，是指电力系统中负荷的小量波动、运行参数或局部结构的极小改变，这类干扰在正常运行中的电力系统中十分常见，对系统参数的变化与参数本身相比可以忽略不计。

静态功角稳定判据为

$$dP/d\delta > 0 \tag{4-2}$$

式中：P 为线路传输的有功功率；δ 为发电机的功角。

静态功角稳定对应的静态稳定储备系数如式（4-3）所示，静态稳定储备系数反映电网实际运行状态与静态稳定极限的接近程度。

$$K_p = \frac{P_M - P_0}{P_0} \times 100\% \tag{4-3}$$

式中：K_p 为按照功角判据[式（4-2）]计算的静态稳定储备系数；P_M、P_0 分别为线路或断面的静态稳定极限和正常状态的传输功率。

静态功角稳定分析可用于检验系统中各个运行点的静态稳定性水平，尤其针对大电源送出线、跨大区或省间联络线、网络中的薄弱断面等进行，以确定电力系统的稳定性和输电断面（线路）的输送功率极限，检验在给定方式下的稳定储备。常用静态功角稳定计算方法有特征根判别法和静态功角稳定实用算法两种。

特征根判别法首先计算给定运行方式下潮流分布和状态量的稳态值，建立表征电力系统的状态方程，然后形成系数矩阵和状态变量向量，最后根据系数矩阵计算特征根，并根据其特征值的性质判断系统的静态稳定性。判据为没有正实数特征根。

由于实际电网结构复杂度很高，可能难以得到系统的全部特征根，通常采用静态功角稳定实用算法，即采用静态稳定计算程序，逐步增加送端机组功率，相应减少受端机组功率或增加受端的负荷，在保证系统频率和电压在正常范围的情况下，求得输电线路或断面最大输送功率即为静态功角稳定极限。

电力系统运行状态应与静态稳定极限保持一定安全储备。当静态稳定储备系数（K_p）小于零时，系统不满足静态稳定判据，即系统静态失稳。根据《导则》规定，在正常运行方式下，电力系统按功角判据计算的静态稳定储备系数（K_p）应满足15%～20%；在故障后和特殊运行方式下，静态稳定储备系数（K_p）不得低于10%。

除了静态功角稳定外，静态稳定极限也可通过静态电压稳定进行评价（详见4.1.4.1）。

4.1.2.2 暂态功角稳定

暂态稳定是指电力系统受到大扰动后，各同步电机保持同步运行并过渡到新的或恢复到原来稳态运行方式的能力。所谓大干扰，是指电力系统受到短路故障、切除或投入系统元件、发电机失磁或者冲击性负荷等的作用。关于干扰方式，《导则》规定了系统必须能够承受的扰动方式和对应标准，对于第一级标准，应在扰动后保持稳定运行和电网的正常供电，对于第二级标准，应在扰动后保持稳定运行，但允许损失部分负荷，对于第三级标准，扰动后当系统不能保持稳定运行时，必须尽量防止系统崩溃并减少负荷损失。

暂态稳定分析计算一般用于校核电力系统规划方案的电源布局、网络接线、无功补偿和保护配置等的合理性，为继电保护和自动装置的参数整定工作提供依据。暂态稳定计算分析一般基于以下假定和规定进行：

（1）假定短路故障为金属性，考虑故障在最不利地点发生；

（2）不考虑短路电流中直流分量的作用并假定发电机定子电阻为零；

（3）按给定要求选择发电机组的等价模型，并认为发电机组转速在额定值附近；按照《导则》中的要求，发电机模型应采用考虑次暂态电势变化的详细模型，新能源场站应采用详细的机电暂态模型或电磁暂态模型，直流输电系统应采用详细的机电暂态模型或电磁暂态模型以及直流附加控制模型；

（4）给定继电保护的动作时间，重合闸和安全自动装置的动作状态和时间可以给定或结合实际情况选定。

对于简单的电力系统，一般利用等面积定则，确定极限切除角，计算极限故障切除时间。只有当实际故障切除时间小于极限故障切除时间时，系统才是稳定的。

实际运行的电力系统是复杂的多机系统，其暂态稳定计算分析一般采用基于数值积分的时域仿真程序，是在规定的运行方式和故障形态下，对系统的暂态稳定性进行校验，研究保证电网安全稳定的控制策略，并对继电保护和自动装置以及各种安全稳定措施提出相应的要求。通过采用数值计算法求出描述受扰运动方程的时域解，利用各发电机转子之间相对角度的变化、系统电压和频率的变化，来判断系统的稳定性，暂态稳定极限往往也是采用这一方法求得。多机系统暂态稳定计算的另一种方法是直接法，由俄国著名数学家、力学家李亚普诺夫（Lyapunov）提出，主要利用能量型判据快速判别稳定性并给出系统的暂态稳定域或稳定度，以便从待分析的大量事故中快速选出最严重的情况，再用常规的暂态稳定程序进行精细模型的时域仿真分析，大大节省了工作量。

根据《导则》，暂态功角稳定判据是在电力系统遭受每一次大扰动后，引起电力系统各机组之间功角相对增大，在经过第一或第二个振荡周期不失步，作同步的衰减振荡，系统中枢点电压逐渐恢复。

4.1.2.3 动态功角稳定

动态功角稳定是指电力系统受到小扰动或大扰动后，在自动调节和控制装置的作用下，保持长过程功角稳定的能力。动态稳定分析计算一般用于在给定的运行方式和扰动形式下，校验系统的动态稳定性，确定系统中是否存在负阻尼或弱阻尼振荡模式，研究系统中敏感断面的潮流控制、提高系统阻尼特性的措施、并网机组励磁及其附加控制系统和调速系统的配置和参数优化等问题。

动态功角稳定的判据是在电力系统受到小扰动或大扰动后，在动态摇摆过程中发电机相对功角和输电线路呈衰减振荡状态，阻尼比达到规定的要求。

（1）小扰动动态稳定。小扰动动态稳定是指电力系统受到小扰动后，在自动调节和控制装置的作用下，不发生发散振荡或持续振荡，保持功角稳定的能力。由于小扰动动态稳定分析因扰动量足够小，系统可用线性化状态方程描述，多采用电力系统线性化模型的特征值分析方法进行分析计算。

首先建立表征电力系统的状态方程，通过求解其系数矩阵特征值，进行系统中主导振荡模式的阻尼比分析，判断系统的动态稳定性。其中，设定其特征值为 $\lambda=\alpha\pm \mathrm{j}\omega$，则有阻尼比 ξ 为

$$\xi=-\alpha/\sqrt{\alpha^2+\omega^2} \tag{4-4}$$

式中：ξ 为阻尼比；$-\alpha$ 为衰减系数；ω 为振荡角频率。

小扰动动态稳定判据是阻尼比大于零，而阻尼比处于不同范围，系统小扰动动态稳定水平也不同：

1）阻尼比小于 0，为负阻尼，系统不能稳定运行；

2）阻尼比介于 0～0.02，为弱阻尼；

3）阻尼比介于 0.02～0.03，为较弱阻尼，在正常方式下，区域振荡模式以及与主要大电厂、大机组强相关的振荡模式的阻尼比一般应达到 0.03 以上；

4）阻尼比介于 0.04～0.05，为适宜阻尼；阻尼比大于 0.05，系统动态特性较好；

5）故障后的特殊运行方式，阻尼比至少应达到 0.01～0.015。

（2）大扰动动态稳定。大扰动动态稳定是指电力系统受到大扰动后，在自动调节和控制装置的作用下，保持长过程功角稳定的能力。由于大扰动动态稳定分析中，扰动量较大，应采用非线性方程来描述，通常采用基于时域仿真的阻尼比计算方法。

借助基于级数分析的工具对时域方程得出的机组功角曲线、线路功率曲线等进行分析，得到振荡模式的频率和阻尼比。大扰动动态稳定性判据为大扰动后系统动态过程的阻尼比应不小于 0.01，计算时间应达 10～15 个振荡周期。在所分析的曲线中仅包含一个主导振荡模式时，可采用正弦振荡曲线阻尼比的计算方法，其近似计算公式为

$$\xi=\frac{\ln\left(A_I/A_{I+N}\right)}{2N\pi} \tag{4-5}$$

式中：A_I 为第 I 次振荡的幅值；A_{I+N} 为第 $I+N$ 次振荡的幅值；I 和 N 为振荡次数。

当时域仿真曲线为标准衰减正弦曲线时，式（4-6）可用来求得 N 次振荡的平均阻尼比。振荡次数（衰减到 10%）与阻尼比有如表 4-1 所示的近似关系。

表 4-1　　振荡次数（衰减到 10%）与阻尼比的关系

阻尼比	0.2	0.1	0.05	0.03	0.02	0.015	0.01	0.005
次数	2	4	7	12	18	24	36	73

大扰动动态稳定在时域解上表现为系统受到扰动后，在动态摇摆过程中发电机相对功角、发电机有功功率和输电线路有功功率呈衰减振荡状态，电压和频率能恢复到允许的范围内。

4.1.3　频率稳定分析

频率稳定是指电力系统受到小扰动或大扰动后，系统频率能够保持或恢复到允许的范围内，不发生频率振荡或崩溃的能力。频率稳定分析主要用于研究系统的旋转备用容量和低频减负荷配置的有效性与合理性，以及网源协调问题。小扰动频率稳定计算采用基于电力系统线性化模型的特征值分析方法或机电暂态仿真；大扰动频率稳定计算应采用机电暂态仿真，应考虑负荷频率特性、新能源高频或低频脱网特性等。

频率作为电力系统监视和分析的主要参量之一，与有功功率不平衡量密切相关。频率的变化量与系统有功功率变化量的关系如式（4-6）所示，即

$$\Delta f = \frac{\Delta P}{\left(K_G + K_L\right)P_0} \times f_0 \tag{4-6}$$

式中：Δf 为系统频率偏差量；ΔP 为系统有功功率偏差量；P_0 为系统的总负荷量；f_0 为系统初始运行状态的频率；K_G、K_L 分别为机组和负荷频率调节效应参数；K_G+K_L 为系统频率调节效应参数。系统频率调节效应参数反映了系统负荷变化时，在机组和负荷共同作用下系统频率相应变化的程度。

频率稳定的判据是系统频率能迅速恢复到额定频率附近继续运行，不发生频率持续振荡或频率崩溃，也不使系统频率长期悬浮于某一过高或过低的数值。

频率稳定具体标准如下：

（1）在任何情况下的频率下降过程中，应保证系统低频值与所经历的时间，能与运行中机组的自动低频保护和联合电网间联络线的低频解列保护相配合，频率下降的最低值还必须大于核电厂冷却介质泵低频保护的整定值以及直流系统对频率的要求，并留有一定的裕度。

（2）自动低频减负荷装置动作后，应使系统频率恢复到正常水平。如果系统频率长时间悬浮在低于 49.0Hz 的水平，则应考虑长延时的特殊轮的配置和动作情况。

（3）孤岛系统频率升高或因切负荷引起恢复时的频率过调，其最大值不应超过 51.0Hz，并必须与运行中机组的过频率保护相协调，且留有一定裕度，避免高度自动控制的大型汽轮机组在过频率过程中的可能误断开，造成事故进一步扩大。

4.1.4 电压稳定分析

电压稳定是指电力系统受到小扰动或大扰动后，系统电压能够保持或恢复到允许的范围内，不发生电压崩溃的能力。电力系统出现电压不稳定的主要原因是，电力系统在发生扰动、负荷变动或改变运行条件时不能满足无功平衡的要求。电力系统中经较弱联系向受端系统供电或受端系统无功电源不足情况时，应进行电压稳定性校验。

根据受到扰动的大小，电压稳定可分为静态电压稳定和大扰动电压稳定。

4.1.4.1 静态电压稳定

静态电压稳定，又称为小扰动电压稳定，是指电力系统受到小扰动后，系统所有母线保持稳定电压的能力。静态电压稳定分析是电力系统静态稳定分析的重要组成部分，主要用于定义系统正常运行和事故后运行方式下的电压静态稳定储备情况。

静态电压稳定判据为

$$\mathrm{d}Q/\mathrm{d}U<0 \tag{4-7}$$

式中：Q 为线路传输的无功功率；U 为发电机的端电压。

$$K_{\mathrm{V}}=\frac{U_{\mathrm{g}}-U_{\mathrm{o}}}{U_{\mathrm{g}}}\times 100\% \tag{4-8}$$

式中：K_{V} 为按无功电压判据[式（4-8）]计算的静态稳定储备系数；U_{g} 为母线的正常电压；U_{o} 为母线的临界电压。

静态电压稳定计算分析一般采用逐渐增加负荷（根据情况可按照保持恒定功率因数、恒定功率或恒定电流的方法按比例增加负荷）的方法求解电压失稳的临界点（由有功功率对电压导数为零或无功功率对电压导数为零来表示），从而对当前电网运行点离电压稳定极限的接近程度进行判断。

在正常运行方式下，电力系统按无功电压判据计算的静态稳定储备系数（K_{V}）应满足 10%～15%；在故障后运行方式和特殊运行方式下，静态稳定储备系数（K_{V}）不得低于 8%。

4.1.4.2 大扰动电压稳定

大扰动电压稳定是指电力系统受到大扰动后，系统所有母线保持稳定电压的能力，包括暂态电压稳定（或短期电压稳定）、动态电压稳定和中长期电压稳定。

暂态电压稳定主要用于分析快速的电压崩溃问题；动态电压稳定和中长期电压稳定主要用于分析系统在响应较慢的动态元件和控制装置下的电压稳定性。

（1）暂态电压稳定和动态电压稳定。暂态电压稳定和动态电压稳定计算所采用的数学模型和暂态功角稳定计算基本相同，采用常规的时域仿真程序，考虑负荷、发电机、无功补偿装置、直流输电系统、低压减负荷等元件和相关控制装置的数学模型，对受到大扰动后的暂态过程中负荷母线电压的变化情况进行计算和分析，来判断暂态和动态电压稳定性。

《导则》规定，暂态电压稳定计算应采用机电暂态仿真；直流响应特性对系统电压稳定性影响较大时，应采用机电—电磁暂态混合仿真。

暂态电压稳定的判据是在电力系统受到扰动后的暂态和动态过程中，负荷母线电压能够恢复到规定的运行电压水平以上。

（2）中长期电压稳定。中长期电压稳定计算一般在特殊需要或事故分析中进行。中长期电压稳定计算除了需要详细模拟暂态电压稳定计算所要求的元件外，还必须考虑有载调压变压器，发电机定子和转子的过流限制、过励和低励限制，电压和频率的二次控制，以及自动投切并联电容器、电抗器和恒温控制的负荷等元件的数学模型，采用专门的中长期动态仿真程序或扩展的暂态稳定程序，对负荷母线电压的变化情况进行计算和分析。

中长期电压稳定判据为，在电力系统受到扰动后的中长期过程中，考虑中长期动态元件和环节的响应，达到新的平衡点后，负荷母线电压能够保持或恢复到规定的运行电压水平以上。

4.1.5 短路电流计算

短路电流计算是故障分析的主要内容，一般用于评估短路故障的严重程度，确定故障对电气设备和系统的影响，选择电气设备参数，整定继电保护，分析系统中正序、负序及零序电流的分布等。

短路电流计算应在全接线、全开机条件下进行，但当某厂站短路电流水平逼近其开关遮断能力时，需利用暂态稳定程序进行计算校核。计算内容为发生短路时的初始对称短路电流，短路故障形式主要考虑三相短路故障和单相接地故障，短路性质应考虑金属性短路。

三相短路故障中，短路电流的基本计算公式为

$$I''_{k3}=\frac{U_0}{\sqrt{3}\left|\dot{Z}_1\right|} \tag{4-9}$$

式中：I''_{k3} 为三相短路电流；U_0 为短路点正常运行电压；$\dot{Z}_1$ 为短路点的正序系统等值阻抗。

单相短路故障中，短路电流的基本计算公式为

$$I''_{k1}=\frac{3U_0}{\sqrt{3}\left|\dot{Z}_1+\dot{Z}_2+\dot{Z}_0\right|} \tag{4-10}$$

式中：I''_{k1} 为单相短路电流；$\dot{Z}_2$、$\dot{Z}_0$ 分别为短路点的负序系统等值阻抗和零序系统等值阻抗。

短路电流安全校核的判据是母线短路电流水平不超过断路器开断能力和相关设备设计的短路电流耐受能力。

4.2 电网可靠性评估

电网可靠性是指电力系统或其元件在规定条件下和时间内完成规定功能的能力。目前中国电网规划设计主要是模拟预测电网在确定性故障情况下的可靠性水平。

电网运行过程中受到的扰动具有随机性，电网发生故障存在一定的概率。因此确定性电力系统稳定计算不能全面反映电力设备故障、负荷变化、电网运行行为等客观存在的随机事件对电网可靠运行的影响。而采用概率性指标计算分析能够体现随机特性，概率性可靠性评估是以概率方法求取数字或参量，从而描述电网完成规定功能的能力，是对于确定性评估的补充，有助于更细致准确地区分具有不同安全水平的电网。

可靠性评估不仅可以通过分析电网运行历史数据，如输变电设备的可用系数、强迫停运率、计划/非计划停运时间、计划/非计划停运次数等，评价现有电网的可靠性水平，指导设备运行、维护和检修等工作，也可以对电网未来运行性能的可靠性水平进行预测，为电网规划、设计、建设以及改造等工程实施提供参考。本节主要介绍可靠性评估指标和计算方法。

4.2.1 可靠性指标

常用的可靠性指标包括切负荷概率、切负荷频率、切负荷持续时间、每次切负荷持续时间、负荷切除期望值、电量不足期望值、系统停电指标、系统削减电量指标、严重程度共 9 个指标。其中，前 6 个为基础指标，后 3 个为派生指标，派生指标是从基本指标计算得出的无量纲指标，可以用于不同规模系统之间的比较。概率性指标框架如图 4-2 所示。

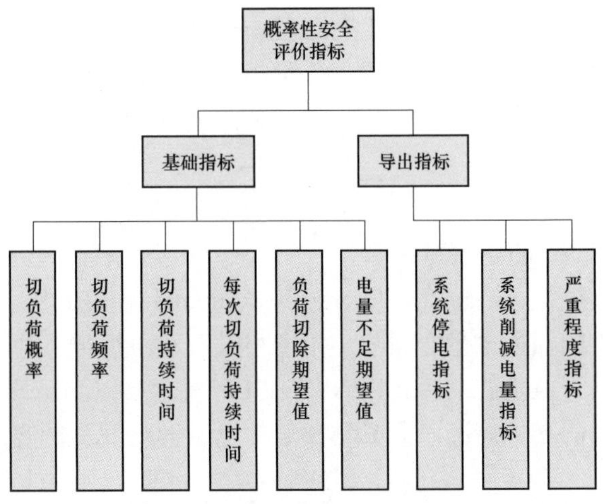

图 4-2　概率性安全性评价指标

4.2.1.1　基本指标

（1）切负荷概率（Probability of Load Curtailments，PLC）。切负荷概率指有切负荷系统状态的持续时间之和与总模拟时间的比值，表征系统发生切负荷事件的概率，即计算公式为

$$PLC = \sum_{i \in S} \frac{t_i}{T} \tag{4-11}$$

式中：S 是有切负荷的系统状态集合；t_i 是系统状态 i 的持续时间；T 是总模拟时间。

（2）切负荷频率（Expected Frequency of Load Curtailments，EFLC）。切负荷频率指模拟时间内切负荷的状态数与一年中小时数和总模拟时间比值的乘积，表征一年中发生切负荷事件的次数，即系统中切负荷的频率，计算公式为

$$EFLC = \frac{8760}{T} N_i \tag{4-12}$$

式中：N_i 为存在负荷削减的状态数。

（3）切负荷持续时间（Expected Duration of Load Curtailments，EDLC）。切负荷持续时间指切负荷概率和一年中小时数的乘积，反映一年中系统处于切负荷状态的时间，计算公式为

$$EDLC = PLC \times 8760 \tag{4-13}$$

（4）每次切负荷持续时间（Average Duration of Load Curtailments，ADLC）。每次切负荷持续时间指切负荷持续时间与切负荷频率的比值，反映模拟时间中平均每次切负荷状态的持续时间，计算公式为

$$ADLC = \frac{EDLC}{EFLC} \tag{4-14}$$

（5）负荷切除期望值（Expected Load Curtailments，ELC）。负荷切除期望值是系统在模拟时间内的切负荷量之和与一年中小时数和总模拟时间比值的乘积，表征系统在一年内切除的总负荷量的期望，计算公式为

$$ELC = \frac{8760}{T}\sum C_i \tag{4-15}$$

式中：C_i 为系统状态 i 的切负荷量。

（6）期望缺供电量（Expected Energy Not Supplied，EENS）。期望缺供电量是系统在模拟时间内的损失电量之和与一年中小时数和总模拟时间比值的乘积，表征系统在一年内总损失电量的期望。EENS 和 ELC 概念相似，但 ELC 是从功率的角度出发衡量切负荷的损失情况，而 EENS 是从电量的角度衡量的。计算公式为

$$EENS = \frac{8760}{T}\sum_{i\in S} C_i t_i \tag{4-16}$$

由于 EENS 是能量指标，对可靠性经济评估、最优可靠性、电网规划等均具有重要意义，是可靠性评估中常用的重要指标。

4.2.1.2 派生指标

（1）系统停电指标（Bulk Power Interruption Index，BPII）。系统停电指标是系统故障在供电点引起的削减负荷的总和与系统最大负荷之比，表明一年中每兆瓦负荷平均停电的兆瓦数，计算公式为

$$BPII = \frac{ELC}{L} \tag{4-17}$$

式中：L 为系统年最大负荷。

系统停电指标是一个无量纲量，可以直接用于不同系统之间的比较。

（2）系统削减电量指标（Bulk power energy Curtailment Index，BPECI）。系统削减电量指标是系统故障在供电点引起的削减电量总和与系统年最大负荷之比，它和 BPII 指标相似，但 BPII 从功率的角度衡量系统整体停电情况，而 BPECI 从电量的角度衡量。

$$BPECI = \frac{EENS}{L} \tag{4-18}$$

（3）停电严重程度指标（Severity Index，SI）。严重程度指标即系统分，定义为系统削减电量指标和每小时分钟数 60 的乘积。一个系统分相当于在最大负荷时全系统停电 1min，是对系统故障的严重程度的一种度量。1983 年国际大电网会议（CIGRE）第 39 委员会 05 工作组按照系统扰动对用户冲击的程度，将严重程度指标分为 4 个等级：0 级，可接受的不可靠状态，严重程度指标小于 1 系统分；1 级，

对用户有明显冲击的不可靠状态，严重程度指标为 1～9 系统分；2 级，对用户有严重冲击的不可靠状态，严重程度指标为 10～99 系统分；3 级，对用户有很严重冲击的不可靠状态，严重程度指标为 100～999 系统分。其计算公式为

$$SI = BPECI \times 60 \tag{4-19}$$

4.2.2 可靠性评估模型及方法

4.2.2.1 评估模型

（1）元件停运模型。在一个具体的系统中，元件是构成系统的不能再分割的基本单位。可靠性评估指标是在对系统故障情况进行抽样后，通过对所抽取的故障状态进行评估分析进而计算的。系统故障通常是由元件非计划停运引起的，而元件非计划停运是随机发生的概率性事件，需要通过元件停运模型将概率性事件量化表示，从而为故障情况抽样奠定基础。

元件有正常和故障两种状态。正常状态指元件按技术文件规定的参数完成规定功能的状态，故障状态指元件终止完成其规定功能的状态，两种状态间可以相互转换。为了量化两种状态相互转换的可能性，引入失效率 λ_b 和修复率 λ_r 两个概念。

失效率为给定时间内元件因失效不能执行规定的连续功能的次数，用以衡量元件从正常状态转换到故障状态的概率，即

$$\lambda_b = \frac{n_b}{T_0} \tag{4-20}$$

式中：n_b 为给定期间内元件的失效次数；T_0 为元件运行的总时间。

修复率为给定时间内元件的修复次数，用以衡量元件从故障状态转换到正常状态的概率，即

$$\lambda_r = \frac{n_r}{T_r} \tag{4-21}$$

式中：n_r 为给定时间内元件的修复次数；T_r 为元件进行维修的总时间。

根据失效率和修复率的概念可知，失效率的倒数表示元件正常状态的持续时间，修复率的倒数表示元件故障状态的持续时间。因此可以得到元件停留在工作状态的概率 P_r 为

$$P_r = \frac{\lambda_r}{\lambda_b + \lambda_r} \tag{4-22}$$

元件停运模型的准确性受失效率和修复率的影响很大，后两者数据的准确性直接决定了停运模型的准确性的提升。元件的可靠性参数取值目前主要依靠于系统运行的历史数据，来源于相关部门的多年统计，可以从电力企业的运行记录、行业标

准、出版物等途径获得。

（2）系统模型。系统模型常通过网络图形表示，根据元件与系统的连接或功能所属关系，按照系统状态可靠性等效的原则，绘制系统状态转移逻辑框图。实际工程系统往往可以表示成由若干元件串联、并联、网状连接或者这三者组合的图形。

串联系统是指由两个或两个以上元件组成的系统，当其中任意一个元件发生故障，系统便发生故障。

并联系统是指由两个或两个以上元件组成的系统，只有当所有元件都发生故障时，系统才算故障。

非串并联系统是指元件间不是简单的串联或并联连接，如桥形系统。此类系统建模可采用条件概率法、最小割集法及故障树分析法等方法求解。

4.2.2.2 评估方法

（1）系统状态选择方法。

1）状态枚举法。状态枚举法是通过对备选元件集进行逐一故障分析和计算得到风险指标的方法。系统运行状态随元件数目增加而呈指数增长，对含大量元件的电力系统而言，利用当前计算技术对系统运行状态进行穷举难以实现。一般做法是将枚举过程终止在某个给定层次上，这种层次通常由故障阶数表示，一般为二阶或者三阶。

假设第 i 个元件的工作概率和停运概率分别用 P_i 和 Q_i 来表示，则

$$(P_1+Q_1)(P_2+Q_2)\cdots(P_n+Q_n)=1 \tag{4-23}$$

系统状态概率 P_{s} 为

$$P_{\mathrm{s}}=\prod_{i=1}^{N_{\mathrm{f}}}Q_i\prod_{i=1}^{N_{\mathrm{w}}}P_i \tag{4-24}$$

式中：N_{f} 和 N_{w} 分别为状态 s 中停运元件和工作元件的数量，状态 s 可以是工作状态，也可以是停运状态。

系统运行状态的发生频率 f（s）为

$$f(s)=P(s)\sum_{k=1}^{N}\lambda_k \tag{4-25}$$

式中：N 为系统中的元件数；λ_k 为 k 从当前状态 s 离开的转移率，如果当前元件为工作状态，则 λ_k 为失效率；如果当前元件为停运状态，则 λ_k 为修复率。

系统全部停运状态指标函数的数学期望值可表示为

$$E(C)=\sum_{s\in F}C(s)P(s) \tag{4-26}$$

式中：C（s）为停运状态指标函数；P（s）为停电状态概率；F 为停电状态集合。

2）元件状态持续时间抽样法。元件状态持续时间抽样法是一种时序蒙特卡洛模拟法。假定元件运行时间和故障状态下修复时间服从指数分布，根据元件的故障率和修复率确定该元件在给定时间段内的状态及持续时间。当给定时间段内所有元件的状态和状态持续时间确定后，就可以获得系统的状态序列和持续时间。抽样原理如图 4-3 所示。先通过对 2 个元件的运行和故障状态持续时间模拟，获得系统状态和状态持续时间。图中给定时间段内总共模拟出 8 个系统状态，包含 4 个不同系统状态。从抽样原理可以看出，系统状态序列中相邻两状态的区别只是单一元件的状态改变，因此可以将多重故障评估转换为在另一状态基础上的单重故障评估，从而极大地简化多重故障的评估过程。而且抽样产生的系统状态中包含许多相同系统状态，可以通过存储状态评估结果来避免相同故障情况的重复评估。

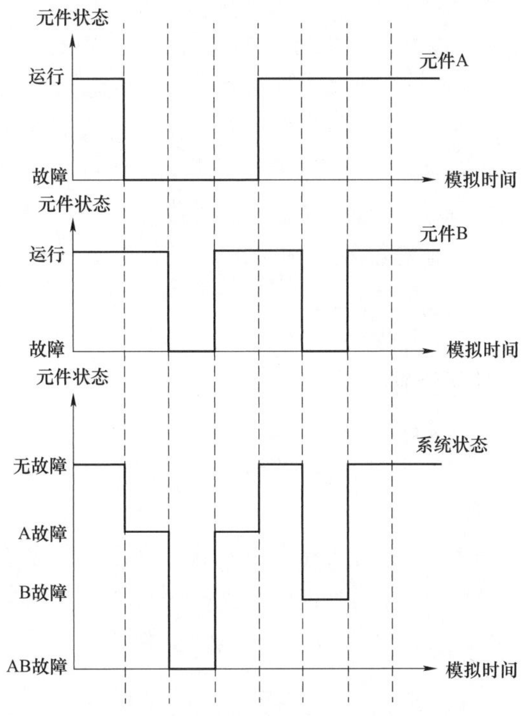

图 4-3　元件状态持续时间抽样法原理图

（2）系统状态分析方法。在获取了系统状态后，需要计算该状态的潮流分布，判断系统是否存在解列、存在孤立母线等情况，并检验其节点电压和线路功率是否满足约束条件。系统状态分析的基本步骤可以概括为电网解列分析和孤岛处理、潮流计算、最优负荷削减等基本计算环节。电网解列分析和孤岛处理是系统状态分析的第一步，它解决的是系统电气结构和参数的重新形成；随后不管是对于产生的电气孤岛还是剩下的系统都需要用潮流计算进行电网安全分析；潮流计算能够得到各个子块的母线电压和线路的有功潮流，得到这些量值后，通过与系统各项运行约束比较来判断系统状态安全水平，进而判断是否需要进行状态调整和削减负荷，最终得到该状态的切负荷量。

1）电网解列判断。分析电网中某一运行方式下发生失效事件形成的系统状态时，应首先判断系统是否由于回路故障解列成几个子系统，然后再对系统（或每个子系统）进行潮流分析、发电机出力调整和最优切负荷等工作。若将电网的网架结构图当作连通图考虑，则可利用图的遍历（Traversing Graph）方法来研究分析系统的解列问题。

2）潮流计算。潮流计算模型分为交流潮流模型和直流潮流模型。为了满足电网充裕性评估工程运用的实际需要，可视情况采用其中的一种来进行评估计算，大多数情况下是利用交流潮流获得母线电压和线路的潮流数据。

3）负荷削减。若某状态的潮流计算结果出现电压越限或回路过载问题，首先需通过调整发电机的有功或无功出力、调整无功补偿设备出力或调整有载变压器档位等调整措施来消除异常状态；若不能有效消除，说明此状态出现安全性问题，需通过切除负荷来解决。若评估电网已规定了切负荷方案，则应遵循该方案切除负荷；若评估电网并未制定负荷削减方案，则在保证负荷切除量最小的情况下可以通过就近原则和负荷重要程度实现负荷削减。以上两个切负荷原则均能利用加权因子引入到最优切负荷问题的目标函数中。

4.2.2.3 可靠性评估主要步骤

电网可靠性评估的主要步骤为：

（1）建立元件和系统模型。用数学符号将待研究的元件和系统模型化，从定量的角度进行分析和研究。

（2）选择系统分析状态。系统分析状态由电网中各元件的停运模型和负荷曲线等边界条件确定。根据电网中各元件的运行状态组合以及电网的各级负荷水平，可确定电网的分析状态集合及各个状态发生的概率。本节介绍了两种选择系统状态的方法，分别是状态枚举法和基于蒙特卡洛的元件状态持续时间抽样法，并且对两种方法的适用范围和计算结果等特点进行了对比分析。在实际应用过程中，根据实际情况选择合适方法计算电网故障概率。

（3）评估所选状态的后果。针对确定的系统分析状态，通过潮流、静态稳定、暂态稳定等计算分析，判断该状态下系统是否处于失效状态。

（4）状态分析结果存储归并。计算各所选状态的概率、频率、平均持续时间，以及失效状态导致的负荷停运损失等，待系统全部状态分析完毕，进行各状态计算结果的归并。

（5）计算可靠性指标。根据系统各失效状态发生的概率及其造成的后果，通过加权计算得出最终评估结果。

4.3 电网大面积停电社会安全评价

随着经济社会快速发展和社会电气化程度不断提升，各行各业对电力的需求和依赖程度持续增加，大面积停电事故对社会正常生产生活造成的间接损失和影响往往远大于电力系统自身的损失。1997 年 7 月 13～14 日，美国纽约大停电持续长达 24h，影响了超过 900 万人口。停电期间，犯罪分子制造了超过 1000 起火灾，1600 多起抢劫犯罪。2012 年 7 月 30～31 日，印度连续发生两次大停电事故，全国超过 300 列火车停运，首都新德里地铁全部停运，矿工被困井下，银行系统瘫痪。

大面积停电后引起的市政交通系统瘫痪、通信联络中断、供水受限以及市政医疗部门非正常运转，很容易在社会人群中催生大规模恐慌情绪，引起的违法犯罪等社会不稳定事件进一步加剧了社会秩序的混乱。为了较为客观和全面的评估大面积停电对社会安全不同方面造成的不利影响，本节主要量化分析遭受大面积停电后的社会安全稳定程度，提出了电网大面积停电社会安全评估指标和评估方法。

4.3.1 电网大面积停电社会安全指标

“社会安全”是反映一个国家或地区社会安全总体状况的综合性指标，主要包括治安安全、生产安全、生活安全和交通安全四个方面。电网大面积停电社会安全评价是通过计算电网大面积停电后一定时期内社会安全四个主要方面指标的变化情况，分析停电对社会安全造成的综合影响，评价停电地区的社会安全水平。电网大面积停电社会安全指标体系包括三个层次，具体指标包括区域犯罪上升率、高危行业人员伤亡期望、人员聚集地人员伤亡期望、停水人数、交通拥堵度。

电网大面积停电社会安全评价指标体系如图 4-4 所示。

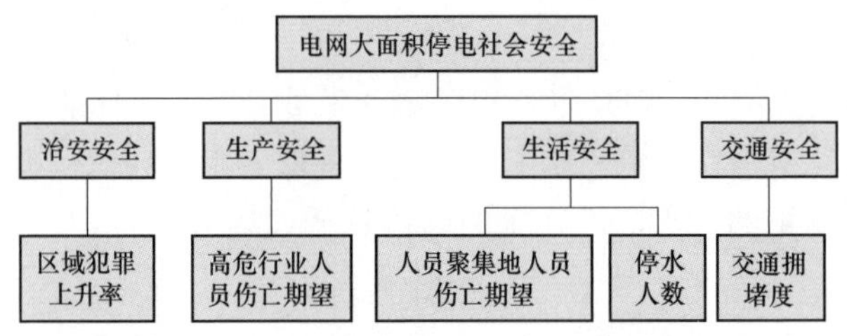

图 4-4　电网大面积停电社会安全指标体系

4.3.1.1 治安安全

治安安全反映社会的安定秩序和稳定程度，一般采用犯罪率指标进行评价。犯罪率是指一定时间和地域范围内犯罪者与人口总数（以 10 万人为单位）的比率，通常以十万分之比表示。当对突发事件下未知危险的恐惧感和对生活不便的不满超出居民忍耐限度时，往往引起社会秩序紊乱和违法犯罪行为的增加，威胁社会治安水平。

大面积停电事故具有一定的突发性，停电波及范围广、时间长，往往导致道路瘫痪、食物供水短缺、通信中断、市政医院设施无法正常运行等问题，容易引起人群出现恐慌、从众、绝望等心理状态，存在犯罪行为增加的风险隐患。因此，可通过停电事故前后犯罪上升率分析电网大面积停电社会治安水平，该指标具体计算公式为

$$\Delta\eta = CR_{\mathrm{A}} - CR_{\mathrm{B}} \tag{4-27}$$

式中：$\Delta\eta$ 为某区域停电事故前后犯罪上升率；CR_{A} 为该区域发生大面积停电期间的犯罪率，人/十万人；CR_{B} 为该区域发生大面积停电前的犯罪率，人/十万人。

在已发生大面积停电事故的情况下，该指标可通过统计事故前和事故期间的犯罪率进行计算。对于未发生过大面积停电事故的区域，可通过收集典型大面积停电事故期间犯罪提升率与停电地区社会脆弱性数据，拟合建立二者之间的关系曲线，再进行计算。

社会脆弱性是对社会群体易受突发事件影响或损害程度的度量，反映了社会系统抵御不利影响和从突发事件中恢复的能力。社会脆弱性越高的社会，在应对突发事件时，自身抵御能力越弱，犯罪率的上升速率相对越大，反之则相对越小。社会脆弱性受到人口构成、自然环境、地方经济、社会关系和公共行为与制度等多种复杂因素的影响，基于男女性别比例、居民教育水平、失业情况、贫富差距等四个主要因素进行计算，具体方法为

$$\gamma = \prod_{i=1}^{4} \gamma_i \tag{4-28}$$

式中：γ 为社会脆弱性系数；γ_i（$i=1, 2, 3, 4$）为社会脆弱性影响因素量化指标，其中，γ_1 为性别比例，γ_2 为未接受过高等教育的人口比例，γ_3 为失业率，γ_4 为基尼系数。

（1）男女性别比例。性别是影响犯罪率的重要变量。男性的犯罪率普遍高于女性，社会性别比过高会导致犯罪率上升，尤其是暴力犯罪的比例会显著上升，增加了社会群体易受伤害的水平。性别比例的计算公式为

$$\gamma_1 = N_{\mathrm{M}} / N_{\mathrm{F}} \tag{4-29}$$

式中：N_{M} 为该地区男性人口数量；N_{F} 为该地区女性人口数量。

（2）居民教育水平。教育水平具有预防和抑制犯罪的效应，居民教育水平的提升有利于减少暴力犯罪，降低犯罪率，减少社会群体受伤害的概率，降低社会脆弱性。居民教育水平对社会脆弱性的影响可通过未接受过高等教育的人口比例指标量化，具体计算公式为

$$\gamma_2=1-EN_h/N_Z \tag{4-30}$$

式中：EN_h 为该地区接受过高等教育的人数；N_Z 为地区人口总数。

（3）失业情况。某地区失业人群的增加会导致犯罪的机会成本下降，引发更多的财产犯罪；同时失业也可能引起失业者一些心理方面的问题，从而诱发犯罪。失业情况通过失业率量化，失业率越高，社会脆弱性就越高。失业率的计算公式为

$$\gamma_3=N_S/(N_S+N_J) \tag{4-31}$$

式中：N_S 为该地区失业总人口数；N_J 为该地区内就业总人口数。

（4）贫富差距。贫富差距过大、收入分配不平等可能诱发低收入人群不满情绪，激化阶层矛盾，导致犯罪的增加，严重时甚至会造成社会对立和冲突动荡。基尼系数是国际上通用的衡量社会贫富差距、判断收入分配公平程度的常用指标，具体计算公式为

$$\gamma_4=1-\frac{1}{n}\left(2\sum_{i=1}^{n-1}W_i+1\right) \tag{4-32}$$

式中：W_i 为第 i 组人口累计收入占全部人口总收入的比重；n 为组数。

大面积停电事故中，失序的社会状态容易诱发教育水平低者、失业者、低收入者等的过激行为，严重时可能违法犯罪，引起犯罪率上升。社会稳定性与大停电后犯罪提升率之间存在大体的正相关趋势。这种关联趋势可通过数据调研和拟合计算得到。例如：通过表 4-2 所示的调研数据，拟合停电区域犯罪率提升率 $\Delta\eta$ 与社会稳定脆弱性 γ 之间关系为

$$\Delta\eta=34.867\ln\gamma+162.02,\quad R^2=0.9797 \tag{4-33}$$

式中：R 为可决系数，反映拟合优度。

表 4-2　国内外典型大面积停电事故区域社会脆弱性数据和犯罪率提升率

事故名称	男女比例	未接受过高等教育的人口比例	失业率	基尼系数	社会脆弱度性	大面积停电后犯罪率提升率
伦敦大停电	0.99	72%	5.2%	0.376	0.014	13.9%
洛杉矶大停电	0.99	65%	5.6%	0.479	0.017	21.1%
美加“8·14”大停电	0.98	70%	6.5%	0.496	0.022	29.2%
意大利大停电	0.96	87%	8.9%	0.37	0.027	33.7%

续表

事故名称	男女比例	未接受过高等教育的人口比例	失业率	基尼系数	社会脆弱度性	大面积停电后犯罪率提升率
印度大停电	1.08	86%	10.7%	0.33	0.033	40.3%
印尼大停电	1.01	94%	11.2%	0.34	0.036	45.6%
菲律宾大停电	1.00	73%	11.5%	0.441	0.037	49.4%
巴西大停电	0.98	91%	8.3%	0.539	0.039	51.7%

4.3.1.2 生产安全

保障生产安全的核心目标是保障从业人员人身安全。大面积停电生产安全评价的侧重点在高危行业，因为一般行业会因停电而停产，但几乎没有人员伤亡；危险化学品生产、冶金铸造、易燃易爆品生产等高危行业在突遇大面积停电时易发生爆炸、火灾、危险品泄漏等事故并造成人员伤亡。可通过大面积停电后高危行业人员伤亡数分析生产安全水平，具体计算公式为

$$N_c = N_0 \times p \tag{4-34}$$

式中：N_c 为大面积停电事故下高危行业人员伤亡数；N_0 为高危行业发生事故后人员伤亡数；p 为大面积停电事故下高危行业发生事故概率。

（1）高危行业发生事故后人员伤亡数 N_0。高危行业造成危害最大、最易发生的事故是爆炸燃烧事故，高危行业发生事故后人员伤亡数即为这些事故中死亡和重伤人员数量，可采用蒸气云爆炸模型与凝聚相含能材料爆炸伤害模型计算。

蒸汽云爆炸模型将高危行业危险品存量转化成等效三硝基甲苯当量（以下简称“TNT 当量”）以衡量高危行业所储存的危险品一旦爆炸可产生的爆炸强度。设一定浓度蒸气云参与了爆炸，爆炸威力可转化为等效 TNT 当量，指标具体计算公式为

$$W_{TNT}=1.8\alpha W_f Q_f/Q_{TNT} \tag{4-35}$$

式中：W_{TNT} 为等效 TNT 当量；1.8 为地面爆炸系数，反映地面爆炸中地面反射对爆炸威力的加剧作用；α 为蒸汽云当量系数，取 4%；W_f 为高危行业储存化工原料（爆炸物）的总量；Q_{TNT} 为 1kgTNT 炸药的爆热值，取 4520kJ/kg；Q_f 为相应化工原料爆热，常见化工原料爆热值参见表 4-3。

表 4-3　　常见化工原料爆热参考值

高危行业类型	主要原料或产品	爆热值（kJ/kg）
天然气生产	甲烷	55536
树脂塑料制造	甲醇	22566

续表

高危行业类型	主要原料或产品	爆热值（kJ/kg）
尼龙制品制造	苯	41792
液化气生产	丙烯	45800
化工原料提取	原油	43890
燃油生产	汽油	43687
橡胶制造	丁二烯	46977

凝聚相含能材料爆炸伤害模型基于超压—冲量准则，即爆炸释放的能量通过冲击波对目标造成损害，冲击波超压的大小决定着损害的严重程度。冲击波超压小于0.03MPa时，造成人员伤害轻微；达到0.03～0.05MPa时，造成人员严重伤害；达到0.05～0.10MPa时，将造成内脏严重损伤或死亡；冲击波超压大于0.10MPa时，绝大多数人员死亡。根据伤亡概率将爆炸危险源周围由里向外依次划分为死亡区、重伤区、轻伤区和安全区。其中，死亡区的死亡半径$R_{0.5}$的计算公式为

$$R_{0.5}=13.6\left(\frac{W_{\mathrm{TNT}}}{1000}\right)^{0.37} \tag{4-36}$$

该区域内人员因冲击波作用导致肺出血而死亡的概率为50%。

死亡半径内的事故死亡人数N_{0s}为

$$N_{0s}=3.14\rho_1\left(R_{0.5}^2-R_0^2\right) \tag{4-37}$$

式中：ρ_1为高危企业厂区平均人员密度；R_0为无人区半径。

重伤区的外径为R_z，内径为死亡区半径，R_z的计算公式为

$$R_z=4.774\left(W_{\mathrm{TNT}}\right)^{0.332} \tag{4-38}$$

该区域内因冲击波作用对人员造成耳膜破裂、骨折等严重伤害的概率为50%。

重伤半径内的重伤人数为N_{0z}，表示为

$$N_{0z}=3.14\rho_1\left(R_z^2-R_{0.5}^2\right) \tag{4-39}$$

高危行业发生事故后人员伤亡数N_0为

$$N_0=N_{0s}+N_{0z} \tag{4-40}$$

（2）大面积停电事故下高危行业发生事故概率p。大面积停电事故下高危行业发生事故概率是一个综合概率，包含高危行业发生事故的固有概率和大面积停电事故对这一固有概率的加剧作用，即加剧因子。本书主要考虑备用电源切换时间未达标、备用电源后备时间不足和突发停电后人员操作失误三种常见加剧因子。

大面积停电事故下高危行业发生事故概率的计算公式为

$$p = p_0 \times \prod_{i=3}^{3} \eta_i \tag{4-41}$$

式中，p 为大面积停电事故下高危行业发生事故概率；p_0 为发生事故的固有概率；η_i（i=1，2，3）分别为备用电源切换时间未达标加剧因子，备用电源后备时间不足加剧因子和突发停电后人员失误加剧因子。

1）高危行业发生事故的固有概率。高危行业发生事故的固有概率可用 LEC 评价法进行计算。LEC 评价法是一种衡量作业环境中潜在危险源的危险性的评估方法，主要用于危险化学品生产工业领域危险性的评估。LEC 分别代表：事故发生的可能性（likelihood）、人员暴露于危险环境中频繁程度（exposure）和一旦发生事故可能造成的后果（criticality）。LEC 评价法依据事故发生的可能性大小将可能性分为从“完全会被预料到”至“实际上不可能”7 个等级，事故可能性分级见表 4–4。实际操作中，可组织专家结合具体高危企业或工业园区的实际情况，对安全事故发生可能性进行评估，将发生概率极小、几乎不可能发生的事故参考分设置为 0.1 分，将完全能够预料到某事件会于将来某个时候发生的情况设置为 10 分。

表 4–4　　基于 LEC 评价法的事故或危险事件发生可能性分级

事故或危险事件发生可能性	参考分值	对应概率
完全可以被预料到	10*	0.99
相当可能发生	6	0.5
不经常，但可能发生	3	0.1
完全意外，极少可能发生	1*	0.01
可以设想，但高度不可能发生	0.5	0.001
极不可能发生	0.2	0.0001
实际上不可能发生	0.1*	0.00001

* 表示打分的参考点。

2）备用电源切换时间未达标影响因子。当高危企业、工业园区突发大面积停电后，备用电源是否能够在有限时间内成功切换、及时恢复生产关键环节的电力供应将直接影响停电后的生产安全状况。不同工业类别生产过程中不同环节对供电可靠性的要求不同，超出各生产环节允许停电时间将对生产设备造成不可逆的损坏，发生生产安全事故的可能性也将增加。

GB/Z 29328《重要电力用户供电电源及自备应急电源配置技术规范》中列举了矿山、石化、冶金等典型工业类型的不同关键生产环节允许停电时间，并按照

200ms、1min、5min 和 10min 进行了分类。备用电源切换时间越短，则对关键生产环节影响越小。随着切换时间延长，影响的生产环节随之增加，对生产安全造成的威胁也越大。因此，停电影响下备用电源切换时间未达标影响因子 η_1 的取值参考国家规范的分类方法设置，具体如表 4–5 所示。

表 4–5　　备用电源切换时间未达标影响因子取值

备用电源切换时间	0～200ms	200ms～1min	1～5min	5～10min	10min 以上
η_1	1.00	1.05	1.15	1.20	1.25

3）备用电源后备时间缺失度因子。除了备用电源需要及时切换，GB/Z 29328《重要电力用户供电电源及自备应急电源配置技术规范》也规定了重要工业用户所要求的后备时间，如表 4–6 所示。

表 4–6　　典型工业类别后备时间要求

工业类别	后备时间要求（min）
煤矿及非煤矿山	240
精细化工、石油化工、冶金、盐化工、机械制造、煤化工	120
机械制造	60

突发大面积停电时，若备用电源能够有效投入，但其持续供电能力不足以满足高危企业对后备时间的要求，也将对停电后生产安全造成极大的隐患，备用电源持续供电能力越短，生产安全事故发生的可能性就越大。这种影响可以采用后备电源时间缺失度进行衡量，即

$$\varphi = \frac{t_h - t_k}{t_h} \times 100\% \tag{4–42}$$

式中：φ 为备用电源后备时间缺失度；t_h 为高危企业或工业园区生产要求的后备时间；t_k 为高危企业或工业园区的实际后备时间。

参考 GB/Z 29328《重要电力用户供电电源及自备应急电源配置技术规范》，不同后备时间缺失度对应的备用电源后备时间缺失影响因子 η_2 取值如表 4–7 所示。

表 4–7　　备用电源后备时间缺失影响因子取值

后备时间缺失度	0	(0，30%]	(30%，50%]	(50%，80%]	(80%，100%)	100%
η_2	1.00	1.05	1.10	1.15	1.20	1.25

4）停电后人员失误影响因子。停电会加重工作人员紧张情绪，可能进一步引起大面积停电后生产安全事故，而事故能否有效避免则取决于电力供应中断后生产线上的操作人员能否有效及时正确应对。借助人类认知可靠性模型（Human Cognitive Reliability，HCR）可以衡量事故后人员紧张情绪对事故影响作用。依据HCR模型，突发停电后人员失误加剧因子为

$$\eta_3 = 1 + e^{-\left[\frac{(t/T_{0.5})-0.7}{0.407}\right]^{1.2}} \tag{4-43}$$

$$T_{0.5} = \overline{T_{0.5}}(1+k_1)(1+k_2) \tag{4-44}$$

式中：t 为可供选择并执行恰当行为的时间，可根据实际情况调研获得；$T_{0.5}$ 为选择执行恰当行为必要时间的平均值；$\overline{T_{0.5}}$ 为标准状况下选择执行恰当行为必要时间的平均值；k_1 为操作人员的能力系数；k_2 为操作人员的紧张度系数。系数 k_1，k_2 的取值如表 4－8 所示。

表 4－8　能力、紧张度系数取值

系数	状况	标　准	系数值
能力系数 k_1	熟练者	5 年以上操作经验	－0.22
	一般	半年以上操作经验	0
	新手	不足半年操作经验	0.44
紧张度系数 k_2	紧迫	高度紧张，人员受到威胁	0.44
	较紧张	很紧张，可能发生事故	0.28
	最优	最优紧张度，负荷适当	0
	松懈	无预兆，警觉度低	0.28

4.3.1.3　生活安全

生活安全主要包含人员人身安全保障和居民基本生活保障两个层面，相应地，从人员聚集地安全、供水安全两个方面进行评价。

（1）人员聚集地安全。突发大面积停电事故后，人员聚集地容易发生踩踏、暴力伤害、抢劫等严重威胁居民人身安全的事件。可通过人员聚集地伤亡期望值分析大面积停电后人员聚集地范围内伤亡人员人数规模。

人员聚集场所一般是指城市中人群密度集中、流动性强，易于发生群死群伤事故的公共空间，如大型商场、电影院、学校、交通枢纽等。一般近似认为聚集人数不少于 500 人且高峰期人群密度大于 1 人/m^2 的公共空间在突发事件下具有发生踩踏事故的可能。

人员聚集地突发停电后，由突然黑暗致使人群产生恐慌心理，并在趋光行为本

性的指引下向有光亮的室外或人流量少的区域移动，造成通道、出口等狭窄的“瓶颈”区域在短时间内聚集大量人群，使得“瓶颈”区域中滞留人群极易引发踩踏事故。考虑“瓶颈”区域的滞留人数，大面积停电下人员聚集地伤亡期望的计算公式为

$$N_s = N_z P_c P_s \tag{4-45}$$

式中：N_s为大面积停电下踩踏伤亡人员期望值；N_z大面积停电下人员聚集地“瓶颈”区域的滞留人数；P_c为大面积停电下发生踩踏事故的概率；P_s为大面积停电下发生踩踏事故人员伤亡的概率。

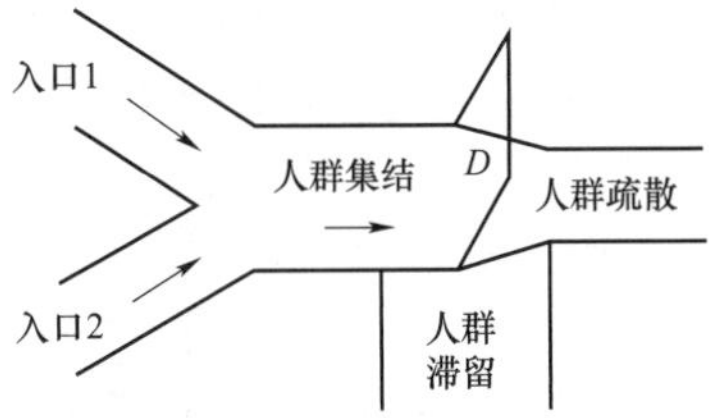

图 4-5　人群疏散示意图

1）人员聚集地“瓶颈”区域的滞留人数 N_z。选取“瓶颈”区域的某一断面为基准断面 D，突发停电后从疏散开始到疏散结束，流入基准断面 D 的人群称为汇入人群，离开基准断面 D 的人群为流出人群，汇入与流出人数差即为滞留人数（见图 4-5）。

那么，疏散过程中人群从 n 个入口通道汇集通过基准断面 D 达到唯一出口，汇入总人数 N_1 为

$$N_1 = \sum_{i=1}^{n}\int_{0}^{T} f_i(t)B_i(t)\mathrm{d}t \tag{4-46}$$

式中：N_1 为汇入人数；f_i 为第 i 个入口处人群流动系数（单位时间内单位空间宽度通过的人数）；B_i 为第 i 个入口的人流密度，一般近似为入口宽度；N 为疏散总时间。

流出总人数 N_2 为

$$N_2 = \sum_{i=1}^{n}\int_{0}^{t_0} f_i(t)B_i(t)\mathrm{d}t + \left(T - t_0\right) f'B' \tag{4-47}$$

式中：t_0 为拥堵出现的时刻；f' 为拥堵出现后出口处流出人群的流动系数；B' 为出口人流密度，近似为出口宽度。

在计算汇入和流出人数后，可以得到基准断面 D 处的滞留人数 N_z，即为大面积停电事故下可能遭受踩踏而伤亡的人群，可表示为

$$N_z = N_1 - N_2 = \sum_{i=1}^{n}\int_{t_0}^{T} f_i(t)B_i(t)\mathrm{d}t - \left(T - t_0\right) f'B' \tag{4-48}$$

考虑到滞留人群模型中各入口流动系数 f_i 和出口流动系数 f' 难以通过调查统计直接得到，但已知流动系数是人群移动速度与人群密度的乘积，因此给出一种可

参考的近似算法。

拥挤状态下，人的步幅与移动速度均会受到影响，人群的移动速度 v 为

$$v = l \times f_r = \left[\frac{1}{(b_p + 0.1)D} - d_p \right] \times kD^r \tag{4-49}$$

式中：l 为步幅；f_r 为行走频率；b_p 为肩宽；d_p 为身体厚度；D^r 为人群密度；k 和 r 为相关系数，k=1.36，r≈0.5。

进而，人群流动系数为

$$f = D \times v = \left[\frac{1}{(b_p + 0.1)} - d_p D \right] \times kD^r \tag{4-50}$$

2）大面积停电下发生踩踏事故的概率 P_c。根据踩踏事故的发生机理，“瓶颈”区域滞留人群数量越多、人群密度越高，越容易发生踩踏事故。突发停电事故中，应急照明亮度低、弱势群体比例高和没有应急疏散标志对踩踏事故有加剧作用。大面积停电下发生踩踏事故的概率模型为

$$P_c = \frac{N_z}{N_c}\theta_0 = \frac{N_z}{N_c}\theta_a\theta_b\theta_c \tag{4-51}$$

式中：P_c 为大面积停电下发生踩踏事故的概率；N_c 为停电发生时在场人员总数；θ_0 为触发因子，反映停电对踩踏事故的影响，包括疏散地亮度因子 θ_a、弱势群体比例因子 θ_b 和应急疏散标志因子 θ_c。

a. 疏散地亮度因子 θ_a。在黑暗条件下，人的步频会下降、步长会减少，疏散时间增加，容易引发跌倒和踩踏事故，而配备应急照明则可减少疏散时间（与完全黑暗下的疏散时间相比），降低踩踏事故的发生概率。可根据进行正常照明、应急照明和完全黑暗下的疏散演习结果，设置 θ_a 的取值。这里仅给出一个参考值，正常照明条件下（环境亮度 50～100lx），θ_a=1；应急照明条件下（环境亮度为 5lx），θ_a=1.25；无应急照明情况下（环境亮度低于 0.5lx），θ_a=4。

b. 弱势群体比例因子 θ_b。弱势群体（老年人、儿童和妇女）是恐慌产生和蔓延的主要原因，由弱势群体引发的恐慌会快速蔓延，增加踩踏事故的风险，即认为弱势群体比例越高，踩踏事故发生风险越高。θ_b 的取值可参考表 4-9。

表 4-9　　θ_b 的取值参考

弱势群体比例	高于 80%	高于 20%低于 80%	低于 20%
θ_b	4	2	1

c. 应急疏散标志因子 θ_c。合理的应急疏散标志可以传递正确的疏散路线，降

低踩踏事故的发生风险。可参考以下取值，有应急疏散标志的条件下，$\theta_c=1$；没有应急疏散标志的条件下，$\theta_c=1.1\sim1.2$。

3）大面积停电下发生踩踏事故人员伤亡的概率 P_s。踩踏和高密度人群的互相挤压都会造成人员伤亡，人员聚集地出事前人员密度与发生踩踏事故严重程度有着密切的联系。大面积停电下发生踩踏事故人员伤亡概率可以通过研究典型踩踏事故统计数据分析得到，例如拟合得到现场人员密度与伤亡率的函数关系。

（2）供水安全。居民生活用水的供应是居民正常生活的必备条件，突发的大面积停电如造成供水系统瘫痪而造成大面积、长时间停水，会引发居民不满，严重影响生活安全水平。因此，在供水安全方面，选取大面积停电后停水人数作为评估指标，计算公式为

$$N=\frac{\Delta Q}{q} \tag{4-52}$$

式中：N 为大面积停电后停水人数；ΔQ 为大面积停电区域内水厂停电情况下的供水能力缺额，m^3；q 为居民人均用水需额，m^3/人。

1）大面积停电区域内水厂停电情况下的供水能力缺额 ΔQ。停电会造成水厂供水系统的核心设备，如水泵、增压泵等停运，导致整个水厂瘫痪，如果配备柴油发电机等备用电源，则可恢复一定的供水能力。停电后水厂供水缺额为

$$\Delta Q=\sum_{i=1}^{n}Q_i\alpha(1-\beta)(1-\eta) \tag{4-53}$$

式中：Q_i 为停电区域内第 i 座水厂正常情况下日平均供水量；α 为居民生活用水比率；β 为供水损失率；η 为水厂应急状况下生产恢复比率。

2）居民人均用水需额 q。根据 GB/T 50331《城市居民生活用水标准》对居民家庭生活人均人居日用水量调查，拘谨型、节约型和一般型用户人均用水需额分别为 86.21m^3/（人·天）、108.95m^3/（人·天）和 137.52m^3/（人·天）。

4.3.1.4 交通安全

大面积停电事故对交通安全最为严重的影响就是产生大面积的交通拥堵，但很少引起交通事故。对大面积停电后交通安全的评估主要集中在停电后造成的交通拥堵度的评估。

通过采集数据和调研录像分析大面积停电对各等级路段平均车速的影响，建立各等级路段在大面积停电后车辆行驶速度下降率与停电持续时间之间的函数关系，在此基础上通过车辆行驶里程（Vehicle-kilometers of Travel，VKT）对各等级路段进行加权，最终得到整个停电区域路网平均时速，反映大面积停电后交通拥堵程度。

（1）大面积停电对各等级路段平均车速的影响。道路交通流随时间变化会呈现

出明显的区别，在高峰期路况与平峰期呈现出不同的车速特征。不同等级道路的交通流也会有不同的特征。根据 GB/T 51328《城市综合交通体系规划标准》，城市道路可分为快速路、主干路、次干路和支路四类。其中，大面积停电对快速路影响程度较小，重点调研其他三类城市道路在以往停电发生时路段交通流特性随停电时间变化的数据，获得停电情况下交通流状态参数。不同等级道路的划分标准如表 4–10 所示。

表 4–10　　主干路、次干路和支路等级设计标准

道路等级	设计速度（km/h）	双向车道数（条）	道路红线宽（m）
主干路	40～60	4～8	40～45
次干路	30～50	2～4	20～40
支路	20～30	2	14～20

下面以在 2012 年深圳大停电中收集的交通数据为例，介绍车辆行驶速度下降率指标的计算方法。

2012 年 4 月 10 日晚 8 点多，由于 500kV 变电站设备故障，导致深圳市福田、罗湖、龙岗等多区域同时大面积停电，部分区域持续时间超过 2h，损失负荷 76 万 kW，停电用户 16.8 万。停电范围内大量交通信号灯熄灭，对道路交通造成了严重的影响。停电期间为交通平峰期，因此选取停电期间晚间 8 点半至 10 点半的交通流数据量化计算平峰期大面积停电对路段平均车速的影响。

采集与统计数据路段包括：主干路 10 条、次干路 15 条、支路 20 条。主干路、次干路、支路的拟合关系曲线分别如图 4–6～图 4–8 所示。

1）主干路。平峰期发生停电事故后，随着停电时间的增长，主干道平均车速呈现明显的下降，停电 2h 主干路平均车速下降超过 70%。拟合得到平峰期停电事故后主干路平均车速变化率函数为

$$Y_{\text{op-m}} = -0.128\ln X - 0.1256, R^2 = 0.9789 \tag{4-54}$$

式中：$Y_{\text{op-m}}$ 为平峰期主干路路段平均车速变化率；X 为停电持续时间；R^2 为可决系数。

2）次干路。平峰期发生停电事故后，次干路平均车速同样随停电时间增长而有明显下降趋势，并且在前 20min 下降极快，下降幅度高达 50%。下降速率也随停电时间延长有所降低，最终次干路平均车速降幅约为 65%。拟合得到平峰期停电事故后次干路平均车速变化率函数为

$$Y_{\text{op-s}} = -0.101\ln X - 0.172, R^2 = 0.8542 \tag{4-55}$$

式中：Y_{op-s} 为平峰期次干路路段平均车速变化率；X 为停电持续时间，R^2 为可决系数。

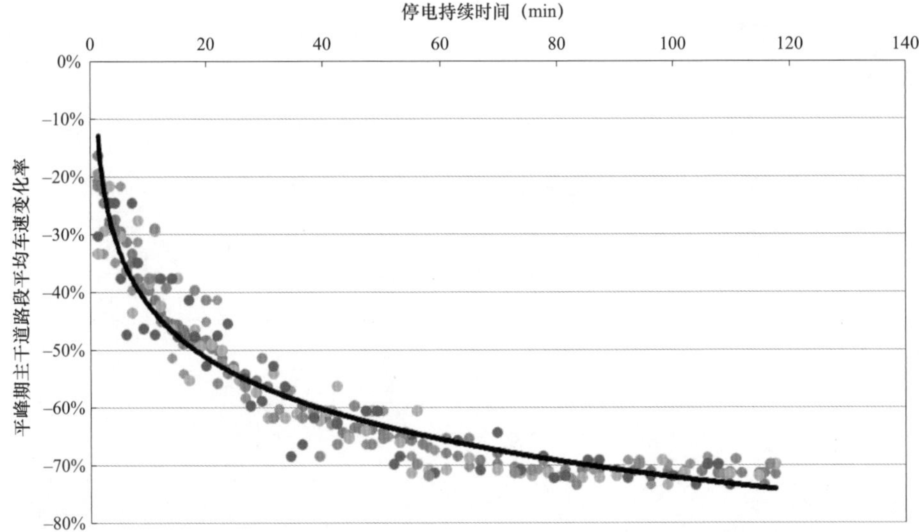

图 4-6　平峰期停电事故后主干路平均车速与停电时间关系

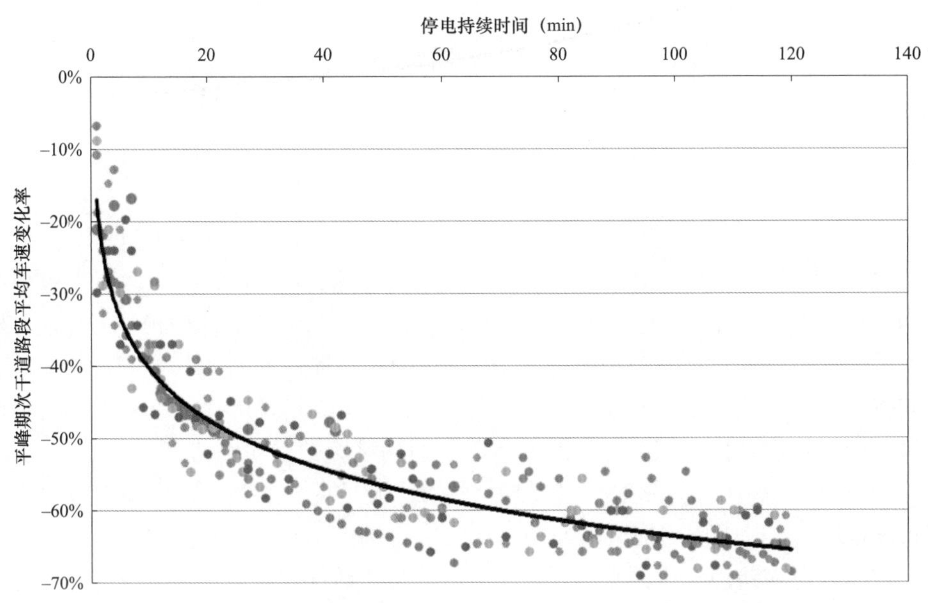

图 4-7　平峰期停电事故后次主干路平均车速与停电时间关系

3）支路。平峰期停电事故发生后的前 10min，支路平均车速降幅均最大，最高超过 30%，而后随着停电时间的增长，路段平均车速也是逐渐降低的。前 10min 内平均车速的降幅接近停电总时间（120min）内总降幅的一半，停电时间达到 2h 时，支路平均车速下降率约为 56%。拟合得到平峰期停电事故后平均车速变化率函数为

$$Y_{\mathrm{op-b}} = -0.084\ln X - 0.1699, R^2 = 0.8957 \tag{4-56}$$

式中：$Y_{\mathrm{op-b}}$ 为支路路段平均车速变化率；X 为停电持续时间；R^2 为可决系数。

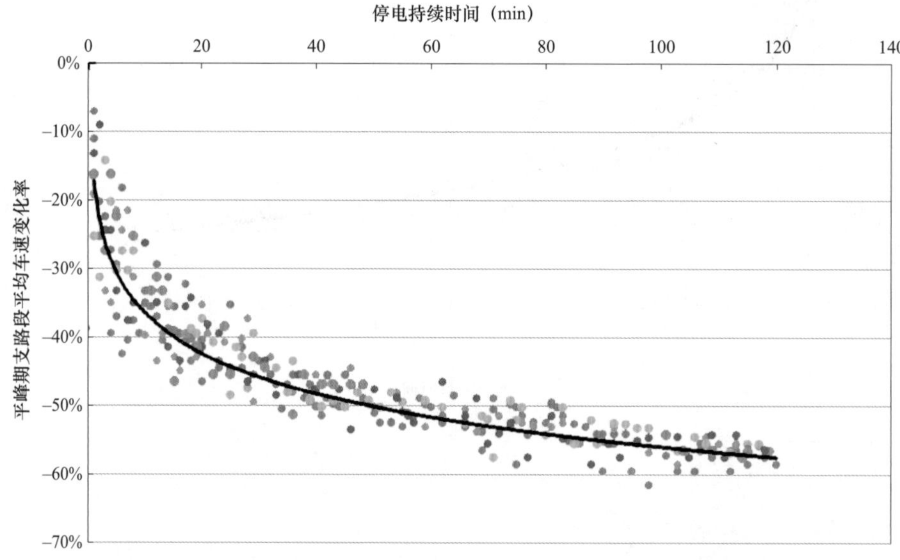

图 4-8　平峰期停电事故后支路平均车速与停电时间关系

（2）基于车辆行驶里程加权的大停电后路网均速模型。在得到大面积停电后高峰期、平峰期各等级路段的速度下降率随停电持续时间变化的函数模型基础上，根据不同等级道路的设计车速或停电事故之前的平均车速，可计算停电过程中，任一时间点的平均车速情况，再使用车辆行驶里程对各等级路段进行加权获取路网平均速度，便可实现对大面积停电后路网体系交通拥堵度的量化评估。

1）车辆行驶里程（VKT）。交通拥堵具有一定的时空特性，在空间上体现为拥堵影响范围，一般采用受拥堵影响的路段长度比例来量化。车辆行驶里程是指路段上平均车流量和路段长度的乘积，既能体现道路交通强度，又能够反映出人们对于道路的需求状况，是从空间角度反映交通拥堵的重要指标。

对于某一基本路段而言，在一定的时间跨度内，交通总量一般趋于一个稳定的

数值，因此对于某一等级的道路而言，在统计时间内的车辆行驶里程计算方法为

$$VKT_k = nq_k L_k \tag{4-57}$$

式中：VKT_k 为第 k 条基本路段在统计时段内的车辆行驶里程；n 为第 k 条基本路段的平均车道数；q_k 为第 k 条基本路段在统计时段内的单车道平均交通量；L_k 为第 k 条基本路段长度。

2）停电后基于 VKT 加权道路网的路网均速模型。在建立大停电后路网交通拥堵模型后，应 VKT 作为权重进行加权。从单条路段开始，计算各等级路段的平均车速 V_k，并求出各个基本路段的 VKT_k，并以 VKT_k 作为权重，逐层计算整个路网体系的路网平均速度 V，即

$$V = \sum_{k=1}^{n} VKT_k \times V_k / \sum_{k=1}^{n} VKT_k \tag{4-58}$$

4.3.2 大面积停电社会安全评估方法

基于突变理论的电网大停电社会安全评估主要包括以下步骤：

（1）确定指标体系和指标层次。大面积停电社会安全评价指标体系包括三层，第一层为大面积停电社会安全水平，是最终评估目标；第二层为治安、生产、生活和交通安全四个二级指标；第三层中，治安安全包含一个三级指标为区域犯罪提升率，生产安全包含一个三级指标为高危行业人员伤亡人数，生活安全包含人员聚集地人员伤亡人数和停水人数两个三级指标，交通安全包含一个三级指标为路网平均速度。

（2）根据评价标准，计算各三级指标评分。

1）区域犯罪提升率指标评价标准。根据联合国国际犯罪防范中心 2014 年各国政府上报的十万人犯罪案件数统计数据，并结合中国实际国情，参考标准见表 4－11。

表 4－11　　治安安全等级划分标准

项目	非常安全	安全	较为安全	危险	非常危险
十万人犯罪案件数	（0，200）	（200，600］	（600，1000］	（1000，3000］	（3000，＋∞］
评分	（1，0.8］	（0.8，0.6］	（0.6，0.4］	（0.4，0.2］	（0.2，0）

2）高危行业人员伤亡人数指标评价标准。根据国务院第 493 号《生产安全事故报告和调查处理条例》对生产安全事故等级的划分标准规定，指标评价标准详见表 4－12。

表 4-12　　生产安全等级划分标准

安全事故等级	死亡人数	重伤人数	评分
无	0	0	1
一般	(0，3)	(0，10)	(1，0.75)
较大	[3，10)	[10，50)	[0.75，0.5)
重大	[10，30)	[50，100)	[0.5，0.25)
特别重大	[30，+∞)	[100，+∞)	[0.25，0)

3）人员聚集地人员伤亡人数指标评价标准。人员聚集地人员伤亡人数指标评价标准与高危行业人员伤亡人数指标评价标准相同。

4）大面积停电后停水人数指标评价标准。依据中国《突发公共卫生事件应急条例》及 SL 459—2009《城市供水应急预案编制导则》的规定，制定指标评价标准，详见表 4-13。

表 4-13　　供水安全等级划分标准

项目	事故等级			
	Ⅰ级事故	Ⅱ级事故	Ⅲ级事故	Ⅳ级事故
停水人数	城市人口40%以上	城市人口 30%～40%	城市人口 20%～30%	城市人口 10%～20%
停水面积	城市总供水面积 50%以上	城市总供水面积40%～50%	城市总供水面积30%～40%	城市总供水面积20%～30%
评分	(0，0.25]	(0.25，0.5]	(0.5，0.75]	(0.75，1)

5）交通拥堵度指标评价标准。根据交通运输委《城市道路交通拥堵评价指标体系》标准，参考北京、深圳市交通指数概念，利用 VKT 对各等级路段进行加权，提出适用整个路网的均速等级和交通拥堵划分标准建议，详见表 4-14。

表 4-14　　交通拥堵划分标准

道路等级	非常畅通	畅通	轻度拥堵	中度拥堵	严重拥堵
路网均速(km/h)	(41，+∞)	(28，41]	(19，28]	(11，19]	(0，11]
评分	(0.8，1)	(0.6，0.8]	(0.4，0.6]	(0.2，0.4]	(0，0.2]

(3) 利用突变级数法，计算上级指标评分，进行综合评价。首先根据指标包含下级指标个数的不同选取不同的突变模型。如式（4-59）和式（4-60）所示，对

仅包含 1 个下级指标的二级指标治安安全 B_1、生产安全 B_2 和交通安全 B_4 使用折叠突变模型，对包含 2 个下级指标的二级指标生活安全 B_3 使用尖点突变模型。

二级指标突变级数计算为

$$B_i = \sqrt{C_i}, i = 1,2,4 \tag{4-59}$$

式中：C_i 为对应的三级指标评价结果。

$$B_3 = \sqrt{C_{3-1} + C_{3-2}} / 2 \tag{4-60}$$

式中：C_{3-1} 为人员聚集地人员伤亡人数指标评价结果；C_{3-2} 为供水人数指标评价结果。

由二级指标计算结果逐级向上计算总的突变级数值。注意，求解时需要遵循“互补”和“非互补”原则。“互补”原则指下层各指标之间存在明显的相互关联作用时，取下层各指标的计算结果平均值作为上层指标的结果；“非互补”原则指下层各指标之间不存在明显的相互关联作用或者各指标之间相互对立时，则取下层各指标计算结果中的最小值作为上层指标的结果。电网大面积停电社会安全指标体系中的指标均满足“互补”原则，且一级指标包括 4 个下级指标，故使用蝴蝶突变模型进行求解，如式（4–61）所示。大面积停电社会安全水平 A 为

$$A = \left(\sqrt{B_1} + \sqrt[3]{B_2} + \sqrt[4]{B_3} + \sqrt[5]{B_4}\right) \tag{4-61}$$

（4）一级指标突变级数值的。求得一级指标的突变级数后，得到评价结果，但这一结果往往数值偏高且不同评价对象的得分结果差距很小，可能会增大结果的对比判断难度，需要对突变级数值进行变换，使其具有“优”“劣”划分的绝对意义。

根据突变理论，当底层指标具有绝对意义且全部选取在 0～1 之间的某一水平值 x 时，计算得到的突变级数值 y 的评分水平和 x 的评分水平是一致的。因此，当底层指标的取值 x 不同时，可得到不同突变级数值 y，这样就可以建立 y 与 x 之间的函数关系，进而可将 y 变换成新评估值 x'，并作为最终的评价结果，使评价结果具有绝对意义上的“优”“劣”含义，且克服了突变级数值偏高且分值之间差值很小的缺点。

本章介绍的大面积停电社会安全评估方法，最终突变级数值 y 与底层指标值 x 的函数关系如式（4–62）所示，通过求取反函数获得最终评价结果。

$$y = \left[\sqrt[4]{x} + \sqrt[5]{\left(\sqrt{x} + \sqrt[3]{x}\right)/2} + \sqrt[8]{x} + \sqrt[10]{x}\right] / 4 \tag{4-62}$$

依据《中华人民共和国突发事件应对法》和《国家突发公共事件总体应急预案》等国际通用标准和法规，并参考应对突发事件的地方性法规，将大面积停电社会安

全等级划分为五级，如表 4-15 所示，通过最终的评价结果判断大面积停电社会安全等级。

表 4-15　大面积停电社会安全等级

安全等级	非常危险	危险	较为安全	安全	非常安全
评分	（0，0.2]	（0.2，0.4]	（0.4，0.6]	（0.6，0.8]	（0.8，1.0]

参考文献

［1］郭永基. 电力系统可靠性分析［M］. 北京：清华大学出版社，2003.

［2］《中国电力百科全书》委员会. 中国电力百科全书：电力系统卷. 3 版［M］. 北京：中国电力出版社，2014.

［3］国网北京经济技术研究院. 电网规划设计手册［M］. 北京：中国电力出版社，2015.

［4］Nedic D. P.，Dobson I.，Kirschen D. S.，et al.Criticality in a cascading failure blackout model［C］. 15th Power Systems Computation Conference，Liege，Belgium，2005.

［5］Wang H.，Thorp J. S.. Optimal locations for protection system enhancement：a simulation of cascading outages［J］. IEEE Transactions on power systems，2001，16（4）：528-533.

［6］李鹤，张平宇，程叶青. 脆弱性的概念及其评价方法［J］. 地理科学进展，2008，27（2）：18-25.

［7］张远煌. 论性别对犯罪的影响町刑侦研究［J］. 1998，04：16-19.

［8］洪胜宏，彭惜君. 我国平均受教育年限及其展望［J］. 现代教育科学，2014，06：8-9.

［9］王道虎. 中国失业率与犯罪率之间关系的定量研究［D］. 济南：山东大学，2012.

［10］韩乔. 收入差距与犯罪关系研究［D］. 兰州：兰州商学院，2012.

［11］姜全保，李波. 性别失衡对犯罪率的影响研究［J］. 公共管理学报，2011，08（1）：71-80.

［12］Barber N.. The Sex Ratio as A Predictor of Cross－National Variation in Violent Crime［J］. Cross Cultural Research，2000，34（3）：264－282.

［13］Lochner L.，Moretti E.. The Effect of Education on Crime Evidence from Prison

Inmates，Arrests，and Self－Reports［J］. American Economic Review，2004，94（1）：155－189.

［14］Buonanno P.，Leonida L.. Education and Crime：Evidence from Italian Regions［J］. Applied Economics Letters，2006，13（11）：709－713.

［15］陈刚，李树. 教育对犯罪率的影响研究［J］. 中国人口科学，2011（3）：102－110.

［16］黄少安，陈屹立. 宏观经济因素与犯罪：基于中国 1978—2005 的实证研究［C］. 深圳：中国经济学年会会议论文，2007.

［17］Ehrlich I.. Participation in Illegitimate Activities：A Theoretical and Empirical Investigation［J］. The Journal of Political Economy，1973，81（3）：521－65.

［18］Kelly M.. Inequality and Crime［J］. Review of Economics and Statistics，2000，82（4）：530－539.

［19］苑静，苗欣. 蒸气云爆炸模型在原油储罐火灾事故中的应用研究［J］. 安全，2011，32（5）.

［20］沙锡东，姜虹，李丽霞.关于危险化学品重大危险源分级的研究［J］. 中国安全生产科学技术，2011，7（3）：37－41.

［21］任丹.天然气管道泄漏蒸汽云爆炸后果评估方法研究［J］. 化工设计，2019，29（06）：14－17+1.

［22］景国就，施式亮，等. 系统安全评价与预测［M］. 徐州：中国矿业大学出版社. 2009.

［23］王洪德，高玮. 基于人的认知可靠性（HCR）模型的人因操作失误研究［J］. 中国安全科学学报，2006（07）：3+56－61.

［24］张青松，刘金兰，赵国敏. 大型公共场所人群拥挤踩踏事故机理初探［J］，自然灾害学报，2010，18（6）：81－86.

［25］任常兴，吴宗之，刘茂. 城市公共场所人群拥挤踩踏事故分析机［J］. 中国安全科学学报，2006，15（12）：102－106.

电网发展协调性评价

电网是电力系统的中间环节，是连接电源和用户的复杂网络。电网与电源和终端用户间需要相互协调匹配。电网内部在不同空间地域、相邻电压等级之间也存在结构、容量等方面的匹配关系。电网中任何一个环节协作失调都有可能影响其他环节设计功能的发挥，导致整体效益下降。评价电网发展协调性必须全面考虑电源、负荷和电网自身对协调发展的不同要求。从电源看，发电机组的调节参数、保护装置的配置等必须保证具有较好的灵活性，以满足电网应对各种故障、保持稳定运行的需要。近年来光伏、风能等新能源装机快速增长，新能源大规模接入电网，对电网调峰能力、接纳能力、抗扰动能力提出了更高要求。从负荷看，近年来中国负荷规模、负荷构成以及负荷特性不断变化，为满足不同发展阶段的负荷需求，电网需要保持合理的容量裕度以及网架裕度；从电网自身看，与通信、交通路网等公共型网络相比，电网结构更加复杂，潮流需实时平衡，仍然存在失稳失负荷风险。不同电压层级各类设备相互连接、相互影响，层级之间的容量、结构都需要保证互为支撑、协调匹配。

本书将电网发展协调性定义为：在考虑电力生产、传输、消费各环节情况下，“电源–电网–负荷”在容量裕度、规模配置、布局分布、利用水平等方面匹配得当的状态，不因部分环节过于紧张或过于冗余，造成系统资源局部不足或闲置浪费。简单来说，电网发展协调性是指电网与电源之间、电网与负荷之间、电网不同电压等级之间的协调匹配程度。

因此，电网发展协调性评价主要包括网源、网荷和网间协调性三部分内容。网源协调性主要关注电网对电源的承载能力，包括变机比等三个指标；网荷协调性主要关注电网对负荷的供电能力，包括容载比等三个指标；网间协调性主要关注相邻电压层级之间容量的匹配性，包括相邻层级容量比指标。评价方法主要采用单指标评价与多指标综合评价相结合，通过建立电网发展协调性评价指标体系，赋予指标合理权重，得到电网发展协调性的评分，从而量化电网发展的协调性水平。

开展电网发展协调性评价时，应根据不同电压等级覆盖的供电范围来确定评价对象。750、500、330kV 以省（自治区、直辖市）级电网作为评价对象，220kV 以地级市或由几个地级市组成的供区电网作为评价对象，35～110（66）kV 以地级市或其下设区县电网为评价对象，10kV 以区县或村镇电网作为评价对象。

5.1 电网发展协调性评价指标体系

电网发展协调性评价指标体系是开展协调性评价的重要基础，选取指标时应遵循科学性、系统性、适应性等原则。电网发展协调性评价指标体系包括三个方面，即网源协调性、网荷协调性，以及网间协调性。指标体系如图 5–1 所示。

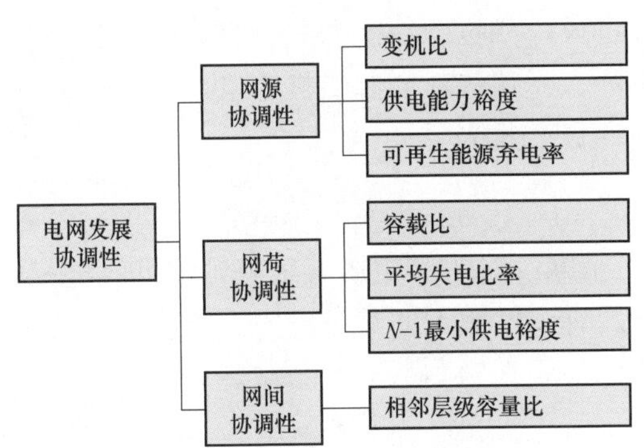

图 5–1　电网发展协调性评价指标体系

5.1.1　电网与电源协调性指标

考虑到电网对不同类型电源接纳能力不同、对装机总规模接入能力不同，选取变机比、供电能力裕度、可再生能源弃电率三个指标进行网源协调性评价。

5.1.1.1　变机比

变机比是指某一电压等级降压变电容量与接入该电压等级电网的等效电源装机容量之比。其中，等效电源装机容量是指接入该电压等级的电源装机容量、输电通道送电/受电能力、该电压等级升压变容量、上级电网变压器容量作为本级电源的等效装机容量等。计算公式为

$$W_b=S_t/S_q=S_t/（G_q+G_{up}+L_x） \tag{5–1}$$

式中：W_b 为变机比；S_t 为该层级电网降压变电容量；S_q 为该层级电网等效装机；G_q 为本层接入装机容量；G_{up} 为上级电网作为本级电源的等效装机容量；L_x 为输电通道送电/受电能力（受入为正，送出为负）。

5.1.1.2 供电能力裕度

供电能力裕度指电网接入电源装机、受电能力之和与最大负荷的比值，包括自供能力裕度与他供能力裕度两个部分。根据评价对象不同，该指标可以针对某一电压等级，也可以针对全网多个电压等级进行整体分析。

这里的电源装机容量应参考电力平衡的计算原则进行统计，主要包括可用的常规电源装机容量，并根据电网内水电和新能源装机规模大小做如下考虑：

（1）对于水电比重较小的电网，水电装机容量按照其平均出力统计；对于水电比重较大的电网，按照水电站保证出力统计。

（2）对于新能源接入规模较大的系统，按照新能源发电可信容量或保证容量统计，若难以获得计算可信容量与保证容量的出力历史数据，可按一定比例考虑新能源装机容量，但不宜过大，如按照新能源装机容量的5%考虑；对于新能源接入规模较小的系统，可不计入光伏等新能源装机容量。

自供能力裕度的计算公式为

$$W_z = S_z/P_{max} \tag{5-2}$$

式中：W_z 为自供能力裕度；S_z 为某电压等级电源装机容量；P_{max} 为该层级最大下网负荷，层级主要指具有电气联系的某一电压等级。

他供能力裕度的计算公式为

$$W_t = S_s/P_{max} \tag{5-3}$$

式中：W_t 为他供能力裕度；S_s 为电网最大受电能力；P_{max} 为该层级最大下网负荷。

需要注意的是，对于送端电网或者作为电力交换枢纽位置的电网而言，他供能力部分分为反向或者正向与反向两方面，比如水电装机占比大、丰枯期明显的省份，根据网络特性不同，既有富余电力的外送，也有区外来电受入。因此，电网供电能力裕度为自供能力裕度（W_z）和他供能力裕度（W_t）的代数和，反映了电源容量相对电网负荷的容量裕度大小。保持合理的裕度水平是电力系统满足系统可靠供电的重要条件之一。

5.1.1.3 可再生能源弃电率

可再生能源弃电率是指电网一年中可再生能源弃电量与可再生能源发电量的比值，反映电力系统接纳可再生能源的能力，也反映电网与可再生能源装机增长的协调性，计算公式如式（5-4）所示。可再生能源弃电量包括弃水电量、弃风电量、弃光电量等。根据国能发新能〔2017〕4号《水电弃水界定及水能利用率计算导则》的规定，水电站弃水是指电站在发电能力下可用来发电而因各种原因所致实际未用于发电的水量，不计入超过电站发电能力而无法利用的水量。弃水率定义为水电站在发电能力下可用来发电但受各种原因影响下的实际水电发电量占应发电量的比例（不含超出水电站发电能力的发电量）。同样，弃风/光率定义为风电场/光伏电站在发电能力下可用来发电但受各种原因影响下的实际风电/光伏发电量占应发电量的比例（不含超出发电场/光伏电站发电能力的发电量）。

$$k_q = \frac{E_q}{E_g} \tag{5-4}$$

式中：k_q 为可再生能源弃电率；E_q 为全年可再生能源弃电量；E_g 为全年可再生能源应发电量。

5.1.2 电网与负荷协调性

负荷对电网的影响主要包括两方面：① 负荷的分布决定了大多数变电站的站址选择，一定程度决定了电网结构；② 负荷的大小、供电距离对电网电压等级的选择和供电能力提出明确要求。电网与负荷协调性的评价指标选择容载比、平均失电比率和 $N-1$ 最小供电裕度。

5.1.2.1 容载比

容载比是指某一电压等级降压变电容量与该电压等级最大下网负荷的比值，反映电网供电可靠性水平和适应负荷快速增长的能力。计算公式为

$$R_s = \frac{\sum S_{ei}}{P_{max}} \tag{5-5}$$

式中：R_s 为容载比；P_{max} 为该电压等级最大发电负荷时刻下网负荷；$\sum S_{ei}$ 为该电压等级年最大发电负荷时刻投入运行的降压变总容量。

负荷增长率低，网络结构联系紧密，容载比可适度降低；负荷增长率高，网络结构联系不强，容载比应适度提高。容载比是电网规划时宏观控制变电总容量，满足电力平衡，合理安排变电站布点和变电容量的重要依据，因此掌握电网容载比现状，对确定规划目标具有重要意义。

5.1.2.2 平均失电比率

平均失电比率是指变电站失电后，低压侧不能转供的负荷占低压侧总供电负荷的比例，反映下级电网对上级电网的支撑和协调水平，侧重于网架结构和运行情况的评价。对于热备用线路或者装有自动控制装置的系统，一般按考虑设备投切后负荷

损失结果来计算。计算公式为

$$R=\frac{\sum P_{\mathrm{Li}}}{S_{\mathrm{N}}} \tag{5-6}$$

式中：R 为某电压等级平均失电比率；P_{Li} 为第 i 座变电站全停后的负荷损失；S_{N} 为该电压等级变电站总容量。

5.2.2.3 N–1 最小供电裕度

电网 $N-1$ 最小供电裕度是 $N-1$ 方式下系统供电能力与供电负荷的比值，反映电网网架在一种故障情况下对负荷供电的保障能力。计算时，一般是对系统重要设备进行 $N-1$ 校核计算，$N-1$ 方式未出现过载时，增加负荷，直到系统即将出现过载情况时对应的供电能力。通过扫描不同设备，求取 $N-1$ 故障方式下最小的供电能力。如果系统在 $N-1$ 故障后，已经出现了设备过载，则降低电网负荷，降低供电能力，从而得到设备不过载时的供电能力。计算公式为

$$T_{\mathrm{N-1}}=S_{\mathrm{N-1}}/P_{\max} \tag{5-7}$$

式中：$T_{\mathrm{N-1}}$ 为 $N-1$ 方式下系统供电裕度，是指电力系统在失去一个对供电能力影响最大的输变电设备后的最大可供电裕度；$S_{\mathrm{N-1}}$ 为电力系统在失去一个对供电能力影响最大的输变电设备后的最大可供电负荷；$P_{\max}$ 为系统中该电压等级大负荷方式下的供电负荷。

5.1.3 相邻电压层级电网间协调性

电网结构整体呈现复杂网格状，包含多个相互紧密连接的电压层级电网，因此相邻电压层级间必须要实现对电力的顺利接续传递、协调匹配。相邻电压层级电网间协调性，即网间协调性，其主要评价指标为相邻层级容量比。

相邻层级容量比是上级电网降压容量与下级电网降压容量之间的比值，反映电网层级之间变电容量间的协调匹配情况，计算时需要考虑下级电网接入的电源、直供负荷以及外送/受电规模的影响。按照中国电压序列组合，可分为 750kV 与 330kV、330kV 与 110kV；500kV 与 220kV、220kV 与 110（66）kV 等。其计算公式为

$$k_{\mathrm{sud}}=(S_{\mathrm{up}}-D_{\mathrm{zdown}})/(S_{\mathrm{down}}-G_{\mathrm{zdown}}) \tag{5-8}$$

式中：k_{sud} 为相邻层级容量比；S_{up} 为上级电网的降压变电容量；S_{down} 为下级电网的降压变电容量。D_{zdown} 为下级电网直供负荷，G_{zdown} 为下级电网接入电源装机。

5.2 电网发展协调性指标评价方法

5.2.1 电网与电源协调性评价标准

根据 5.1 节中的电网协调性评价指标体系，网源协调性指标包括变机比、供电能力裕度和可再生能源弃电率三个指标，下面分别介绍三个指标的具体评价方法和评价标准。

5.2.1.1 变机比

变机比与电源类型和电源分布密切相关，需要综合考虑电源接入该电压等级的类型和规模。

考虑到该层级注入电力除了接入的电源装机外，还包括输电通道受入电力、下级电网升压电力和上一层级下网电力，对应的容量分别为输电通道受/送电能力（受入为正，送出为负）、该层级升压变电容量和上级电网降压变电容量。评价方法如下：

变机比合理值为该层级电网降压变电容量合理值与该层级电网等效装机合理值的比值，这两个的比值又可以通过电网供电能力裕度和容载比这两个指标推算。因此，变机比合理值的计算公式为

$$k_{\text{t-g}} = \frac{p_{\text{t}}}{W_{\text{g}}} \times \frac{P_{\text{d}}}{P_{\text{n}}} = \frac{p_{\text{t}}}{W_{\text{g}}} \times \frac{P_{\text{d}}}{P_{\text{d}} + P_{\text{s}}} \tag{5-9}$$

式中：$k_{\text{t-g}}$ 为某电压等级电网变机比合理值；p_{t} 为该电压等级电网变电容载比合理值；W_{g} 为该电压等级电源供电能力裕度合理值（标准范围为 1.2～1.3，具体见 5.2.1.2 节，为简化计算取 1.3）；P_{n} 为该层级电网网供负荷；P_{d} 为该层级电网最大下网负荷；P_{s} 为该层级电网直供负荷。

当降压变压器包含用户变压器时，供电负荷与下网负荷是相等的，变机比的合理值可以定义为容载比合理值与供电裕度合理值之比。如果用户变压器容量不可知，则该层级电网网供负荷采用最大负荷时刻的直供负荷和下网负荷进行计算。变机比偏大，则表示该电压等级的降压变容量配置富裕，容载比也偏大；若变机比偏小，则该电压等级的电源装机较富裕。

5.2.1.2 供电能力裕度

供电能力裕度指电源装机与电网外受电能力之和与最大负荷的比值。电力平衡分析中，电力系统的备用容量包括负荷备用、检修备用、事故备用等。SD 131《电力系统技术导则》在第三章“有功电源安排”中规定，负荷备用容量一般为最大发电负荷的 2%～5%，低值适用于大系统，高值适用于小系统；事故备用负荷为最大

发电负荷的 10%左右，但不小于系统一台最大机组的容量；检修备用容量应结合电源结构、负荷特性、设备质量、检修水平等情况，以满足周期性地检修所有运行机组的要求确定，一般按最大发电负荷的 8%～15%考虑。

按照标准要求，电力系统的负荷备用容量要求近似为供电负荷的 20%～30%，建议供电能力裕度指标的合理范围为［1.2，1.3］。

5.2.1.3 可再生能源弃电率

可再生能源弃电率反映电网消纳新能源的能力，该指标越小，表示消纳能力越强。2018 年 12 月 4 日，国家发改委、国家能源局联合下发《清洁能源消纳行动计划（2018—2020 年）》，要求到 2020 年基本解决清洁能源消纳问题。根据相关条款，“原则上，对风电、光伏发电利用率超过 95%的区域，其限发电量不再计入全国限电量统计。对水能利用率超过 95%的区域和主要流域（河流、河段），其限发电量不再计入全国限电量统计”。根据文件数据，可再生能源弃电率指标的合理值设置为小于 5%。

5.2.2 电网与负荷协调性评价标准

根据 5.1 节中的电网协调性评价指标体系，网荷协调性指标包括容载比、平均失电比率和 $N-1$ 最小供电裕度三个指标，下面分别介绍三个指标的具体评价方法和评价标准。

5.2.2.1 容载比

某电压等级降压变电容量与该电压等级下网负荷比值应该保持在容载比要求范围内。参考 Q/GDW 156《城市电力网规划设计导则》，各电压等级容载比范围见表 5－1。

表 5－1　各电压等级容载比建议范围

指标	较慢增长	中等增长	较快增长
负荷年均增长（建议）	小于 7%	7%～12%	大于 12%
500kV 及以上容载比	1.5～1.8	1.6～1.9	1.7～2.0
220～330kV	1.6～1.9	1.7～2.0	1.8～2.1
35～110kV	1.8～2.0	1.9～2.1	2.0～2.2

从协调性角度出发，负荷增长越快，为提高电网适应性，容载比取值越高。容载比与负荷增速具有单调递增或递减性质，因此做如下线性处理：当负荷增速为 0 或负值时，取容载比下限为合理值，当负荷增速大于等于 12%时，取容载比高速区间的上限为合理值，负荷增速为 0～12%时，利用插值法进行合理值计算。计算方法具体如表 5－2 所示。

表 5-2　　各电压等级容载比合理值计算方法

电压等级	负荷增速≤0	0＜负荷增速＜12%	负荷增速≥12%
500kV 及以上	1.5	插值	2.0
220～330kV	1.6	插值	2.1
35～110kV	1.8	插值	2.2

负荷增速为 0～12%时，采用插值的方法获取不同增速下的合理值，计算公式为

$$R_{\text{ideal-s}} = \begin{cases} S_{\text{up}}, v_{\text{load}} \geqslant 12\% \\ S_{\text{down}} + \dfrac{v_{\text{load}} \times \left(S_{\text{up}} - S_{\text{down}}\right)}{12\%}, 0\% < v_{\text{load}} < 12\% \\ S_{\text{down}}, v_{\text{load}} \leqslant 0 \end{cases} \tag{5-10}$$

式中：$R_{\text{ideal-s}}$ 为容载比的合理值；S_{up} 和 S_{down} 分别为合理值范围的上下限；v_{load} 为负荷增长速度。

5.2.2.2 平均失电比率

平均失电比率是针对电网全站停电情况下的供电能力分析，按照可靠供电的要求，一般要求电网不发生中华人民共和国国务院令第 599 号《电力安全事故应急处置和调查处理条例》（下文简称 599 号令）规定的等级事故，因此，该指标的评价标准为电网因发生 599 号令规定的事故而损失的负荷占比。根据不同的电网供电负荷规模，即要求小于表 5-3 所示的不发生等级事故减供负荷比例值。

表 5-3　　599 号令规定电网不发生事故标准

电网类型	不发生事故要求
区域性电网	减供负荷 4%以下
电网负荷 2000 万 kW 以上的省、自治区电网	减供负荷 5%以下
电网负荷 500 万 kW 以上、2000 万 kW 以下的省、自治区电网	减供负荷 6%以下
电网负荷 100 万 kW 以上、500 万 kW 以下的省、自治区电网	减供负荷 10%以下
电网负荷 100 万 kW 以下的省、自治区电网	减供负荷 25%以下
直辖市电网	减供负荷 5%以下
省、自治区人民政府所在地	城市电网减供负荷 10%以下
其他设区的市电网	减供负荷 20%以下
县级市（电网负荷 15 万 kW 以上的）	减供负荷 40%以下

5.2.2.3 *N*–1最小供电裕度

根据 GB 38755—2019《电力系统安全稳定导则》提出的 220kV 及以上电网执行 $N-1$ 原则，即电网发生 $N-1$ 故障时，应保障系统的最小供电裕度大于 1。

5.2.3 电网间协调性评价方法

电网协调性评价指标为相邻层级容量比，对于某一电压等级而言，相邻电压层级包括上级和下级两个方面。同时，由于相邻层级电网中，下级电网变电容量不仅需要满足上级电网变电容量的需求，还需要满足该层级电源发电电力下网的需求，因此在计算相邻层级容量比时，应扣除相邻层级电网中接入装机和直供负荷情况。

以 500/220kV 为例，按照输入电力与输出电力实时平衡的原则，220kV 公用降压变压器负荷为

$$P_{220-\text{down}} = P_{500-\text{down}} + P_{220-\text{in}} + G_{220} - P_{220-\text{s}} \tag{5-11}$$

式中：$P_{220-\text{down}}$ 为 220kV 公用变压器降压负荷；$P_{500-\text{down}}$ 为 500kV 公用变压器降压负荷；$P_{220-\text{in}}$ 为 220kV 电网输入电力，包括公用变压器升压电力和联络通道受入电力；G_{220} 为接入 220kV 电网的装机出力；$P_{220-\text{s}}$ 为 220kV 直供用户负荷。

考虑到指标的合理值应保持相对稳定，下级电网电源出力数据在实际计算中应使用下级电网接入的可用装机容量，统计方法与供电能力裕度指标中装机容量统计方法一致。

结合该层级负荷增速情况，根据容载比计算公式按照容载比合理值可计算得到 500kV 和 220kV 公用降压变压器的变电容量。计算公式为

$$S_{220-\text{down}} = P_{220-\text{down}} \times R_{220-\text{ideal}} \tag{5-12}$$

$$S_{500-\text{down}} = P_{500-\text{down}} \times R_{500-\text{ideal}} \tag{5-13}$$

式中：$S_{220-\text{down}}$ 为 220kV 电网公用降压变压器的变电容量；$S_{500-\text{down}}$ 为 500kV 电网公用降压变压器的变电容量；$R_{220-\text{ideal}}$ 为 220kV 电网容载比合理值；$R_{500-\text{ideal}}$ 为 500kV 电网容载比合理值。

相邻层级容量比合理值可以表示为

$$\begin{aligned}\frac{S_{500-\text{down}}}{S_{220-\text{down}}} &= \frac{P_{500-\text{down}} \times R_{500-\text{ideal}}}{P_{220-\text{down}} \times R_{220-\text{ideal}}} = \frac{\left(P_{220-\text{down}} - P_{220-\text{in}} - G_{220} + P_{220-\text{s}}\right) \times R_{500-\text{ideal}}}{P_{220-\text{down}} \times R_{220-\text{ideal}}} \\ &= \frac{R_{500-\text{ideal}}}{R_{220-\text{ideal}}} \times \left(1 - \frac{P_{220-\text{in}}}{P_{220-\text{down}}} - \frac{G_{220}}{P_{220-\text{down}}} + \frac{P_{220-\text{s}}}{P_{220-\text{down}}}\right)\end{aligned} \tag{5-14}$$

指标评价方法为

（1）统计上级电网公用降压变压器的变电容量、最大负荷时刻下网负荷；

（2）统计下级电网公用降压变压器的变电容量、可用的电源装机容量，最大负荷时刻下公用降压变压器的负荷、电网受入功率和直供负荷；

（3）按照式（5-14）计算相邻层级容量比的合理值；

（4）最后用实际值与合理值进行对比，判断相邻层级容量配置是否协调。

5.3 电网发展协调性综合评价方法

电网发展协调性评价主要采用综合评价方法来判断电网发展与各个部分之间的协调性，包括单指标评价和基于熵权法的综合评价。

5.3.1 单指标评价方法

基于各项指标评价标准，根据合理值的类型将协调性指标分为四类，按照不同方法进行归一化评分：① 合理值为某一封闭区间；② 合理值为某一个值；③ 合理值为某一个单向区间，但是与电网特点和影响因素有关；④ 合理值为零。各指标归类方法如表 5-4 所示。

表 5-4 各指标归类方法

一级指标	二级指标	合理值分类	合理值类型
电网与电源协调性	变机比	与电网特点相关	数值型
	供电能力裕度	1.2～1.3	区间型
	可再生能源弃电率	＜5%	单向开区间
电网与负荷协调性	容载比	与负荷增速相关	数值型
	平均失电比率	与电网特点相关	单向开区间
	$N-1$ 最小供电裕度	＞1	单向开区间
网间协调性	相邻层级容量比	与电网特点相关	数值型

按照指标合理值类型计算各指标距离合理值的差距，进行单指标评分，体现待评价电网某一方面的协调性水平。

5.3.1.1 指标合理值为区间型

对于区间型评价标准，如供电能力裕度，单指标评分计算方法为

$$S_i=\begin{cases}1-\dfrac{P_i-P_{is+}}{P_{is+}},P_i>P_{is+}\\1,P_{is-}\leqslant P_i\leqslant P_{is+}\\1-\dfrac{P_{is-}-P_i}{P_{is-}},P_i>P_{is-}\end{cases}\tag{5-15}$$

式中：P_i为第 i 个供电能力裕度指标值；P_{is-}、P_{is+}分别为其合理的区间下限和上限。

5.3.1.2 指标合理值为数值型

对于合理值为一个数值的指标，如容载比等，指标评分计算方法为

$$S_i=1-\frac{|P_i-P_{is}|}{P_{is}}\tag{5-16}$$

式中：P_{is}为合理值的数值。

5.3.1.3 指标合理值为单向开区间型

对于合理值为一个单向开区间型评价标准时，如可再生能源弃电量、$N-1$ 最小供电裕度等指标，都具有同样特点，即标准为一上限，且最差的情况下指标实际值也不超过 100%。因此以满足标准时评分为 1，以最差情况评分为 0。指标评分计算方法为

$$S_i=\begin{cases}1-\dfrac{P_i-P_{is+}}{1-P_{is+}},P_i>P_{is+}\\1,\ P_i\leqslant P_{is+}\end{cases}\tag{5-17}$$

5.3.2 基于熵权法的电网发展协调性多指标综合评价方法

5.3.2.1 熵权法的理论模型

熵权法是提取多个不同状态信息后，用于计算权重的一种综合性评价方法。假如系统可能处于多种不同的状态，而每种状态出现的概率为 p_i（i=1，2，…，m）时，则该系统的熵就定义为

$$e=-\sum_{i=1}^{m}p_i\bullet\ln p_i\tag{5-18}$$

显然，当 $p_i=1/m$（i=1，2，…，m）时，即各种状态出现的概率相同时，熵取最大值，为

$$e_{\max}=\ln m\tag{5-19}$$

现有 m 个待评价项目，n 个评价指标，形成原始评价矩阵，即

$$R=(r_{ij})_{m\times n} \tag{5-20}$$

对于某个指标 r_j，有信息熵，即

$$e=-\sum_{i=1}^{m}p_{ij}\cdot\ln p_{ij} \tag{5-21}$$

其中，$p_{ij}=\dfrac{r_{ij}}{\sum_{i=1}^{m}r_{ij}}$，若 $p_{ij}=0$，则定义 $\lim\limits_{p_{ij}\to 0}p_{ij}\ln p_{ij}=0$

根据信息熵的计算公式，计算出各个指标的信息熵为 e_1，e_j，…，e_n。通过信息熵计算各指标的权重，可表示为

$$W_j=\frac{1-e_j}{n-\sum e_j},\quad i=1,2,\cdots,n \tag{5-22}$$

利用权重与归一化的评价指标值进行求积，得到综合评价结果为

$$Q_i=\sum_{j=1}^{n}W_j\times Y_{ij},\quad j=1,2,\cdots,n \tag{5-23}$$

从信息熵的公式可以看出，某个指标的信息熵指标越小，表明指标值的变异程度越大，提供的信息量越多，在综合评价中所能起到的作用也越大，其权重也就越大。相反，某个指标的信息熵指标越大，表明指标值的变异程度越小，提供的信息量也越少，在综合评价中所起到的作用也越小，其权重也就越小。因此，可利用信息熵这个工具，计算出各个指标的权重，为多指标综合评价提供依据。

5.3.2.2 电网发展协调性综合评价流程

电网发展协调性综合评价的流程可以分为以下 6 个步骤：

步骤 1：数据收集与指标分析。

收集电网基础数据，具体包括各电压等级电网输电通道及其送电方向、下网变电容量、下网负荷、供电裕度、负荷增速等基础数据。

步骤 2：计算协调性指标值。

假设有 i 个评价指标，j 个待评价电网，计算不同电网的评价指标数值，形成指标值矩阵 A_{ij}，分析待评价指标不同方面的协调性问题。

步骤 3：计算单指标评分。

按照 5.2 节指标合理值或合理范围的计算方法和 5.3.1 节的单指标评价方法，计算各项指标的评分，形成指标评分矩阵 R_{ij}。

步骤 4：评价指标标准化。

通过步骤 3 中的单指标评分，各指标评分结果均为一个处于［0，1］之间的数字，且均为越大越好的正向指标，利用式（5-24）进行标准化，形成标准化指标值矩阵 Y_{ij}，即

$$Y_{ij}=\frac{r_{ij}-\min(r_i)}{\max(r_i)-\min(r_i)} \tag{5-24}$$

步骤 5：利用归一化矩阵，分析各指标的信息熵，计算指标权重 W_i。

步骤 6：电网发展协调性综合评价。

根据各指标权重与待评价电网的单指标评分结果，加权计算得到待评价电网的综合得分，得分越大表明协调性水平越高，然后可进行多个待评价电网发展协调性的横向比较。

5.4 应用实践

以 A、B、C 三个地区电网为例，进行电网发展协调性评价的实例分析。

A、B、C 地区是同一省内的三个地级市。其中，A 地区地处一体化城市群核心区域，城市建成区面积大，人口密度高，负荷密度大，电网密集，供电质量和供电可靠性要求高；B 地区与 A 地区相邻，面积最小，经济发展处于中等水平；C 地区较为偏远，地域面积大，负荷密度低，经济发展水平最低。三个地区经济社会发展情况如表 5-5 所示。针对 220kV 电网开展协调性评价。

表 5-5　　2019 年 A、B、C 三地区经济社会基本情况

地区	A	B	C
面积（km^2）	11816	5005	12320
人口（万人）	661	291	477
GDP 总量（亿元）	10210	2005	1665

5.4.1 电网与电源协调性

5.4.1.1 变机比

A、B、C 三个地区 220kV 电网变机比结果如表 5-6 所示，其中降压变电容量中包含了用户变压器容量。

表 5-6　　　　A、B、C 地区 2019 年 220kV 电网变机比

地区	接入装机（万 kW）	受入能力（万 kW）	下网负荷（万 kW）	等效装机（万 kW）	降压变电容量（万 kW）	变机比
A	60	210	675	855	915	1.07
B	120	50	150	320	398	1.24
C	60	50	56.3	158.8	240	1.51

A、B、C 三个地区的 220kV 电网变机比的单指标评分结果如表 5-7 所示。

表 5-7　　　　A、B、C 地区 2019 年 220kV 电网变机比评分

地区	220kV 网供负荷增速	容载比合理值	供电能力裕度合理值	变机比合理值	实际变机比	评分结果
A	11.4%	1.88	1.3	1.44	1.07	0.743
B	6.1%	1.77	1.3	1.36	1.24	0.912
C	7.1%	1.80	1.3	1.38	1.51	0.906

B、C 地区实际变机比接近合理范围，A 地区的实际变机比与合理值相差最大，分析原因，主要是 A 地区有 4 座 500kV 变电站向 A 区供电，220kV 电网等效装机容量较大，而 220kV 电网降压变电容量相对较小。

5.4.1.2　供电能力裕度

A、B、C 三个地区 220kV 电网供电能力裕度如表 5-8 所示。

表 5-8　　　　A、B、C 地区 2019 年 220kV 电网供电能力裕度

地市	网供负荷（万 kW）	自供能力（万 kW）	他供能力（万 kW）	负荷增速	合理值	供电能力裕度	评分结果
A	672.4	645	210	11.4%	1.2～1.3	1.27	1
B	214.3	270	50	4.1%	1.2～1.3	1.49	0.854
C	136.4	108.8	50	7.1%	1.2～1.3	1.16	0.967

220kV 电网供电能力裕度指标，A 地区处于合理范围内，C 地区略低于合理范围下限；B 地区与合理值范围偏离较大，分析原因，主要是 220kV 电网接入装机规模相对较大，而下网负荷及负荷增速较小。

5.4.1.3 可再生能源弃电率

A、B、C 三个地区的 220kV 电网可再生能源弃电率如表 5–9 所示。

表 5–9　　A、B、C 地区 2019 年 220kV 电网可再生能源弃电率

地区	可再生能源弃电率	评分结果
A	0.1%	1
B	0.4%	1
C	5.9%	0.991

三个地区的可再生能源装机类型均为水电，但 C 地区水电装机占比较 A、B 两个地区高，且多为径流式小水电，出力受季节影响较大，而 C 地区负荷水平较低，水电大发时无法完全消纳，故弃水电量比例较大，略超过合理值范围。

5.4.2 电网与负荷协调性

5.4.2.1 容载比

A、B、C 三个地区的 220kV 电网容载比如表 5–10 所示。

表 5–10　　A、B、C 地区 2019 年 220kV 电网变电容载比

地区	变电容载比	网供负荷增速	容载比合理值	评分结果
A	1.36	11.4%	1.88	0.723
B	1.86	4.1%	1.77	0.949
C	1.76	7.1%	1.80	0.977

从评价结果来看，B、C 两个地区 220kV 电网容载比均与合理值较为接近，变电容量裕度适中，但 A 地区 220kV 电网由于容载比仅为 1.36，在网供负荷增速达 11.4%情况下，与合理值相差较大，电网容量裕度紧张。

5.4.2.2 平均失电比率

分别对 A、B、C 三个地区 220kV 变电站全站停电情况下的供电能力和失负荷比例进行逐一校验计算，再根据三个地区的负荷规模，确定指标合理范围，进行评分。三个地区的 220kV 电网平均失电比率评价结果如表 5–11 所示。

表 5–11　　A、B、C 地区 2019 年 220kV 电网平均失电比率

地区	平均失电比率	平均失电比率合理范围	评分结果
A	0.177	＜10%	0.914
B	0.248	＜20%	0.940
C	0.442	＜20%	0.698

在一座 220kV 变电站全停的情况下，A、B、C 三个地区均未能满足不发生 599 号令规定的等级事故的失负荷要求。

5.4.2.3 *N*–1 最小供电裕度

对 A、B、C 三个地区 220kV 电网进行 *N*–1 校核，计算电网 *N*–1 故障方式下的最小供电裕度，结果如表 5–12 所示。从指标的计算结果看，A、B 地区的 220kV 电网 *N*–1 最小供电裕度均能满足合理范围的要求；C 地区由于其 220kV 网架相对薄弱，仍存在 *N*–1 问题，无法满足合理范围的要求，*N*–1 最小供电裕度指标评分仅为 0.92。

表 5–12　　A、B、C 地区 2019 年 220kV 电网 *N*–1 最小供电裕度

地市	*N*–1 供电裕度计算值	*N*–1 供电裕度合理范围	评分结果
A	1.29	>1	1
B	1.14	>1	1
C	0.92	>1	0.92

5.4.3 网间协调性

对于 220kV 电网，其相邻电压层级为 500kV 和 110（66）kV，因此要分别计算“与上级相邻层级容量比”和“与下级相邻层级容量比”两个指标。

5.4.3.1 与上级相邻层级容量比

A、B、C 三个地区的 500/220kV 变电容量比计算基础数据如表 5–13 所示，计算结果如表 5–14 所示。A、B、C 地区所在省级 500kV 电网负荷增速 12.3%，容载比合理值为 2.0。

表 5–13　　A、B、C 地区 2019 年 500/220kV 变电容量比计算基础数据

地区	公用降压变压器的变电容量（万 kVA）		容载比合理值		220kV 下网负荷（万 kW）	220kV 受入功率（万 kW）	220kV 装机出力（万 kW）	220kV 直供负荷（万 kW）
	500kV	220kV	500kV	220kV				
A	900	855	2.0	1.88	628.7	118.6	49.2	30.9
B	200	246	2.0	1.77	132.3	–26.5	98.4	42.7
C	75	240	2.0	1.80	136.4	46.2	49.2	0

表 5–14　　A、B、C 地区 2019 年 500/220kV 变电容量比

地区	相邻层级容量比	相邻层级容量比合理值	评分结果
A	1.05	0.832	0.792
B	0.81	0.881	0.919
C	0.31	0.334	0.928

从“与上级相邻层级容量比”评价结果来看，B、C 地区实际值与合理值相差不大。A 地区 220kV 电网受入电力较多、500kV 变电容量较大，但 220kV 变电容量较为紧张，使得实际 220kV 电网变电容量低于 500kV 电网变电容量，相邻层级容量比计算值偏高，与合理值相差大。

5.4.3.2 与下级相邻层级容量比

A、B、C 三个地区的 220/110kV 变电容量比如表 5–15 和表 5–16 所示。

表 5–15　　A、B、C 地区 220/110kV 相邻层级容量比计算基础数据

地区	公用降压变压器的变电容量（万 kVA）		容载比合理值		110kV 下网负荷（万 kW）	110kV 受入功率（万 kW）	110kV 装机出力（万 kW）	110kV 直供负荷（万 kW）
	220kV	110kV	220kV	110kV				
A	855	930.5	1.88	1.80	469.8	0	15.4	7.9
B	246	338.9	1.77	1.80	128.1	0	2.8	3.6
C	240	273.8	1.80	1.88	141.2	0	37.8	1.3

表 5–16　　A、B、C 地区 2019 年 220/110kV 变电容量比

地区	相邻层级容量比	相邻层级容量比合理值	评分结果
A	0.92	1.03	0.893
B	0.73	0.99	0.737
C	0.88	0.71	0.761

从“与下级相邻层级容量比”评价结果来看，A、B 地区实际值低于合理值，C 地区高于合理值。C 地区由于 110kV 装机容量较多，计算得到相邻层级容量比合理值较低，实际值偏大。

结合“与上级相邻层级容量比”评价结果可以看出，A 地区 220kV 变电容量偏紧，从容量上看与 500kV、110kV 协调性较差，B、C 地区 220kV 与 500kV 变电容量协调性较好，而 110kV 容量相对偏大。

5.4.4 综合评价

根据 A、B、C 三个地区各单指标评分结果，根据熵权法的计算步骤，建立电网发展协调性指标标准化矩阵，数据如表 5–17 所示。

表 5-17　　A、B、C 地区 220kV 电网发展协调性指标归一化矩阵

指标名称	A	B	C
变机比	0.000	1.000	0.964
供电能力裕度	1.000	0.000	0.774
可再生能源弃电率	0.000	0.890	1.000
容载比	0.893	1.000	0.000
平均失电比率	1.000	1.000	0.000
$N-1$ 最小供电裕度	0.000	0.934	1.000
上级相邻层级容量比	1.000	0.000	0.154
下级相邻层级容量比	1.000	0.000	0.774

计算各指标信息熵、各指标的权重及指标赋权后的评价结果，如表 5-18 所示。

表 5-18　A、B、C 地区 220kV 电网发展协调性指标权重及各指标评价结果

指标名称	信息熵	权重	A	B	C
变机比	0.631	0.114	0.085	0.104	0.103
供电能力裕度	0.624	0.116	0.116	0.099	0.112
可再生能源弃电率	0.629	0.114	0.083	0.109	0.112
容载比	0.629	0.114	0.105	0.108	0.080
平均失电比率	0.631	0.114	0.114	0.114	0.105
$N-1$ 最小供电裕度	0.630	0.114	0.090	0.105	0.106
上级相邻层级容量比	0.357	0.198	0.177	0.146	0.151
下级相邻层级容量比	0.624	0.116	0.116	0.099	0.112

得到 A、B、C 地区 220kV 电网发展协调性综合评价结果，如表 5-19 所示，结果越大表示协调性水平越高。

表 5-19　　A、B、C 地区 220kV 电网发展协调性指标归一化矩阵

指标名称	A	B	C
电网发展协调性综合评价结果	0.884	0.899	0.882

通过协调性分析，A、B、C 三地区中，B 地区 220kV 电网的整体协调性较好。

A 地区 220kV 电网负荷增速较快、500kV 电网容量较为充足，但 220kV 降压容量较为紧张，需要尽快加强变电站布点，增加供电能力。

B 地区 220kV 电网网架结构和供电能力较强，电网发展协调性水平整体较好，但负荷水平整体较小，同时上级电源和 500kV 变电站容量充足，使得其供电能力较强，同时供电能力裕度偏大，建议适当控制 B 地区供电能力的提升。

C 地区负荷水平较低，且内部无大型电源，电源结构以径流式小水电为主，水电大发时弃水电量较多。同时，平均失电比率和 $N-1$ 最小供电裕度指标得分较低，与网荷协调性较差，主要原因在于 220kV 网架较为薄弱，下级电网联络能力和转供能力不足，建议加强配电网网架，解决电网 $N-1$ 问题，提升地区电网供电能力。

参考文献

［1］叶彬，葛斐，陈学全，等. 配电网发展协调性评估［J］. 电力系统及其自动化学报，2012，24（5）：154-160.

［2］国网北京经济技术研究院. 电网规划设计手册［M］. 北京：中国电力出版社，2015.

电网利用效率评价

广义上的“效率”一般指能源或设备在时间、容量、数量、损耗等方面的利用程度或利用率。例如一次能源的资源利用率可以指区域资源开发量占区域资源可开发总量的比例，也可以指资源的损耗率或者资源转换成其他能源的转换率，是反映资源有效开发、利用和管理水平的综合指标。再如设备利用率是指设备投入数量或投入时间与总数量、总时间的比例，或单位时间内设备平均实际产量与最大可能产量之比，是体现设备工作状态及生产效率的技术经济指标。

电网是电力系统的重要组成部分，是电力的输送载体，也是具有网络市场功能的能源优化配置载体。为了充分发挥这一功能，电网首先要保证安全可靠运行，同时要兼顾运行效率和经济性，尽可能充分发挥输变电设备的能力。电网中的主要输变电设备是变压器和输电线路，充分发挥其输送能力，相当于降低了生产成本，提高了投资和运行效益。因此，本章所讨论的电网利用效率主要是变压器和线路的设备利用效率，即通过评价判断已投运设备容量的利用程度，包括最大输送电力、年均输送电量与设计最大输送能力的匹配程度。

电网利用效率评价是一个综合性问题，需要充分考虑电源、负荷、电网稳定性等内外部制约因素的影响，尤其是电力系统为保持一定安全可靠水平对电网规划、建设和调度运行提出的要求。GB/T 38755《电力系统安全稳定导则》、DL/T 1040《电网运行准则》等规程规范是电网从规划到运行必须遵循的安全性和可靠性标准。对电网利用效率的客观评价必须结合电源、用户和社会经济环境情况，统筹考虑安全、优质、经济、高效等要求，以现行的规程规范为依据，进行综合分析和评价。

6.1 电网利用效率影响因素

在电网实际运行中，输变电设备的年输送电量和平均输送功率受到多种复杂因素的影响。

6.1.1 电网规划、设计与运行标准

与交通网、通信网等其他公共网络系统不同，电网是一个实时动态平衡系统，存在稳定问题，单一或局部故障可能引发网络中的连锁反应，导致整个网络崩溃，造成严重后果。因此，电网从规划、设计到实际调度运行，都必须留有一定裕度以保证安全性达到可接受的水平。电网安全性与利用效率之间天然存在矛盾，也就是安全性与经济性之间的平衡，电网对安全性的要求导致电网利用效率不可能达到100%。

目前中国电网规划和运行除必须执行《中华人民共和国电力法》《中华人民共和国节约能源法》《中华人民共和国环境保护法》以及《电力安全事故应急处置和调查处理条例》等法律法规外，还需要遵循一系列国家、行业技术标准以及电网企业制定的各级电网调度运行、设备检修策略等规程规范，例如GB/T 31464《电网运行准则》、GB/T 26399《电力系统安全稳定控制技术导则》、GB 38755《电力系统安全稳定导则》、Q/GDW 1738《配电网规划设计技术导则》等。

在这些法律法规、技术标准的约束下，中国电力系统具有足够的静态储备和有功、无功备用容量，具有符合规定的抗扰动能力，满足各项安全稳定标准。电网的安全性水平与备用容量呈正比，需要达到的安全性水平越高，所需的负荷备用、事故备用和检修备用等备用容量就越大，电网的安全裕度也就越大，同时电网整体利用效率也会随之受到影响。

6.1.2 负荷特性

电力需求预测和负荷特性分析是电网规划工作的基础，电网的负荷特性是影响输电网电量传输水平的决定性因素之一。不同地区不同类型负荷的负荷特性曲线存在很大差异，表现为负荷利用小时数或年平均负荷率的不同。负荷利用小时数为年实际消耗电量按最大负荷折算的等效用电小时数。年平均负荷率为电网年平均等效负荷与最大负荷的比值。

对于受端电网，在最大负荷不变的前提下，若负荷利用小时数降低100h，电网年平均等效负荷率将降低约1.1%。同时，由于负荷具有波动性，负荷特性的存在导致实际电网不可能一直运行在满载状态，因此从电能量传输角度出发，电网的年平均利用效率不可能超过该电网的年平均负荷率。

另外，目前中国电网的规划通常以满足各级用户最大负荷供电需求为边界进行容量配置，负荷利用小时数越低，说明最大负荷持续的时间越短，电网整体的利用效率也越低。因此，从电网输送能力角度考虑，若线路输送的最大电力达到了设计输送容量，则其能力就得到了充分发挥。

6.1.3 电源结构

电源的类型和分布，通过电源利用小时数，直接影响电网中电源送出线的利用效率水平。发电设备平均利用小时数越低，相应的电源送出线利用效率越低。2019年，全国6000kW及以上电厂发电设备利用小时数为3825h，其中火电、水电、风电和光伏发电设备利用小时数分别为4293、3726、2082h和1169h，相应的平均利用率约为49%、43%、24%和13%。火电占比大的地区电源送出线的利用效率将明显高于以水电、风电等为主的地区。

另外，电源分布也是影响电源送出线利用效率的重要因素之一。大型电源点对网远距离送电时，可能受电网稳定问题限制，导致投运初期送出功率达不到设计输送能力。

6.1.4 电网结构

电网规模不断扩大的同时，网架结构也越来越复杂，坚强合理的网架承受故障冲击的能力更强，设备的输电能力也就越高。从电网的发展历程中可见，电网建设初期，电网结构呈现出单回路或单环网结构特征，电网结构薄弱，容易发生安全稳定事故；随着双回路、双环网和区间联网的陆续形成以及加装无功补偿装置等措施的实施，网架不断增强，设备输送能力逐步提高。电网结构的强弱很大程度上决定了输变电设备容量的利用水平。

6.1.5 电网发展裕度

Q/GDW 156《城市电力网规划设计导则》中根据负荷增速的不同，给出了高速、中速、低速三种不同年负荷增速下35kV及以上电压等级的电网容载比推荐范围，负荷增长越快，容载比合理范围上限越高。同时，DL/T 5429《电力系统设计技术规程》中也规定了“线路的输电容量至少应考虑线路投入运行后5～10年的发展，对线路走廊十分困难的地区应考虑更远的发展，留有较大的裕度。”因此，电网规划建设往往基于规划年的负荷预测水平选取输变电设备容量，也为负荷的进一步发展留有裕度。设备在投运初期利用效率往往达不到设计水平；随着负荷的增长，设备输电能力才会逐步得到充分发挥。

同时，电网发展需要与经济社会发展相协调，电网处于不同的发展阶段时，其建设必须留有不同比例的发展裕度。从本书第 2 章对国外一些国家的电网发展历程分析中可以看出，欧美等发达国家的电网发展已经进入成熟期，负荷增长和电网规模增长均较为缓慢，电网负荷发展趋于饱和，电网建设以局部扩建和改造为主。这类进入成熟期的电网的利用效率相对较高。相比之下，经过过去十多年的快速发展，中国多数省级电网初步完成 500kV 主网架构建，正在进一步加强和优化完善。同时，电网建设要根据经济发展和电力需求增长实际，适度超前，留有必要的容量裕度，提高对未来经济社会发展变化的适应性。

6.1.6 电网运行环境等其他因素

电网建设运行过程中，负荷变化具有很大的不确定性、潮流分布天然不均衡、运行方式调整等电网运行环境因素，也将对电网利用效率产生影响。如未被预测到的工业、商业或住宅工程的出现，预测到的负荷临时取消或低于预测水平，均会导致相应输变电设备容量紧张或闲置。满足重要用户高可靠性供电需求，以及履行户户通电、改善落后地区生产生活条件等责任类民生工程，其设备容量从理论上来看可能无法达到较高的利用效率。

因此，评价电网利用效率时，在考虑电网的年平均负荷率、电源结构、安全裕度、发展裕度和电网运行环境等因素的基础上，需提出合理的评价标准或综合平均值，只要大部分输变电设备的效率指标高于或处于评价标准附近，即可认为电网的利用效率较好。

6.2 电网利用效率评价指标

6.2.1 变压器利用效率评价指标

常用的变压器利用效率评价指标包括单台变压器的最大负载率（以下简称主变压器最大负载率）和等效平均负载率（以下简称主变压器等效平均负载率），以及某一电压等级全网主变压器最大负载率和全网主变压器等效平均负载率共四个指标。前两个指标是单台变压器的效率评价指标，而后两个指标是对全网变电设备整体利用效率的评价指标。

6.2.1.1 主变压器最大负载率

主变压器最大负载率指单台变压器年最高传输效率，反映了一年中单台变压器的最大功率占额定容量的比例。计算公式为

$$\eta_{si}=\frac{P_i^{\max}}{P_i^{\text{rated}}} \tag{6-1}$$

式中：η_{si} 为变压器 i 的最大负载率；$P_i^{\max}$ 为变压器 i 的全年正常运行方式下的最大上网或下网电力；P_i^{rated} 为变压器 i 的额定容量。

6.2.1.2 全网主变压器最大负载率

全网主变压器最大负载率指某一电压等级电网中，各变压器下网（或上网）最大电力之和占该电压等级变压器总额定容量的比例，反映一年中最大负荷时刻某一电压等级变压器整体的利用情况。计算公式为

$$\eta_s = \frac{\sum_{i=1}^{n}\left|P_i^{\text{maxt}}\right|}{\sum_{i=1}^{n}P_i^{\text{rated}}} \tag{6-2}$$

式中：η_s 为某电压等级电网全网主变压器最大负载率；n 为该电压等级变压器总台数；P_i^{maxt} 为变压器 i 的全年最大负荷时刻下网（或上网）负荷；P_i^{rated} 为变压器 i 的额定容量。

6.2.1.3 主变压器等效平均负载率

主变压器等效平均负载率指单台变压器年运行等效平均负载率，是单台变压器年上网与下网电量之和占其额定输送电量的比值，反映变电设备的年平均利用效率。计算公式为

$$\eta_{asi} = \frac{Q_i^{\text{up}} + Q_i^{\text{down}}}{P_i^{\text{rated}} \times 8760} \tag{6-3}$$

式中：η_{asi} 为变压器 i 的主变压器等效平均负载率；Q_i^{up} 为变压器 i 的年上网电量；Q_i^{down} 为变压器 i 的年下网电量；P_i^{rated} 为变压器 i 的额定容量。

6.2.1.4 全网主变压器等效平均负载率

全网主变压器等效平均负载率指某一电压等级电网中变压器整体的平均负载率，是对电网内所有变电设备的平均负载率求取加权平均的结果，从总体上反映了电网变电设备利用效率的平均水平。计算公式为

$$\eta_{as} = \frac{\sum_{i=1}^{n}Q_i}{8760 \times \sum_{i=1}^{n}P_i^{\text{rated}}} \tag{6-4}$$

式中：η_{as} 为某电压等级全网主变压器等效平均负载率；n 为该电压等级变压器总台数；Q_i 为变压器 i 的年上网、下网电量之和；P_i^{rated} 为变压器 i 的额定容量。

6.2.2 线路利用效率评价指标

线路利用效率评价指标与变压器利用效率评价指标类似，也可分为对单条线路的评价和对某电压等级全网线路的整体评价。按电网规划设计原则，输电线路的设计输送能力需要满足系统的稳定要求以及设备本身的发热条件限制。当受系统安全

稳定因素制约时，线路的最大输送能力为安全稳定仿真计算得到的稳定限额。当不受系统安全稳定约束时，线路的最大输送能力为热稳定极限。另外，经济输送功率是按照经济电流密度选择的导线截面对应的输送功率，是使线路投资、电能损失、运行维护费等综合效益最佳时的输送功率。具体计算参照《电力系统设计手册》（ISBN 978－7－8012－5564－8）。因此，本章在分析线路利用效率时，参照的线路输送容量一般取线路的经济输送容量。若线路所在断面存在稳定控制极限时，则取所在断面稳定控制极限下该线路所能达到的输送功率极限作为线路的“额定功率”。

需要注意的是，不同线路在电网中承担的功能不同，影响其利用效率的主要因素也不相同。例如，电源送出线的利用效率主要取决于电源类型和发电设备的利用小时数；负荷馈供线的利用效率主要取决于负荷类型和负荷利用小时数；网架线的利用效率主要取决于线路承担的输电或保障系统安全等具体功能。在开展线路的利用效率评价时，应按照线路在电网中承担的不同功能，分类进行分析。

6.2.2.1 线路最大负载率

线路最大负载率是单条线路年最大有功功率与线路经济输送功率的比值，反映某一条输电线路的利用效率。计算公式为

$$\eta_{li}=\frac{P_i^{\max}}{P_i^{\mathrm{eco}}} \tag{6-5}$$

式中：η_{li} 为线路 i 的最大负载率；$P_i^{\max}$ 为线路 i 的全年正常运行方式输送的最大有功功率；P_i^{eco} 为线路 i 的经济输送功率。

6.2.2.2 全网线路最大负载率

全网线路最大负载率指某一电压等级电网中，各交流输电线路或某一类交流输电线路的全年最大有功功率之和（考虑同时率）占线路经济输送功率之和的比例。计算公式为

$$\eta_l=\frac{\sum_{i=1}^{n}P_i^{\mathrm{maxt}}}{\sum_{i=1}^{n}P_i^{\mathrm{eco}}} \tag{6-6}$$

式中：η_l 为全网线路最大负载率；n 为某一电压等级线路总条数或该电压等级某类线路总条数；P_i^{maxt} 为线路 i 的全年最大潮流时刻有功负荷；P_i^{eco} 为线路 i 的经济输送功率。

6.2.2.3 线路等效平均负载率

线路等效平均负载率指单条线路年等效平均有功功率与线路经济输送功率比值，反映某一条输电线路的年平均利用效率。计算公式为

$$\eta_{ali}=\frac{Q_i}{P_i^{\mathrm{eco}}\times 8760} \tag{6-7}$$

式中：η_{ali} 为线路 i 的年等效平均负载率；Q_i 为线路 i 的年总输电电量，为双向输电电量的合计值；P_i^{eco} 为线路 i 的经济输送功率。

6.2.2.4 全网线路等效平均负载率

全网线路等效平均负载率指某一电压等级电网中，各交流输电线路或某一类交流输电线路的等效平均负载率加权计算值，计算公式为

$$\eta_{al}=\frac{\sum_{i=1}^{n}Q_i}{8760\times\sum_{i=1}^{n}P_i^{eco}} \quad (6-8)$$

式中：η_{al} 为全网线路等效平均负载率；n 为某一电压等级线路总条数或该电压等级某类线路总条数；Q_i 为线路 i 的年总输电电量，是双向输电电量的合计值；P_i^{eco} 为线路 i 的经济输送功率。

6.3 电网利用效率评价方法

6.3.1 变压器利用效率评价

考虑 $N-1$ 情况下不影响对用户的供电，变压器短时最大过载能力为 1.3 倍额定容量，变电站按远期 3 台主变压器配置，当前投运 2 台或 3 台考虑，变压器最大负载率上限为 65%或 85%。

根据 GB/T 13462《电力变压器经济运行》的有关规定，变压器最佳经济运行区为综合损耗接近经济负载系数时的综合损耗的负载区间。变压器在运行中，其综合损耗随负载系数变化呈非线性变化，在这一非线性曲线上，最佳经济运行区间大致分布在 40%～75%额定负载水平。

综合考虑安全性和经济性因素，变压器负载率的合理取值区间为 40%～75%。

6.3.2 线路利用效率评价

从结构上看，中国交流输电网架是由若干个以省为单位的省内网架和若干跨区、跨省联络线组成。构成省内网架的输电线路按照功能不同可分为电源送出线、主网架线、负荷馈供线等几类。每类线路的利用效率往往取决于其承担的功能，因此对线路的最大负载率与等效平均负载率的评价都应考虑线路所承担的功能。

6.3.2.1 省内网架线路利用率

对某一电压等级省内网架的利用效率进行整体评价时，应在考虑电网的电源结

构、安全裕度、发展裕度和电网运行环境等因素的基础上，通过系数估算法推算线路利用率的合理取值范围。

（1）安全裕度系数。电网运行必须满足安全稳定导则和运行方式灵活性要求，留有必要的裕度。参考 DL/T 1234《电力系统安全稳定计算技术规范》第 7.2.4 节的要求，在确定运行控制限额时，可根据实际需要在计算极限的基础上留有一定的稳定储备，如按计算极限功率值的 5%～10%考虑。同时考虑到联络线运行中的潮流波动情况，电网安全裕度系数取 5%～15%。

（2）发展裕度系数。不同的发展阶段，电网建设必须留有不同程度的发展裕度。尽管从全国范围来看，“十三五”期间电量增速较“十一五”至“十二五”期间有所回落，但部分地区近两年仍保持了较高的增长速度，全社会用电量、最高用电负荷增速均超过 10%，应继续保持较大的容量裕度。对于负荷增长较快地区，应按新建工程 3 年内不扩建考虑，电网发展裕度系数约为 10%～20%。

（3）外部运行环境因素。电网运行还必须满足节能调度、潮流分布不均衡性、极端天气等外部运行环境的要求，留有必要的裕度，按 0～10%考虑。

综上，省内网架线路最大负载率的参考值约为 60%～85%。线路负载率与参考值比较，在参考值范围内时，即可认为线路利用效率达到较高水平。

对于线路等效平均负载率，在综合考虑电网、电源结构、发展裕度、运行环境以及中国电网发展阶段等因素影响后，按线路最大负载率参考值基础上考虑年负荷率，线路等效平均负载率一般为 30%～40%，即可认为线路利用效率达到较高水平。

6.3.2.2 不同类型省内线路利用率

对单条线路而言，线路功能定位的不同对其等效平均负载率存在较大的影响，线路最大负载率高的线路，其等效平均负载率可能很小。因此，用线路等效平均负载率评价电网利用效率，在对照指标参考值进行总体评价的基础上，还应对线路逐类进行分析。

（1）电源送出线。电源送出线是指电厂并网点到电网第一落点的输电线路，其容量是根据发电装机最大出力及安全稳定导则要求确定的。电源送出线的利用效率由接入电源类型、容量和发电机组的年利用小时数决定。不同类型电源的年利用小时数差异较大，电源送出线的等效平均负载率也存在较大差异。

火电电源送出线，由于火电机组利用小时数相对较高，一般在 4500h 以上，相应的电源送出线等效平均负载率也相对较高，整体利用效率相对较高。但是，近年随着中国清洁能源发展战略的实施，中国火电机组利用小时数整体下降，部分火电送出线等效平均负载率也有所降低。

水电电源送出线，受气候变化、丰枯来水差异和水电站调节性能的影响，水电出力丰枯、峰谷差别很大，机组利用小时数一般为3000～3500h，相应的水电电源送出线等效平均负载率低于火电电源送出线。

核电电源送出线，由于核电机组的可靠性受到燃料的质量、数量等外部因素影响比较小，一般情况有能力全天候满功率运行，且极少参与调峰，核电机组的年利用小时数较高，能达到7000h以上，因此核电电源送出线的最大负载率和等效平均负载率都较高。

风电、光伏等非水可再生能源送出线，风电机组平均利用小时数一般为2000～2500h，光伏发电机组平均利用小时数一般为 1000～1500h，且受到出力不确定性的影响，这类电源易呈现最大功率较高、平均功率很低的特点，导致其电源送出线等效平均负载率远低于其他类型电源送出线。

总体来说，电源送出线的利用效率应以送出电源的发电设备利用效率为上限来评价其平均利用水平，或根据工程可研文件评价其达到设计输送能力的程度。

（2）负荷馈供线。负荷馈供线是指连接终端负荷站的输电线路，其运行效率受到不同类型负荷的负荷率、用电安全和可靠性要求等因素的影响。

1）负荷率的影响。负荷馈供线的输送功率由接入的用电负荷类型和负荷水平等决定，不同类型负荷的供电馈线的等效平均负载率差异较大。对于向钢铁、冶金等高耗能用户供电的负荷馈供线，负荷曲线峰谷差不大，用户最大负荷利用小时数一般在5000h以上，线路利用效率相对较高，如某地区220kV负荷馈供线中向高耗能用户供电的线路，最大负载率和等效平均负载率均在50%以上；对于受气候、气温等因素影响较大，以居民、商业等负荷为主的地区，电网负荷峰谷差较大，用户最大负荷利用小时数不高，负荷馈供线等效平均负载率也相对不高；对于向电铁供电的线路，由于电铁本身具有瞬时负荷大、年用电量水平低等特点，实际用电量往往低于预测值，且供电可靠性要求较高，导致为电铁供电的线路等效平均负载率偏低。

2）用电安全和可靠性要求。向重要用户供电的线路均采用双电源供电，有的还要求正常方式一供一备，线路利用效率不高。对于为北京、上海、杭州等地区重要政治经济中心供电的线路，往往采用三回甚至多回路供电，线路利用效率较大程度低于常规供电线路。为在北京、上海、杭州等地召开的特殊重特大活动配套建设的工程，此类线路的利用效率不宜按常规供电线路标准衡量。

3）履行社会责任的需要。为改善农村生产生活条件，支持少数民族地区经济社会发展，提高这些地区电网供电能力和供电质量，配套建设的负荷馈供线以及与主网的联网线，通常在建成后的相当一段时期内负荷较轻。

综上所述，应以最大负荷利用小时数对应的利用效率为上限评价负荷馈供线的平均利用效率水平。

（3）主网架线路。主网架是指电网内构建环形网架保障电网整体安全的输电线路，这类线路既有电力输送功能，又具有加强网架结构、提供联络支援、提高电网安全稳定水平的功能，评价这一类型线路以其保障电网在各种运行工况下的安全性为主要依据。

6.3.2.3 跨区、跨省输电通道线路

从功能定位上看，跨区跨省工程相对独立，在电网中通过远距离大容量电力传输发挥着能源资源优化配置的作用。该类型线路在实际运行中受到调度控制输电能力限制，在评价利用效率时一般参考输电能力限额进行评价，也可根据工程可研文件中的功能定位，评价工程实际运行中输送电力达到设计输送能力的程度。

6.4 实 例 分 析

下面针对某一地级市（简称 A 地区）的电网运行效率进行实例分析。

6.4.1 电网概况

A 地区电源装机 688.4 万 kW，全社会用电量 180 亿 kWh，全社会最大负荷 365 万 kW；500kV 变电站 3 座，变电容量 525 万 kVA，输电线路 5 回，长 230km；220kV 变电站 29 座，变电容量 745.5 万 kVA，输电线路 76 回，长 1570km。与区外通过 5 回 500kV 和 4 回 220kV 线路相连，线路长度分别为 545km、192km。

6.4.2 变电利用效率

如表 6－1 所示，A 地区 500、220kV 电网变压器最大负载率分别为 61.0%、70.5%，处于 40%～75%的合理区间范围。等效平均负载率分别为 20.5%和 14.1%，平均负载率水平较低。

表 6－1　　2019 年 A 地区全网变压器利用率指标情况表

指标	500kV		220kV	
	台（组）数	指标值	台数	指标值
全网主变压器最大负载率	6	61.0%	46	70.5%
全网主变压器等效平均负载率		20.5%		14.1%

6.4.3 线路利用效率

如表 6–2 和表 6–3 所示，A 地区全网 500、220kV 线路最大负载率分别为 58.6%、57.5%。

表 6–2　A 地区 500kV 线路利用率指标情况表

指标	500kV		
	条数	最大负载率	等效平均负载率
线路负载率（全网）	10	58.6%	25.6%
其中：火电送出线	2	60.2%	28.7%
水电送出线	0	—	—
风电送出线	0	—	—
核电送出线	3	87.0%	48.9%
其他送出线	0	—	—
负荷馈供线	0	—	—
主网架线	1	33.0%	7.4%
联络线	4	36.7%	12.8%

表 6–3　A 地区 220kV 线路利用率指标情况表

指标	220kV		
	条数	最大负载率	等效平均负载率
线路负载率（全网）	80	57.5%	29.5%
其中：火电送出线	2	85.8%	34.8%
水电送出线	0	—	—
风电送出线	0	—	—
核电送出线	0	—	—
其他送出线	0	—	—
负荷馈供线	7	38.0%	18.3%
主网架线	67	58.2%	31.8%
联络线	4	59.8%	8.4%

参考文献

［1］余贻鑫．面向 21 世纪的智能配电网［J］．南方电网技术研究，2006，2（6）：14-16．

［2］电力工业部电力规划设计总院．电力系统设计手册［M］．北京：中国电力出版社，1998.

［3］国网北京经济技术研究院．电网规划设计手册［M］．北京：中国电力出版社，2015.

基于电网发展评价的电网投资需求分析

电网投资是在一定时期内为建设、运营电网以货币资金、企业贷款等形式投入生产经营活动，期望获得经济收益和社会收益的行为。

按照投资用途可将电网投资划分为电网基建投资、技改大修投资、运维投资和非电网项目投资等。其中，电网基建投资包括电网新建、扩建工程投资，这类项目在电网投资中占比较大，具有资金占用量大、建设周期长和效益回收慢等特点，直接反映了电网公司一定时期内基本建设规模和建设进度。电网作为关系国计民生的重要基础设施，承担着保障安全、经济、清洁、可持续供应电力的重要任务，因此电网投资的科学性、合理性对促进中国经济社会发展、提高电网企业的效益等具有重要意义，更需要在科学的电网评价基础上，根据电网发展需求有的放矢地进行电网投资。

在落实国家政策要求、保障电网高质量发展、紧跟新技术发展前沿的背景下，当前中国电网发展需求依旧旺盛，电网投资需求依然巨大。例如，落实国家扶贫攻坚配套供电任务、开展大气污染防治工程建设、节能减排工程配套建设、优化营商环境等政策性、普遍服务性投资是电网企业应当承担的社会责任。同时，部分地区电网依然存在安全隐患和薄弱环节，省级输电主网架仍然有待进一步优化完善；电动汽车配套、综合能源系统、分布式电源送出等新技术、新业态也是电网发展和投资需要考虑的重要需求。

本章从电网投资的宏观和微观两个维度出发，系统介绍电网投资需求测算方法和电网项目综合效益量化评价方法，为电网企业开展电网投资决策提供参考，以适应电力市场改革趋势，满足中国经济社会发展和电网内生发展需求。

7.1 电网投资和电网项目

电网投资是成千上万个单体项目投资累加而成的集合，电网投资是宏观规模，电网项目则是微观单位。电网项目的安排决定了电网投资的规模、结构和方向。从项目管理的角度，电网项目的分类规则可以分很多种：按照电压等级分为500kV项目、220kV项目等；按照项目建设性质分为新建项目、扩建项目、改造项目等；按照项目功能分为提升电网安全性、满足新增负荷需求、满足电源送出等。为了清晰地量化分析电网项目取得的经济效益和社会效益，指导电网投资决策，本节从建设目的和项目效益的主要来源上，进行项目分类，然后结合分类结果分别介绍电网项目综合效益量化评价指标体系和评价方法。

7.1.1　电网投资类型

电网投资在宏观层面上可以分为刚性投资和柔性投资。

7.1.1.1　刚性投资

刚性投资指电网企业为履行社会责任，支撑国家能源发展新战略、区域发展战略，落实国家、区域、行业政策，服务社会民生等进行的电网投资。这类投资可充分发挥电网在稳增长、调结构、惠民生中的先导和带动作用，体现了电网企业作为电网运营者的社会性和公益性。中国电网企业作为央企，在积极履行政治责任、经济责任、社会责任，贯彻落实国家宏观发展战略方面义不容辞。

刚性投资大多源于政策，在不同时期有着不同的内涵。当前阶段，刚性投资主要包括贫困地区电网建设、农网改造升级等服务脱贫攻坚和乡村振兴战略的投资，煤改电等助力大气污染防治攻坚战的电能替代投资，港口岸电投资，服务区域协同发展、援疆援藏电网工程助力冬奥、雄安新区电网建设等相关投资。

7.1.1.2　柔性投资

除刚性投资外，将期望获得经济收益、保持电网安全稳定运行、满足用户基本用电需要、保持电网健康可持续发展运营的电网投资，称为柔性投资。柔性投资主要包括满足新增负荷、提升电网安全水平、电源送出、网架建设、上级电网配套送出、业扩配套、独立二次等方向的工程项目投入。

需要特别说明的是，满足新增负荷类投资中的电铁供电、电源送出工程中的新能源送出、网架建设中的特高压配套工程、提升电网安全水平工程中的解决重过载、消除安全隐患等工程投资需求应根据紧迫程度，优先保障投资安排。

7.1.2　电网项目分类

电网项目分类是电网微观投资需求评价的基础，能够为评价指标体系建立和投资效益研究提供参考。根据项目功能不同，项目类型主要包括提升电网安全水平类、满足新增负荷类、电源送出类、加强网架结构类，各类项目功能效益及相关联的评价指标分析如下：

（1）提升电网安全水平类项目。该类项目主要是解决电网重过载、消除安全隐患、提升电网抵御故障的能力等，考虑采用 $N-1$ 通过率、供电可靠性、停电风险、短路电流等指标进行评价。

（2）满足新增负荷类项目。该类项目主要满足新增负荷供电需求、增加电网裕度、保障为下级电网供电能力、提前抢占布点等，可根据需要从网荷协调水平、经济效益等方面开展分析评价，考虑采用容载比、配电网供电能力和单位投资功率产出效益等指标进行评价。

需要特别说明的是电铁供电类项目也属于满足新增负荷类项目，主要为电气化铁路牵引站提供电源，牵引站负荷性质特殊，需要根据国家铁路总体规划配套安排。

（3）电源送出类项目。该类项目主要是保障常规电源、新能源的友好接入和送出，考虑采用电源送出线功率指标进行评价。对于新能源送出项目，还可以采用新能源接入装机容量进行评价。由于该类项目建设需求较为特殊，应根据电源规划规模、时序合理安排。

（4）加强网架结构类项目。该类项目主要是加强网架结构、提升送电能力、提升电网联络水平、减小故障影响范围等，考虑采用停电风险、供电可靠性、线路联络率等指标进行评价。

7.1.3 电网项目综合效益量化评价

为建立全面的电网项目综合效益量化评价指标体系，需要考虑电网项目特点、电力系统实际情况、相关数据采集和预测难易程度等因素，总体上应遵循以下几项原则：

（1）系统全面性。各个指标间相互独立，能够全面、完整、系统地评价项目，能够体现评价重点。

（2）简明科学性。指标需要能够准确反映项目建设目的、建设必要性。指标体系不能过于繁杂。

（3）数据可获取性。指标数据容易获取且便于进一步处理和计算。

（4）指标可比性。选取能够量化的指标，即指标具有明确计算公式和计算方法。

根据项目功能分类和指标体系构建原则，基于成效贡献度的电网项目综合效益评价指标体系包括电网安全水平、协调水平、运行水平、电网项目效益水平四个方面，如表 7-1 所示。

表 7-1 电网项目综合效益评价指标体系

一级指标	二级指标	计算对象	指标属性	指标计算方法
电网安全水平	$N-1$ 通过率	输、配电网	权重计算	潮流计算
	停电风险	输电网	权重计算	蒙特卡洛抽样，潮流计算
	短路电流水平	输电网	权重计算	短路电流计算
	供电可靠性	配电网	权重计算	蒙特卡洛抽样，潮流计算
电网协调水平	电源送出线功率	输电网	权重计算	潮流计算
	供电能力	配电网	权重计算	统计计算
	容载比	输、配电网	校验	统计校验
	线路联络率	配电网	权重计算	统计计算
电网运行水平	有功功率损耗	输、配电网	权重计算	潮流计算
	低电压节点数量	配电网	权重计算	潮流计算
电网项目经济效益	单位投资功率效益	电网项目	权重计算	潮流计算
	最大负载率	电网项目	权重计算	潮流计算
电网项目社会效益	新能源接入装机容量	电网项目	权重计算	统计计算

7.1.3.1 电网安全水平

因电网安全水平涉及设备重过载、安全事故隐患、电网故障条件下的供电能力等方面，考虑采用 $N-1$ 通过率、供电可靠性、停电风险、短路电流等指标进行评价。

（1）输电网 $N-1$ 通过率。根据 GB 38755《电力系统安全稳定导则》（以下简称《导则》），$N-1$ 原则的定义为“正常运行方式下的电力系统中任一元件（如发电机、交流线路、变压器、直流单极线路、直流换流器等）无故障或因故障断开，电力系统应能保持稳定运行和正常供电，其他元件不过负荷，电压和频率均在允许范围内”。

$N-1$ 通过率作为评价指标，其含义为，某一电压等级电网主要输变电元件（不考虑母线）满足 $N-1$ 原则的比例，用以检验电网拓扑和运行方式是否满足安全运行要求。对于一般省级电网而言，正常运行条件下 750、500（330）、220kV 电压等级电网 $N-1$ 通过率要求达到 100%。某一电压等级输电网 $N-1$ 通过率的计

算式为

$$\eta_{N-1}=\frac{N_{N-1}}{N_n} \tag{7-1}$$

式中：η_{N-1}为 $N-1$ 通过率；N_{N-1}为满足 $N-1$ 原则的元件数量；N_n为总元件数量。

（2）配电网 $N-1$ 通过率。配电网 $N-1$ 并不属于强制性规定，参考《导则》要求和 Q/GDW 156《城市电力网规划设计导则》中针对城网的 $N-1$ 准则要求，对于农网不作强制性要求。

城网 $N-1$ 准则包括：

1）变电站中失去任何一回进线或一台降压变压器时，不损失负荷。

2）高压配电网中一条架空线，或一条电缆，或变电站中一台降压变压器发生故障停运时：

a．在正常情况下，不损失负荷；

b．在计划停运的条件下又发生故障停运时，允许部分停电，但应在规定时间内恢复供电。

3）中压配电网中一条架空线，或一条电缆发生故障停运时：

a．在正常情况下，除故障段外不停电，并不得发生电压过低，以及供电设备不允许的过负荷；

b．在计划停运情况下，又发生故障停运时，允许部分停电，但应在规定时间内恢复供电。

配电网 $N-1$ 通过率计算中只包含变压器和线路两类元件，统计口径为 110（66）、35、10（20）kV 电压等级。

（3）停电风险。采用负荷切除期望值（Expected Load Curtailments，ELC）评价停电风险。负荷切除期望值 ELC 含义为：一定时间内，系统因故障不能够满足负荷需求而导致的电力负荷削减期望值，即停电风险值，计算公式为

$$r=\frac{8760}{T}\sum_{i\in S}P_i \tag{7-2}$$

式中：r 为停电风险；S 为故障停电集合；T 为模拟计算总时间；P_i 为第 i 次停电故障发生后损失的负荷。

（4）短路电流水平。随着电网发展，电网供电能力和网架结构密度持续提高，同时各变电站母线短路电流水平不断提升。该指标是指变电站母线发生三相短路时的短路电流超过开关最大开断电流 80%的母线节点数量占变电站母线节点数量的比例，适用于 750、500（330）、220kV 电压等级，表示为

$$\alpha=m/n \tag{7-3}$$

式中：α 为变电站母线短路电流超过开关遮断容量 80%的母线数量占比；m 为变电站母线短路电流超过开关遮断容量 80%的母线数量；n 为所有变电站母线节点数量。

（5）供电可靠性。供电可靠性是指在电力系统发生故障时持续供电的能力。为体现电力系统事故后缺供电量规模预期，选用期望缺供电量（Expected Energy Not Supplied，EENS）作为供电可靠性的计算指标。计算公式为

$$EENS=\frac{8760}{T}\sum_{i\in S}P_i t_i \tag{7-4}$$

式中：S 为停电故障集合；T 为模拟计算总时间；P_i 为停电故障 i 发生后损失的负荷；t_i 为系统发生第 i 次故障的平均修复时间。

7.1.3.2 电网协调水平

电网协调水平涉及网源协调、网荷协调、网架协调等方面，考虑采用电源送出线功率、供电能力、容载比等指标进行评价。

（1）电源送出线功率。电源送出线功率是指全网电源送出线有功功率之和，反映了电源送出项目投产后电网新增接纳的电源总出力水平变化。其计算公式为

$$P_{total}=\sum_{i=1}^{n}P_i \tag{7-5}$$

式中：P_i 为第 i 条电源送出线有功功率；n 为当前电网电源送出线条数。

（2）供电能力。供电能力是指一定区域内电网供应用户用电的能力，该指标用于评价配电网项目，用于反映配电网可供负荷规模，该指标同时受到变电站两侧线路最大输送功率和其容量的约束。供电能力的计算公式为

$$P=\sum_{i=1}^{n}\min(P_{hi},P_{Li},P_i) \tag{7-6}$$

式中：P 为电网供电能力；P_{hi} 为第 i 座变电站高压侧接线所能通过的最大功率；P_{Li} 为第 i 座变电站低压侧接线所能通过的最大功率；P_i 为第 i 座变电站所能供应最大负荷，n 为该地区变电站数量。

（3）容载比。容载比是某一供电区域，变电设备总容量与对应总负荷的比值，表示为

$$R_S=\frac{S_T}{P_{max}} \tag{7-7}$$

式中：R_S 为容载比；P_{max} 为该电压等级对下级电网的最大供电负荷；S_T 为该电压等级公用降压变压器容量。

计算各电压等级容载比时，该电压等级发电厂的升压变压器容量及直供负荷容

量不应计入，该电压等级用户专用变电站的变压器容量和负荷也应扣除，另外，部分区域之间仅进行故障时功率交换的联络变压器容量，如有必要也应扣除。

同一供电区域容载比应按电压等级分层计算，但对于区域较大，区域内负荷发展水平极度不平衡的地区，也可分区分电压等级计算容载比。保障电网安全可靠和满足负荷有序增长，是确定电网容载比规划目标时所要考虑的重要因素。根据经济增长和城市社会发展的不同阶段，对应的区域负荷增长速度可分为较慢、中等、较快三种情况，

参照 Q/GDW 156《城市电力网规划设计导则》，容载比合理取值范围如表 7-2 所示。

表 7-2　　各电压等级城网容载比选择范围

城网负荷增长情况	较慢增长	中等增长	较快增长
年负荷平均增长率（建议值）	小于 7%	7～12%	大于 12%
500kV 及以上	1.5～1.8	1.6～1.9	1.7～2.0
220～330kV	1.6～1.9	1.7～2.0	1.8～2.1
35～110kV	1.8～2.0	1.9～2.1	2.0～2.2

（4）配电网线路联络率。线路联络率为有联络的线路在总线路中的占比，是考察配电网网架结构发展水平的一项重要指标，因此针对配电网中完善网架结构项目，通过配电网线路联络率进行分析。计算公式为

$$\eta_L = \frac{N_L}{N} \times 100\% \quad (7-8)$$

式中：η_L 为配电网线路联络率；N_L 为有联络的线路条数；N 为总线路条数。

7.1.3.3　电网运行水平

电网运行水平包括运行损耗、电压水平等方面，考虑采用有功功率损耗、供电能力、低电压节点数量等指标进行评价。

（1）有功功率损耗。有功功率损耗能够反映电网运行水平，该指标中线路有功功率损耗可通过潮流计算求出，变压器有功损耗可表示为

$$P_{loss} = \left(\frac{P}{S}\right)^2 \times P_k \quad (7-9)$$

式中：P_{loss} 为变压器有功损耗；P 为当前变压器下网有功功率；S 为变电容量；P_k 为变压器满载损耗。

（2）配电网低电压节点数量。针对解决低电压台区的配电网项目，设置配电网低电压节点数量指标。配电网低电压节点数量指标为在最大运行方式下超出电压安

全阈值的节点数。GB/T 12325《电能质量供电电压偏差》规定，供电电压偏差的限值为：35kV 及以上供电电压正、负偏差绝对值之和不超过标称电压的 10%，20kV 及以下三相供电电压偏差为标称电压的±7%，220V 单相供电电压允许偏差为标称电压的+7%、−10%。配电网“低电压”情况主要包括以下几种：

1）“低电压”。用户计量装置处电压值持续 1h 低于国家标准所规定的电压下限值。

2）变电站出口“低电压”。变电站同段母线馈出多条配电线路末端均出现“低电压”问题，通过改善变电站电压调节能力可解决的情况。

3）中压配网线路末端“低电压”。中压配网线路所带多个台区均出现“低电压”问题，通过中压线路改造等技术手段可解决的情况。

4）配电变压器出口“低电压”。配电变压器低压出线侧出现“低电压”问题，通过调整配变分接开关等手段可解决的情况。

5）低压线路末端“低电压”。单一台区低压线路末端多个用户出现“低电压”问题，通过低压线路改造和调整三相负荷等方式可解决的情况。

7.1.3.4 电网项目经济、社会效益

在新的输配电价改革要求下，政府对电网有效资产的监管更加严格，而有效资产核定依据主要是投资有效性，因此电网企业投资需要更加注重效率和效益。考虑采用单位投资功率效益、最大负载率、新能源装机容量评价电网投资的投入产出经济、社会效益。其中单位投资功率效益和最大负载率具体如下：

（1）单位投资功率效益。该指标是指电网项目投产后单位投资所对应项目中设备传输的有功功率，反映了电网项目建设的经济效益，包括主变压器单位投资功率效益和线路单位投资功率效益两个子指标，指标计算公式为

$$C_{\mathrm{T}}=\frac{\sum_{i=1}^{m}P_{\max\mathrm{k}i}}{C_{\mathrm{kT}}}$$

$$C_{\mathrm{L}}=\frac{\sum_{j=1}^{n}P_{\max\mathrm{k}j}}{C_{\mathrm{kL}}} \tag{7-10}$$

式中：C_{T} 为主变压器对应的单位投资功率效益；C_{L} 为线路对应的单位投资功率效益；i 代表变压器；m 为变压器台数；j 代表线路；n 为线路条数；$P_{\max\mathrm{k}i}$、$P_{\max\mathrm{k}j}$ 分别为 k 项目中变压器和线路的有功功率；C_{kL}、C_{kT} 为 k 项目线路和变压器的建设投资。

（2）最大负载率。开展大方式下潮流计算，统计最大运行方式下投产年电网项目电力传输情况。变压器与输电线路最大负载率指标的计算公式分别为

$$\left.\begin{aligned}\delta_{\mathrm{T}} &= \frac{P_{\mathrm{T}}}{S_{\mathrm{T}}} \\ \delta_{\mathrm{L}} &= \frac{P_{\mathrm{L}}}{P_{\mathrm{E}}}\end{aligned}\right\} \tag{7-11}$$

式中：δ_{T} 为变压器最大负载率；P_{T} 为投产年最大运行方式下变压器最大负荷；S_{T} 为变压器额定容量；δ_{L} 为线路最大负载率；P_{L} 为线路最大有功功率；P_{E} 为线路经济输送功率。

7.2 电网宏观投资需求测算

通过本书第 2 章的分析，可以发现电网发展受到包括经济社会、负荷发展、安全运行约束等多种内外部复杂因素的共同影响。在各影响因素作用下产生的电网发展需求，最终通过电网的投资与建设，体现在电网规模、空间布局、供电质量等多个方面的变化上。电网投资需求是满足电网发展需求所投入的资金量，其规模的影响因素也应具有与电网发展影响因素相似的层次结构关系，即驱动电网投资的源动力也来自社会、经济发展等宏观因素。

从长期统计数据来看，历史电网投资规模与影响因素之间存在关联关系，但这种关系无法通过机理分析建立数学模型，需要搜集大量历史数据，建立统计分析模型。运用一定的数学方法对电网投资需求的关键影响因素进行挖掘，将电网投资规模与影响因素之间的变化规律转化为数学模型，然后对模型中变量开展预测并代入计算从而实现电网投资需求测算。

考虑到关键影响因素的数量和目前可获取的电网投资历史数据样本数量的有限性，本节将重点介绍以多元线性回归模型为基础，结合 BP 神经网络模型对多元线性回归分析的测算结果进行误差修正的电网投资需求测算模型，称为“基于多元线性回归–BP 神经网络的电网投资测算模型”。模型的自变量通过相关性分析进行挖掘，但在分析对象不同、数据样本数量不同时，得到的关键影响因素会存在差异，可根据实际情况对模型自变量进行取舍，筛选出拟合效果最好的自变量组合。这一测算方法不涉及具体的微观电网工程项目，仅通过宏观指标预测电网投资需求的总量，其测算结果称为“电网宏观投资需求”。

随着电网数据统计的不断完善，可获取的投资数据样本数量也将不断增加，样本规模的增加有利于采用更加准确的统计学模型进行建模和计算，同时样本的非线性、非平稳性可能导致回归分析不再适用。因此，本节也介绍了一种基于经验模态分解（Empirical Mode Decomposition，EMD）方法的电网投资规模测算模型以供参考，这一模型的核心为经验模态分解方法，理论上可以应用于任何类型信号的分解，对原始数据样本数量的要求较高，但在处理非平稳及非线性数据上具有非常明显的优势。

7.2.1 电网投资需求影响因素分析

7.2.1.1 影响因素分析

电网投资除了受电网自身和电力行业上下游的因素影响外，还受到宏观政策、经济发展、社会环境、自然环境等多重外部因素的重要影响，但其源动力来自社会、经济、用电需求等宏观层面。

通过对中国历史电力投资进行定量分析发现电力投资与电力消费（用电量）、经济增长（GDP）和最大用电负荷之间存在长期均衡与短期波动关系，电力消费、用电负荷和经济的增长将引起投资的同方向变动。然后，进一步从经济、社会、政治、技术、电力行业等方面分析电网投资的影响因素及其传导路径，发现 GDP、全社会固定资产投资、人口、财政收入、发电量、电网规模、售电量、上网电价和销售电价对电网投资需求影响非常明显，其中电力消费（用电量）是影响电网投资的主要因素。同时，通过对电力消费和城市化率、能源效率之间的关系进行分析，发现两者之间存在显著的正相关，中国城市化特征极大地推动了电力消费的增长。通过对经济转型中的电力消费进行分析预测，发现城镇化和电力需求之间相关性最高，城市化水平是推动电力消费的主要因素。后续章节进行详细分析。

7.2.1.2 相关性分析

相关性分析是研究两个或两个以上随机变量间相关关系的常用统计分析方法，描述客观事物相互间关系的密切程度并用相关系数来量化反映，适用于电网投资关键影响因素的挖掘。

相关性分析的方法有很多，以皮尔逊相关系数（Pearson Correlation Coefficient）分析方法为例。

（1）皮尔逊相关系数的计算步骤。

1）计算各变量自身的标准差，即

$$S_x = \sqrt{(n-1)^{-1}\sum(x_i - \overline{x})^2} \tag{7-12}$$

$$S_y = \sqrt{(n-1)^{-1}\sum(y_i - \overline{y})^2} \tag{7-13}$$

2）计算变量间的协方差，即

$$S_{xy} = \left[\sum(X_i - \overline{X})(Y_i - \overline{Y})\right] \cdot (n-1)^{-1} \tag{7-14}$$

3）计算变量间的相关系数，即

$$r_{xy} = S_{xy}(S_x \cdot S_y)^{-1} \tag{7-15}$$

4）根据相关性系数判断变量的相关性。

相关系数的取值区间在 1 到−1 之间，−1 表示两个变量完全负相关，绝对值越趋近于 1 表示相关关系越强，0 则表示两个变量不相关。相关系数在 0 到 1 之间时，可将相关性分为 4 类，如表 7−3 所示。

表 7−3　　相关性分类表

相关系数（绝对值）	分类	相关系数（绝对值）	分类
＜0.3	微弱相关	0.5～0.8	显著相关
0.3～0.5	中度相关	0.8～1	高度相关

（2）电网投资需求关键影响因素。以中国电网作为分析对象。历史数据选取 1990～2017 年中国电网投资规模，其余变量选取同期第一、第二、第三产业增加值、电源装机规模、可再生能源装机容量、常住人口和城镇化率，这些变量均为社会、经济、用电需求等宏观层面的影响因素。

相关性测算结果如表 7−4 所示。从相关性系数计算结果看，电网投资需求与 GDP（包括三大产业）、全社会用电量、电源装机、常住人口以及城镇化率的相关系数均超过 0.8，表示电网投资需求同这些指标之间高度相关。而可再生能源装机占比与电网投资的相关性仅为 0.762。因此选择除可再生能源装机占比之外的 7 个影响因素作为后续章节中国电网投资需求预测的输入。

表 7−4　　电网投资需求影响因素相关性矩阵

影响因素	电网投资	第一产业增加值	第二产业增加值	第三产业增加值	全社会用电量	电源装机容量	可再生能源装机占比	常住人口	城镇化率
相关性系数	1.000	0.969	0.974	0.959	0.981	0.978	0.762	0.928	0.974

对于省级电网，经过分析筛选出 GDP、常住人口、全社会用电量、人均用电量、电源装机容量和最高用电负荷 6 个关键因素。

7.2.2 基于多元线性回归−BP 神经网络的电网投资测算模型

测算模型包括多元线性回归模型和 BP 神经网络修正模型两部分。

多元线性回归模型的自变量是筛选出的关键因素，可根据实际情况使用影响因素的数值或增速，模型的因变量为对应地区的电网基建投资规模或增速。由于电网承担着保民生的重要职能，受到国家政策和重大战略的影响，电网基建投资中包含部分政策性投资、应对突发事件投资和根据电网企业未来发展战略需要安排的投资等，这部分投资不受经济社会、负荷需求等因素的直接影响，因此应在因变量中扣减后，再进行测算。

主要计算流程如图 7-1 所示。首先将历史电网基建投资规模增速作为因变量，将影响电网投资需求的关键因素增速作为自变量，建立多元线性回归模型，得到电网投资规模增速与自变量之间的函数关系，计算电网投资规模拟合值，以及拟合值与实际值之间的误差；然后将自变量与误差代入三层 BP 神经网络模型，完成 BP 神经网络的学习训练，并将其用于对多元回归模型测算误差的求解，实现对多元线性回归模型投资测算结果的修正，最终得到预测结果。

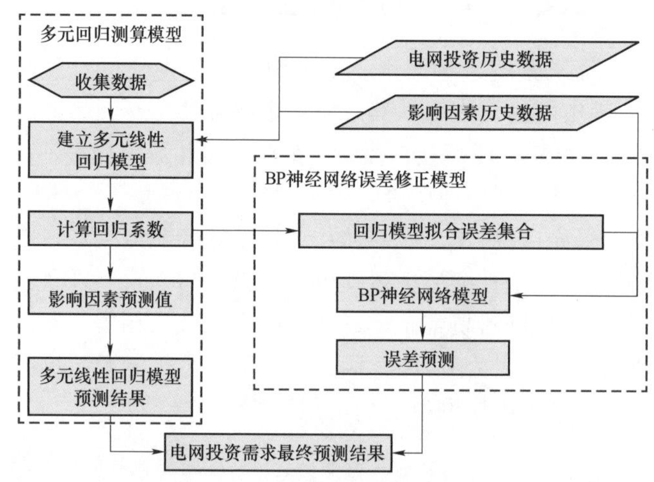

图 7-1　基于多元线性回归-BP 神经网络的电网投资规模测算流程

7.2.2.1　多元线性回归模型

回归分析（Regression Analysis）是研究变量之间作用关系的一种统计分析方法，其基本组成是一个（或一组）自变量与一个（或一组）因变量。回归分析研究的目的是采用统计方法通过收集到的样本数据探讨自变量对因变量的影响关系，即原因对结果的影响程度。在回归分析中，如果有两个或两个以上的自变量，就称为多元回归，描述因变量与两个或两个以上自变量之间的线性数量关系的回归分析方法称为多元线性回归分析。

多元回归模型具有以下优点：① 分析多因素模型时，更加简便；② 通过标准的统计方法得到拟合结果，不受人为因素干扰；③ 可准确地计量各个因素之间的相关程度与回归拟合程度，提升预测效果。

多元线性回归基于最小二乘法原理建立模型，其求解步骤为：

（1）建立回归方程。假设某一因变量 y 受 k 个自变量 x_1，x_2，…，x_k 的影响，

其 n 组观测值为（y_a，x_{1a}，x_{2a}，…，x_{ka}），a=1，2，…，n。那么，多元线性回归模型的结构形式为

$$y_a = \beta_0 + \beta_1 x_{1a} + \beta_2 x_{2a} + \cdots + \beta_k x_{ka} + \varepsilon_a \tag{7-16}$$

式中：β_0，β_1，…，β_k 为待定参数；ε_a 为随机变量。

如果 b_0，b_1，b_2，…，b_k 分别为 β_0，β_1，β_2，…，β_k 的拟合值，则回归方程为

$$\hat{y} = b_0 + b_1 x_1 + b_2 x_2 + \cdots + b_k x_k \tag{7-17}$$

式中：b_0 为常数；b_1，b_2，…，b_k 为偏回归系数，是当其他自变量 x_j（$j \neq i$）都固定时，自变量 x_i 每变化一个单位而使因变量 y 增加或减少的数值。

（2）利用最小二乘法求解回归参数。根据最小二乘法原理，β_i 的估计值 b_i（i=1，2，…，k）应该使式（7–18）有求极值的必要条件，进而求偏导后可得式（7–19）。

$$Q = \sum_{a=1}^{n} (y_a - \hat{y}_a)^2 = \sum_{a=1}^{n} [y_a - (b_0 + b_1 x_{1a} + b_2 x_{2a} + \cdots + b_k x_{ka})]^2 \to \min \tag{7-18}$$

$$\begin{cases} \dfrac{\partial Q}{\partial b_0} = -2\sum_{a=1}^{n} (y_a - \hat{y}_a) = 0 \\ \dfrac{\partial Q}{\partial b_j} = -2\sum_{a=1}^{n} \left(y_a - \hat{y}_a \right) x_{ja} = 0, \quad j = 1,2,\cdots,k \end{cases} \tag{7-19}$$

将式（7–19）展开整理后得到正规方程组（7–20），即

$$\begin{cases} nb_0 + \left(\sum_{a=1}^{n} x_{1a}\right) b_1 + \left(\sum_{a=1}^{n} x_{2a}\right) b_2 + \cdots + \left(\sum_{a=1}^{n} x_{ka}\right) b_k = \sum_{a=1}^{n} y_a \\ \left(\sum_{a=1}^{n} x_{1a}\right) b_0 + \left(\sum_{a=1}^{n} x_{1a}^2\right) b_1 + \left(\sum_{a=1}^{n} x_{1a} x_{2a}\right) b_2 + \cdots + \left(\sum_{a=1}^{n} x_{1a} x_{ka}\right) b_k = \sum_{a=1}^{n} x_{1a} y_a \\ \left(\sum_{a=1}^{n} x_{2a}\right) b_0 + \left(\sum_{a=1}^{n} x_{1a} x_{2a}\right) b_1 + \left(\sum_{a=1}^{n} x_{2a}^2\right) b_2 + \cdots + \left(\sum_{a=1}^{n} x_{2a} x_{ka}\right) b_k = \sum_{a=1}^{n} x_{2a} y_a \\ \cdots \\ \left(\sum_{a=1}^{n} x_{ka}\right) b_0 + \left(\sum_{a=1}^{n} x_{1a} x_{ka}\right) b_1 + \left(\sum_{a=1}^{n} x_{2a} x_{ka}\right) b_2 + \cdots + \left(\sum_{a=1}^{n} x_{ka}^2\right) b_k = \sum_{a=1}^{n} x_{ka} y_a \end{cases} \tag{7-20}$$

将式（7–20）进一步写成矩阵形式

$$\boldsymbol{Ab} = \boldsymbol{B} \tag{7-21}$$

$$A = X^T X = \begin{pmatrix} 1 & 1 & \cdots & 1 \\ x_{11} & x_{12} & \cdots & x_{1n} \\ \cdots & \cdots & \cdots & \cdots \\ x_{k1} & x_{k2} & \cdots & x_{kn} \end{pmatrix} \begin{pmatrix} 1 & x_{11} & \cdots & x_{k1} \\ 1 & x_{12} & \cdots & x_{k2} \\ 1 & \cdots & \cdots & \cdots \\ 1 & x_{1n} & \cdots & x_{kn} \end{pmatrix} = \begin{pmatrix} n & \sum_{a=1}^{n} x_{1a} & \cdots & \sum_{a=1}^{n} x_{ka} \\ \sum_{a=1}^{n} x_{1a} & \sum_{a=1}^{n} x_{1a}^2 & \cdots & \sum_{a=1}^{n} x_{1a} x_{ka} \\ \cdots & \cdots & \cdots & \cdots \\ \sum_{a=1}^{n} x_{ka} & \sum_{a=1}^{n} x_{1a} x_{ka} & \cdots & \sum_{a=1}^{n} x_{ka}^2 \end{pmatrix}$$

$$b = (b_0, b_1 \cdots b_k)^T$$

$$B = X^T Y = \begin{pmatrix} 1 & 1 & \cdots & 1 \\ x_{11} & x_{12} & \cdots & x_{1n} \\ \cdots & \cdots & \cdots & \cdots \\ x_{k1} & x_{k2} & \cdots & x_{kn} \end{pmatrix} \begin{pmatrix} y_1 \\ y_2 \\ \cdots \\ y_n \end{pmatrix} = \begin{pmatrix} \sum_{a=1}^{n} y_a \\ \sum_{a=1}^{n} x_{1a} y_a \\ \cdots \\ \sum_{a=1}^{n} x_{ka} y_a \end{pmatrix}$$

求解式（7–21）可得

$$b = A^{-1} B = (X^T X)^{-1} X^T Y \tag{7–22}$$

即为回归参数。

（3）显著性检验。对回归方程和回归参数进行显著性校验，检验方程与实际数据拟合的效果。对每一个自变量进行检验，确定每一个自变量对因变量的线性影响是显著的。

（4）回归诊断。

1）残差分析。残差分析的基本思想是用能够计算出来的残差 e 作为随机误差 ε 的估计，利用残差的特征来考察原模型假设的合理性，即对误差项正态分布，独立性及等方差假设的合理性进行检验。

2）共线诊断。回归模型中两个或两个以上的自变量彼此相关，这一现象称为变量间存在共线性，出现多重共线性时会对回归分析产生不利影响，如最小二乘估计无效、变量的显著性检验失去意义、重要的解释变量被排除在模型外、模型的预测功能失效等。

（5）利用多元线性回归方程进行预测。将各自变量的预测值代入回归方程，计算因变量的预测结果。

7.2.2.2 BP 神经网络模型

人工神经网络是在现代神经科学的基础上提出和发展起来的，旨在反映人脑结构及功能的一种抽象数学模型。自 1943 年美国心理学家麦卡洛克（W.McCulloch）和数学家皮特斯（W.Pitts）提出形似神经元的抽象数学模型——MP 模型以来，人工神经网络理论技术经过了 50 多年曲折的发展。特别是 20 世纪 80 年代，人工神经网络的研究取得了重大进展，有关的理论和方法已经发展成一门介于物理学、数学、计算机科学和神经生物学之间的交叉学科。它在模式识别、图像处理、智能控制、组合优化、金融预测与管理、通信、机器人以及专家系统等领域得到广泛的应用。目前已提出 40 多种神经网络模型，其中比较著名的有感知机、霍普菲尔德（Hopfield）网络、伯尔兹曼（Boltzman）机、自适应共振理论及反向传播网络（BP 神经网络模型）等。人工神经网络模型具有以下几个优点：① 并行分布处理；② 高度鲁棒性和容错能力；③ 分布存储及学习能力；④ 能充分逼近复杂的非线性关系。

生物学中，神经元是神经系统中的基本组成单位，神经元的基本结构包括树突、突触和细胞体三个部分，其中，树突短而分枝多，末端的突触可接受其他神经元轴突传来的信号并传给细胞体，是神经元的输入通道；轴突长而分枝少，末端的突触可将细胞体传出信号传递到其他神经元，是神经元的输出通道；细胞体则可被视作一种有“激活”和“未激活”两种状态的机器。神经细胞的状态取决于从其他神经元接收到的信号量以及突触的性质（抑制或加强），当信号量超过阈值电位时，细胞体就会被激活，产生电脉冲，并沿着轴突传递到其他神经元。

仿照神经系统处理和传递信息的方式建立的人工神经网络（Artificial Neural Network）模型，其求解过程简单来说是输入变量到算法中，算法再通过分析反馈进行判断，最后做出结果的过程。人工神经元模型是人工神经网络的基本单元。简化的人工神经元模型如图 7-2 所示，其中 x_k（k=1，2，…，n）是一系列的输入变量，对应的 W_{ik}（k=1，2，…，n）是连接权值，通常是一个 rand 函数在 0～1 之间的取值；θ 为阈值；$f(net_i)$ 为激活函数；y_i 为输出变量。

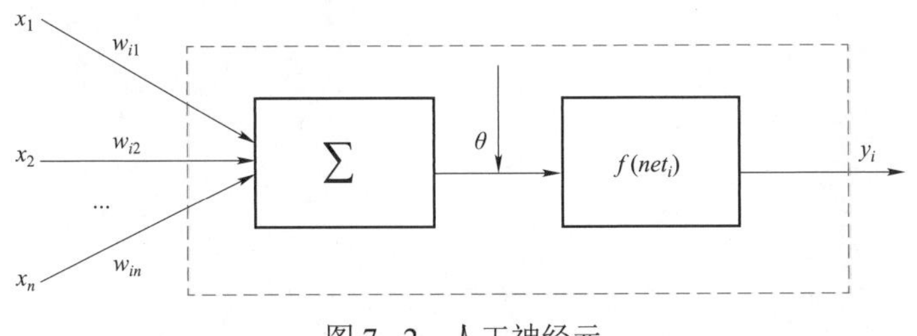

图 7-2　人工神经元

在人工神经网络模型中，每个神经元都接受来自其他神经元的输入信号，每个信号都通过一个带有权重的连接传递，输入变量和对应的权重系数的乘积在累加求和后输入到神经元中，神经元将总输入值与神经元的阈值进行对比，然后通过一个

“激活函数”处理得到最终输出，并将这个输出作为之后神经元的输入一层一层传递下去。神经元信息传递过程的示意图如图 7–3 所示，其中，X 是从其他神经元传来的输入信号，W 表示神经元间的连接权值，θ 表示一个阈值，*net* 表示神经元的净激活。若神经元的净激活 *net* 为正，则称该神经元处于激活状态，否则称为抑制状态。净激活的神经元通过激活函数 $f(net)$ 得到输出信号 y。常见的激活函数 f 有阈值函数、分段线性函数、sigmoid 函数，需要根据具体问题选择相应的激活函数建立模型。

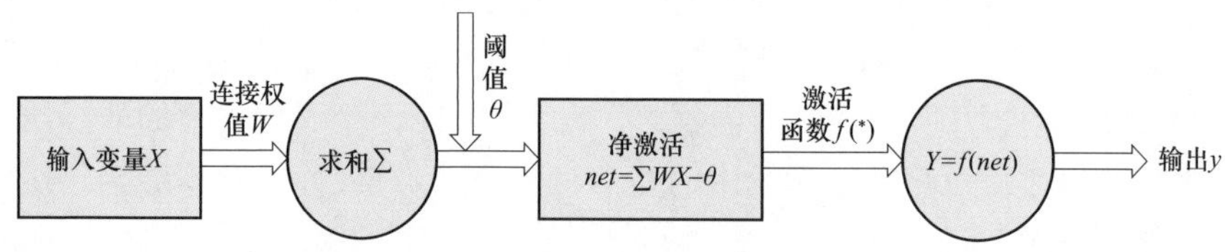

图 7–3　神经元信息传递过程示意图

大量的人工神经元按照一定方式互相连接便构成人工神经网络，常见网络结构包括为前馈神经网络、反馈神经网络和自组织网络三类。下面以电网宏观投资测算模型中采用的 BP 神经网络为例，介绍神经网络模型的基本原理。

图 7–4 是一个 3 层的 BP 神经网络结构的示意图，第 0 层为输入层，第 1 层为隐含层，第 2 层是输出层；输入层到隐含层的连接权值为 w_{ij}，表示从输入层第 i 个神经元指向隐含层第 j 个神经元的权重；隐含层到输出层的连接权值为 v_{jk}；隐含层到输出层激活函数为 f，y_h 为隐含层第 h 个神经元的激活函数输出；输出层的激活函数为 g，z_m 为输出层第 m 个神经元的激活函数输出。

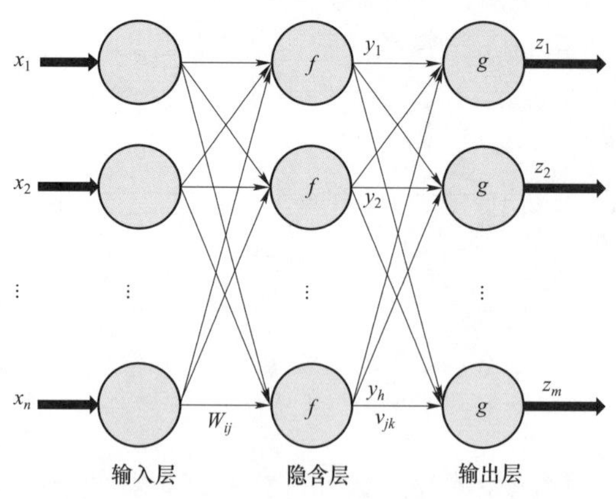

图 7–4　三层 BP 神经网络模型示意图

BP 神经网络的主要思想是：已知对 n 个输入学习样本［x_1，x_2，x_3，…，x_n］

有与其对应的 m 个输出样本为 $[t_1, t_2, t_3, \cdots, t_m]$，用网络的实际输出 $[z_1, z_2, z_3, \cdots, z_m]$ 与目标矢量 $[t_1, t_2, t_3, \cdots, t_m]$ 之间的误差来调整各层之间的连接权值，使网络输出层的误差平方和达到最小。利用 BP 神经网络模型，通过误差的反向传播，将误差信号沿原来的连接通路返回，通过修改各层神经元的连接权值，使得误差信号减少，然后再转入正向传播过程。反复迭代，直到误差小于给定值为止。

人工神经网络方法与传统的参数模型方法最大的不同在于它是数据驱动的自适应技术，不需要对问题模型做任何先验假设，适用于解决一些内部规律未知或难以描述的问题。经训练后的神经网络模型具备较好的泛化能力，通过对输入的样本历史数据进行学习训练，获得隐藏在数据内部的规律，特别是传统的统计预测方法不能对复杂变量的函数关系进行有效的估计时，神经网络模型具有更强大的函数逼近能力，为复杂系统内部函数识别提供了一种有效方法。

通过多元线性回归模型拟合的电网投资规模与影响因素之间的函数关系虽然有较好的效果，但拟合结果与实际观测值之间总是存在一定的误差，而这些误差的产生是复杂且难以描述的。神经网络模型能够利用样本历史数据以及拟合误差来对未来多元线性回归模型拟合误差进行估计，以此提高多元回归模型的拟合效果和精度。

7.2.2.3 基于多元线性回归——BP 神经网络的全国电网投资需求测算

1990 年以来，在国民经济以及社会飞速发展所带来的庞大用电需求的影响下，中国电网投资规模迅速扩大。根据中国电力企业联合会统计数据，1990～2017 年全国电网投资规模变化情况如图 7-5 所示。同期电网投资各关键影响因素统计数值如表 7-5 所示。测算选取了三大产业增加值、发电装机容量、全社会用电量、人口以及城镇化率共 7 个关键影响因素作为自变量进行分析。

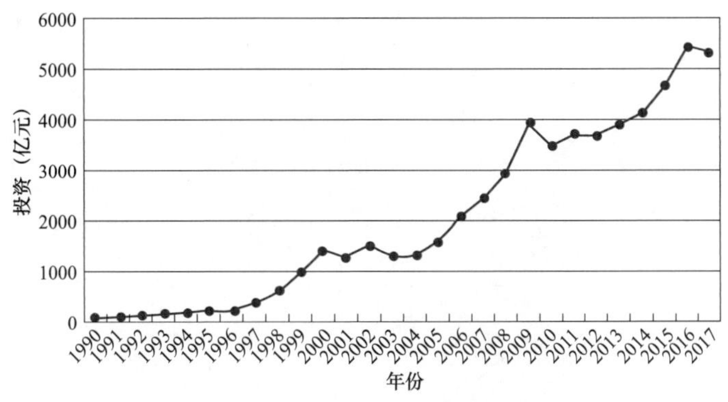

图 7-5 1990～2017 年全国电网投资规模

表 7-5　　中国电网投资及各关键影响因素历史数据表

年份	电网投资（亿元）	第一产业增加值（万元）	第二产业增加值（万元）	第三产业增加值（万元）	人口（万人）	发电装机容量（万 kW）	城镇化率	全社会用电量（亿 kWh）
1990	54	5017.2	7744.3	6111.4	114333	13789	26.41%	6170
1991	66	5288.8	9129.8	7587	115823	15147	26.94%	6740
1992	85	5800.3	11725.3	9668.9	117171	16653	27.46%	7499
1993	110	6887.6	16473.1	12312.5	118517	18291	27.99%	8248
1994	159	9471.8	22453.1	16712.6	119850	19990	28.51%	9097
1995	203	12020.5	28677.5	20641.9	121121	21722	29.04%	9939
1996	216	13878.3	33828.1	24107.2	122389	23654	30.48%	10625
1997	360	14265.2	37546	27903.8	123626	25424	31.91%	11095
1998	578	14618.7	39018.5	31558.3	124761	27729	33.35%	11399
1999	950	14549	41080.9	34934.5	125786	29877	34.78%	12142
2000	1388	14717.4	45664.8	39897.9	126743	31932	36.22%	13517
2001	1237	15502.5	49660.7	45699.9	127627	33849	37.66%	14734
2002	1508	16190.2	54105.5	51421.7	128453	35657	39.09%	16439
2003	1265	16970.2	62697.4	57754.4	129227	39141	40.53%	18948
2004	1281	20904.3	74286.9	66649	129988	44239	41.76%	21825
2005	1526	21806.7	88084.4	77427.8	130756	51718	42.99%	24921
2006	2093	23317	104361.8	91759.7	131448	62370	44.34%	28443
2007	2451	27788	126633.6	115810.7	132129	71822	45.89%	32649
2008	2895	32753.2	149956.6	136805.7	132802	79273	46.99%	34467
2009	3898	34161.8	160171.7	154747.9	133450	87410	48.34%	36595
2010	3448	39362.6	191629.8	182037.9	134091	96641	49.95%	41999
2011	3687	46163.1	227038.8	216098.7	134735	106253	51.27%	47026
2012	3661	50902.3	244643.3	244821.8	135404	114676	52.57%	49657
2013	3856	55329.1	261956.1	277959.2	136072	125768	53.73%	53423
2014	4119	58343.5	277571.8	308058.7	136782	137018	54.77%	55637
2015	4640	60862.1	282040.3	346149.7	137462	152527	56.10%	56933
2016	5426	63671	296236	384221	138271	165051	57.35%	59747
2017	5315	65468	334623	427032	139008	177000	58.52%	63077

基于原始数据，建立多元线性回归模型，自变量为各影响因素不考虑单位的绝对值，因变量为全国电网投资规模绝对值，模型拟合系数及显著性校验结果如表 7–6 所示。其中，第一产业增加值这一自变量的 *P* 值远超过了 0.1，说明在10%的显著性水平下，第一产业增加值对电网投资影响不显著。因此，按照多元线性回归模型的计算规则，需要剔除第一产业增加值这一自变量，重新进行建模。

表 7–6　　多元线性回归模型拟合系数及显著性检验结果

变量	系数	*P* 值
常数项	4444.628	0.399883
第一产业增加值	–0.02149	0.575843
第二产业增加值	0.022931	0.07221
第三产业增加值	–0.02615	0.004653
人口	–0.08159	0.176098
城镇化率	182.0506	0.016404
发电装机容量	0.107408	0.000485
全社会用电量	–0.19657	0.010674

重建模型的各自变量系数以及显著性检验结果如表 7–7 所示。在 10%显著性水平下，重建模型中所有自变量均通过了显著性检验，证明了模型的有效性。此时，多元线性回归模型的平均绝对误差，即统计值与拟合值的绝对误差的平均数为22.18%，预测误差仍然相对较大。

表 7–7　　剔除不显著变量后的模型拟合系数及显著性检验结果

变量	系数	*P* 值
常数项	6012.904	0.176499
第二产业	0.019245	0.068715
第三产业	–0.02734	0.002126
人口	–0.09915	0.053694
城镇化率	195.7604	0.006038
发电装机容量	0.109684	0.000268
全社会用电量	–0.19792	0.008887

为进一步提高预测准确性，采用 BP 神经网络模型对多元线性回归模型的拟合结果进行误差修正。通过多元线性回归模型计算得到的电网投资预测值与实际值的残差代入 BP 神经网络模型中进行拟合，其中模型的输入与剔除不显著变量后的多

元线性回归模型自变量一致，输出为残差值。利用 BP 神经网络寻找输入、输出之间的拟合关系，可以得到残差拟合结果。将历史各年电网投资残差拟合结果与多元回归模型预测值相加，得到对多元线性回归模型预测结果的误差修正。

经过修正，平均绝对误差减小至 8.02%，修正前后及原始数据对比如图 7-6 所示。

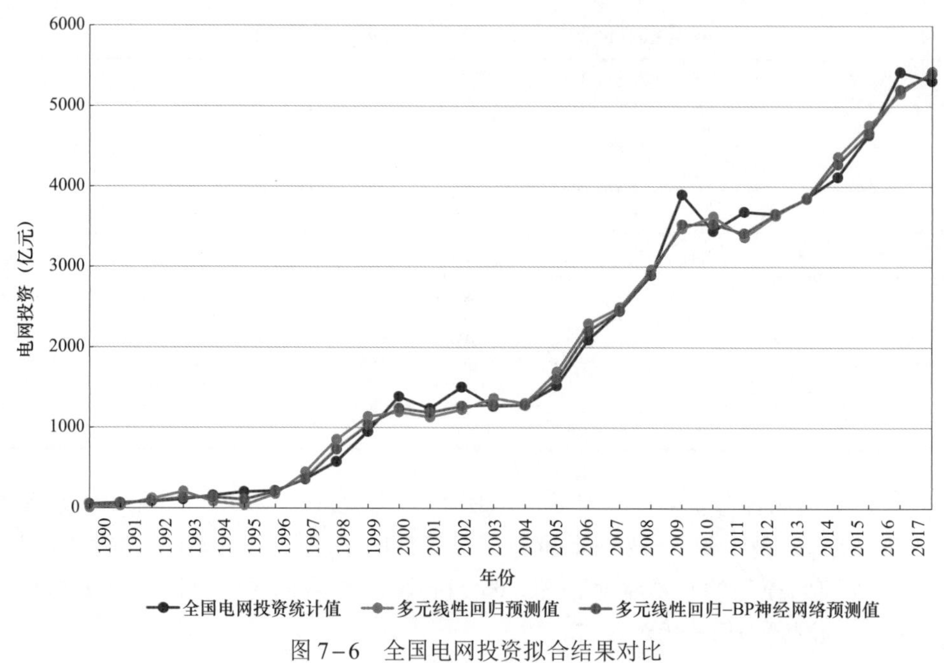

图 7-6 全国电网投资拟合结果对比

利用修正后的模型，对 2018～2020 年全国电网投资整体需求进行预测。关键影响因素预测值如表 7-8 所示。

表 7-8　　2018～2020 年预测情景设定

关键影响因素	2018 年	2019 年	2020 年
第二产业增加值（亿元）	366001	386165	416329
第三产业增加值（亿元）	469575	534233	568891
人口（万人）	139703	140402	141104
城镇化率	60%	61%	62%
电源装机容量（万 kW）	190000	203000	216000
全社会用电量（亿 kWh）	66000	69000	72000

注　表中数据仅作预测的情景使用，不代表实际数据。

将自变量的预测值代入多元线性回归模型计算 2018～2020 年全国电网投资整体需求预测值，再利用 BP 神经网络模型预测残差，组合得到最终的预测结果如表表 7–9 所示。

表 7–9 基于多元线性回归——BP 神经网络的全国电网投资需求预测结果

预测结果	2018 年	2019 年	2020 年
多元线性回归预测结果（亿元）	5890	5469	6060
BP 神经网络残差预测结果（亿元）	–296	165	–188
全国电网投资预测结果（亿元）	5594	5634	5872

7.2.3 基于经验模态分解方法的电网投资规模测算模型

7.2.3.1 经验模态分解方法

经验模态分解方法（Empirical Mode Decomposition，EMD）是 1998 年由黄锷（N. E. Huang）等人提出的一种非线性非平稳的时频数据分析方法，是一种自适应的信号处理方法。EMD 方法依据数据自身的时间尺度特征来进行信号分解，将复杂信号逐级分解为有限个本征模函数（Intrinsic Mode Function，IMF）和一个反映信号序列发展趋势的余项。被分解出的各 IMF 分量均为窄带信号，且必须满足以下两个条件：

（1）在整个信号序列上，极值点和过零点的数目必须相等或者至多相差一个；

（2）在任意时刻，由极大点定义的上包络线和由极小点定义的下包络线的平均值为 0，即信号的上下包络线关于时间轴对称。

与原始序列相比，被分解出的 IMF 分量具有更强的规律性。对具有不同特征时间尺度的 IMF 分量和余项分别采用合适的方法进行分析，可以提高预测的精度。

EMD 方法的基本求解步骤为：

（1）确定原始序列 $x(t)$所有的极值点。

（2）对极大值点和极小值点分别采用三次样条插值法来构造 $x(t)$的上包络线 $m_1(t)$和下包络线 $m_2(t)$。

（3）计算上下包络线的平均值 $m(t)=0.5[m_1(t)+m_2(t)]$，令 $h_1^1(t)=x(t)-m(t)$。若 $h_1^1(t)$满足 IMF 分量的条件，则将 $c_1(t)=h_1^1(t)$作为第一个 IMF 分量提取出来；否则，令 $x(t)=h_1^1(t)$并重复以上步骤，直到第 k 步提取的 $h_1^k(t)$满足 IMF 分量条件，此时提取到的第一个 IMF 分量为 $c_1(t)=h_1^k(t)$。

（4）在提取出第一个 IMF 分量 $c_1(t)$后，计算余项 $r(t)=x(t)-c_1(t)$，进而得到新的信号序列 $x(t)=r(t)$。

（5）重复步骤（1）到步骤（4），逐一分解得到若干个 IMF 分量，直到计算步骤（4）所得余项小于设定的阈值或者成为一个单调函数时，算法结束。

此时，原始序列被分解成若干个 IMF 分量和一个余项，表达式为

$$x(t)=\sum_{i=1}^{n}c_i(t)+r_n(t) \tag{7-23}$$

式中：$c_i(t)$（i=1，2，3，…，n）为原始信号序列 $x(t)$的第 n 个 IMF 分量；$r_n(t)$为余项。

基于 EMD 方法的电网投资规模测算模型利用 EMD 分解算法，将电网投资规模原始时间序列分解为一系列规律性更强的子序列（IMF 分量），然后根据这些子序列的特点分别采用不同的数学方法建立预测模型，再进行混合预测。最后，基于所构建的 EMD 混合预测模型，采用蒙特卡洛方法动态模拟电网投资需求，可预测未来电网投资需求的区间范围。

测算模型流程示意图如图 7-7 所示。

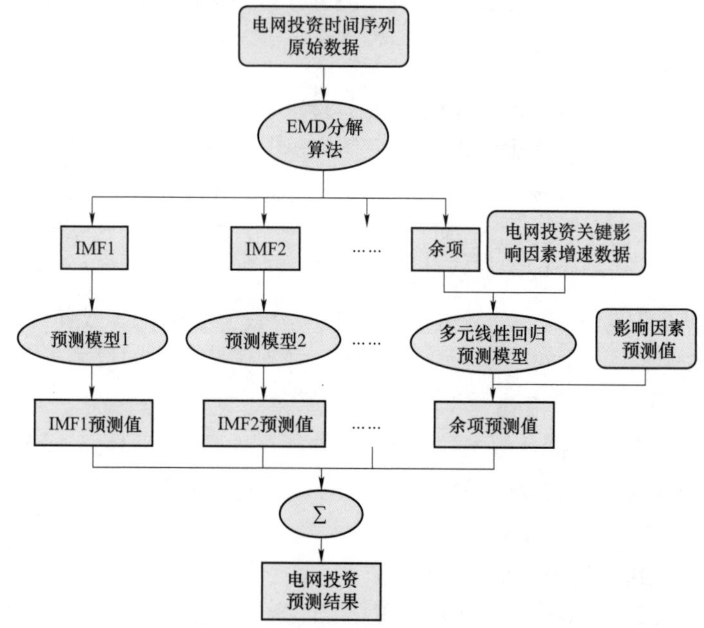

图 7-7　基于 EMD 的电网投资规模测算流程图

7.2.3.2　基于 EMD 方法的全国电网投资需求测算

基于 1990～2017 年全国电网投资规模，运用 EMD 方法对 2018～2020 年中国电网整体投资需求进行测算。

（1）数据预处理图。在 MATLAB 软件中，运用 EMD 方法对电网投资规模历史数据进行分解，可得到三个分量（子序列），如图 7 - 8 所示，其中，低频 IMF1 分量以及高频 IMF2 分量均为在零值附近上下波动的近似平稳序列，分别反映了全国电网投资的周期性以及随机性特征；余项序列是一条平滑的增长曲线，反映了全

国电网投资的长期增长趋势。

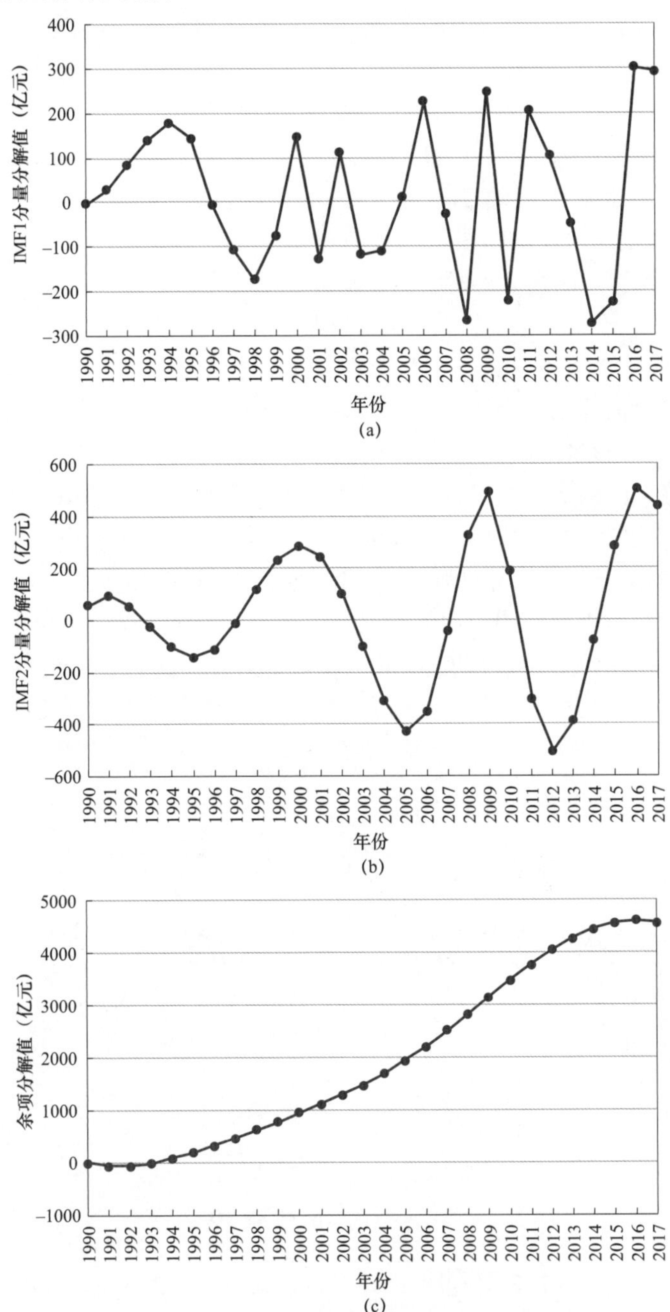

图 7-8　全国电网投资规模原始数据序列分解结果

（a）IMF1 分量曲线；（b）IMF2 分量曲线；（c）余项曲线

不难发现，与原始投资数据序列相比，分解得到的子序列具有更好的数据特征，更易于分析及预测。针对不同的子序列，可分别采用不同的预测方法进行拟合。

（2）对第一分量（IMF1 分量）进行拟合。针对 IMF1 分量采用自回归滑动平均（Autoregressive Moving Average model，ARMA）模型进行拟合预测，ARMA 模型的自回归阶数以及移动平均阶数通过计算信息准则（Akaike Information Criterion，AIC）指标进行确定。

ARMA 模型是研究时间序列的重要方法和研究平稳随机过程有理谱的典型方法，由自回归模型（简称 AR 模型）与移动平均模型（简称 MA 模型）为基础“混合”构成，常用于长期追踪资料的研究，例如具有季节变动特征的零售商品销售量、市场规模等。它比 AR 模型法与 MA 模型法有较精确的谱估计及较优良的谱分辨率性能，但其参数估算比较繁琐。ARMA 模型的基本原理是将预测指标随时间推移而形成的数据序列看作是一个随机序列，构成该时间序列的单个序列值虽然具有不确定性，但整个序列的变化却有一定规律性，可用数学模型近似描述。ARMA 模型的具体数学模型以及参数估计方式可参考一些出版文献或专著。

根据 ARMA 模型的计算规则，当 AIC 确定的模型滞后阶数为 8 阶时，利用序列的滞后 8 期的数据来预测当期数据值，因此 IMF1 分量仅能拟合 1998～2017 年的数据，拟合结果如图 7 – 9 所示。由于 IMF1 具有较强的随机性特征，增加了该分量的预测难度，但其也能在一定程度上描述随机性分量的基本走势。

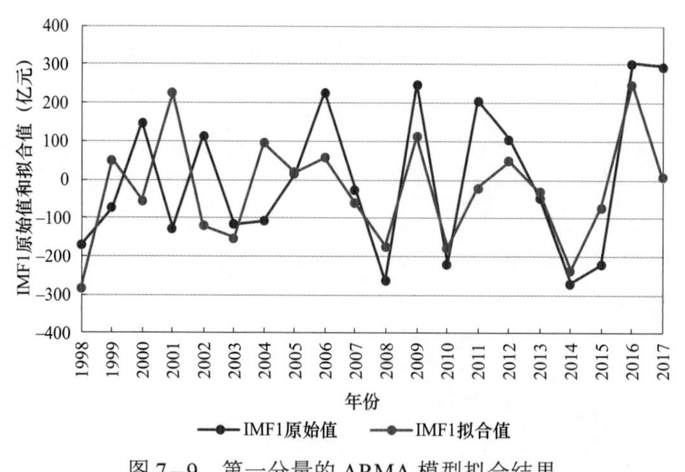

图 7–9　第一分量的 ARMA 模型拟合结果

（3）对第二分量（IMF2 分量）进行拟合。针对 IMF2 分量，采用 BP 神经网络模型进行拟合预测，其中 BP 神经网络模型的输入为 IMF2 分量的历史数据，通过试错法确定模型的滞后阶数为 10，即利用序列滞后 10 期的数据来预测当期数据值，

因此 IMF2 分量仅能拟合 2000～2017 年的数据，结果如图 7－10 所示。可以看出，BP 神经网络能对周期性 IMF2 分量进行精确预测，预测值与实际值基本一致。

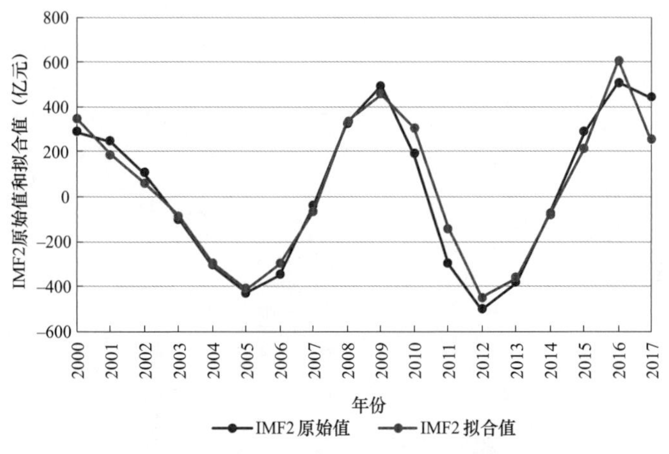

图 7－10　第二分量的 BP 神经网络模型拟合结果

（4）对余项进行拟合。余项反映了全国电网投资需求的长期性特征，其整体走势较为平滑，因此采用多元线性回归拟合预测。基于对电网投资关键影响因素的定性、定量分析结果，多元线性回归模型的自变量最终选取了第一产业增加值增速、第二产业增加值增速、第三产业增加值增速、人口增速、城镇化率、发电装机容量增速、全社会用电量增速以及可再生能源发电装机占比。拟合结果如图 7－11 所示。

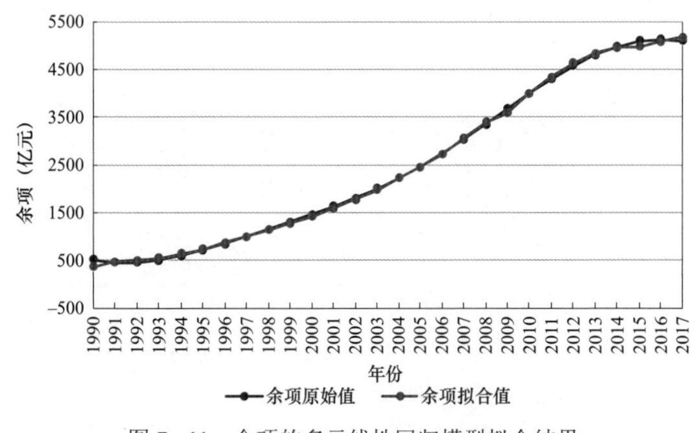

图 7－11　余项的多元线性回归模型拟合结果

（5）全国电网投资历史数据拟合。将三个分量拟合预测结果进行加总求和，得到电网投资预测的整体拟合预测结果，具体结果如图 7－12 所示。从图中可以看出，基于 EMD 模型的电网投资需求拟合结果与实际结果基本一致，在投资变动较大的年份，该模型依旧保持了较高的拟合精度。

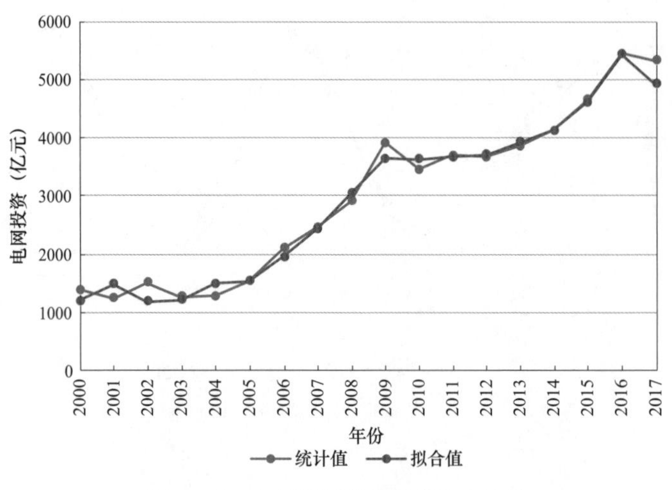

图 7-12　全国电网投资规模拟合结果

（6）基于 EMD 方法的电网投资情景预测。在得到拟合结果的基础上，基于 EMD 方法对 2018～2020 年的全国电网投资需求进行预测。预测的基本思路是分别针对三个分量预测后进行加总。考虑到未来发展的不确定性，采用蒙特卡洛模拟方法进行情景模拟。

首先利用 BP 神经网络模型和 ARMA 模型对第一和第二分量进行预测，结果如表 7-10 所示。

表 7-10　　2018～2020 年 IMF1 以及 IMF2 预测结果

分量	2018 年	2019 年	2020 年
第一分量（IMF1）	-105.4	176.0	-167.4
第二分量（IMF2）	-69.7	-549.6	-433.9

其次，利用蒙特卡洛方法模拟 2018～2020 各年度的第一产业产值、第二产业产值、第三产业产值、装机规模以及全社会用电量这 5 个不确定性较强的自变量的增长情景，其他影响因素自变量增速设定如表 7-11 所示，然后利用多元线性回归模型得到 2018～2020 年度余项的区间分布。

表 7-11　　变量增长率情景设定

变量	2018 年	2019 年	2020 年
城镇化率	60%	61%	62%
可再生能源装机占比	38%	39%	40%
人口增长率	0.5%	0.5%	0.5%

假设第一产业产值、第二产业产值、第三产业产值、装机规模和全社会用电量变量增长率均服从正态分布，通过统计的历史数据进行 K-S 正态分布检验，结果如表 7-12 所示。

表 7-12　　变量增长率统计特征及 K-S 法精确显著性检验结果

变量	样本数量	均值	中位数	标准差	KS 精确检验结果（双尾）
第一产业产值增速	65	0.0875	0.0767	0.0882	0.4140
第二产业产值增速	65	0.1362	0.1296	0.1402	0.3235
第三产业产值增速	65	0.1310	0.1329	0.1062	0.3982
装机规模增速	39	0.0925	0.0907	0.0325	0.1066
全社会用电量增速	38	0.0870	0.0881	0.0367	0.8865

然后，利用蒙特卡洛方法，模拟生成 10 万组下一年各自变量增长率数据，再以当年各变量的数据为基础计算下一年各变量的分布数据，代入所建立的多元线性回归模型后预测下一年余项的分布数据。

最后，将余项模拟结果与第一、第二分量预测数据加总，得到下一年电网投资需求分布数据。模拟得到的 2018～2020 年的电网投资需求分布以及 2018～2020 年电网投资需求预测区间概率统计结果如表 7-13 所示。

表 7-13　　2018～2020 年电网投资需求预测区间概率统计结果（亿元）

年份	区间					
	$\mu-\sigma$	$\mu+\sigma$	$\mu-2\sigma$	$\mu+2\sigma$	$\mu-3\sigma$	$\mu+3\sigma$
2018 年	5108	5584	4870	5822	4632	6060
2019 年	5017	5533	4759	5791	4501	6049
2020 年	5201	5765	4919	6047	4637	6329
区间概率	68.27%		95.45%		99.73%	

7.3 基于成效贡献度的电网投资项目评价及优选方法

电网投资需求是由大量不同层级、不同专业的电网项目构成。本节主要通过项目综合效益评价，从项目维度开展微观投资需求分析，项目评价方法主要从评价项目综合效益入手进行分析。项目综合效益可通过成效贡献度来体现，成效贡献度指项目投产后的效益分数。基于成效贡献度的电网项目综合效益量化评价指标体系是电网项目贡献度计算和优选排序的基础。根据投资分类明确电网规划储备库中项目分类，通过指标分析各类型项目投产后对电网的贡献，根据项目综合效益评价结果对项目进行优选。

7.3.1 基于矩估计理论的主客观组合赋权步骤

基于矩估计理论的组合赋权法，是根据主客观权重相结合的原则，采用自适应粒子群优化算法对组合赋权模型进行寻优求解，从而确定各指标的最优权重，支撑电网项目指标评价。

主观赋权法是根据管理者决策重点进行赋权的方法，由专家根据经验进行主观判断而得到权重。其优点是能够充分利用专家的丰富经验，体现决策者的信息决策偏好，在一定程度上有效初步判断评价指标的重要程度，反映决策者所关注的电网发展目标与重点。但同时为避免主观指标赋权可能存在的随意性和片面性，为体现决策过程的科学性和规范性，引用客观赋权法与主观赋权法对评价指标进行组合赋权，并基于矩估计理论以最优权重与主客观权重偏差最小为目标，建立权重寻优模型，从而确保赋权更科学合理。赋权步骤如图 7-13 所示。

步骤 1：基于层次分析法和德尔菲法进行主观赋权。

（1）首先组织 n 位专家根据电网发展和成效贡献度的量化指标体系填写指标判断矩阵。

（2）运用层次分析法计算各判断矩阵的一致性，对满足一致性的判断矩阵求取权重，形成多专家权重系数矩阵。

（3）根据德尔菲法的数据处理方法，形成主观赋权权重。

（4）将所形成的主观赋权权重反馈给各专家，返回第一步，直至所有专家意见达成一致。

（5）输出指标主观赋权权重。

步骤 2：基于熵权法和均方差法进行客观赋权。

根据指标体系中各个项目的指标贡献度，运用熵权法、均方差法求取各个指标的熵权和均方差并归一化，得出熵权法、均方差法客观权重。

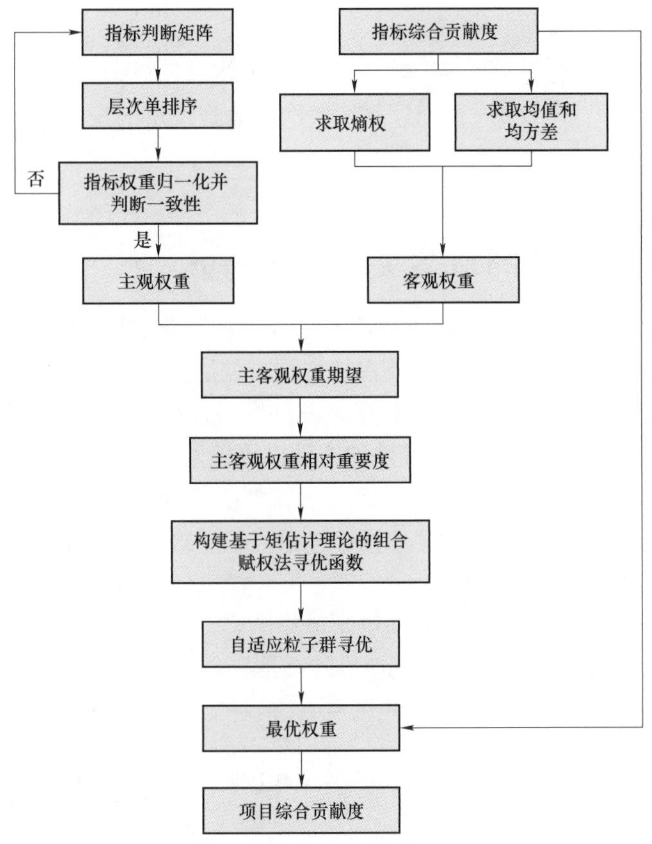

图 7-13 基于矩估计理论的主客观组合赋权法赋权步骤

步骤 3：基于矩估计理论进行组合赋权。

（1）根据矩估计理论，计算指标的主观权重期望值和客观权重期望值。

（2）计算主客观相对重要度系数，并构建基于矩估计理论的组合赋权法寻优函数。

步骤 4：运用自适应粒子群算法对组合赋权法寻优函数进行寻优，求取指标最优权重。

（1）将指标的最优权重设为寻优函数的未知数，并将组合赋权法得出的主、客观权重期望值与主、客观相对重要程度系数代入到寻优函数中。

（2）设置种群规模、学习因子初值、最大迭代次数、初始速度、指标数和初始惯性权重等参数。

（3）计算每组权重的适应度，并找出初始全局最优粒子和个体最优粒子。

（4）更新自适应惯性权重和学习因子。

（5）更新粒子的速度、位置。

（6）计算新产生位置适应度，更新全局、个体最优粒子。

（7）重复（3）～（6），直到计算迭代次数达到设定的最大迭代次数值，算法寻优结束。

（8）输出最优权重。

7.3.2 基于矩估计理论的主客观组合赋权模型

根据赋权步骤明确基于矩估计理论的组合赋权模型，具体包括基于层次分析法和德尔菲法的主观权重模型、基于熵权法和均方差法的客观权重模型、基于矩估计理论的组合赋权模型、基于自适应粒子群算法的最优权重计算模型四个部分。

7.3.2.1 基于层次分析法和德尔菲法的主观权重模型

基于层次分析法和德尔菲法的主观权重模型的赋权步骤为：

步骤 1：根据电网项目综合评价指标体系构建层次结构，建立判断矩阵，并组织 m 位专家填写指标判断矩阵。

步骤 2：判断矩阵一致性检验和层次单排序。

记随机一致性比率为 CR，一致性检验系数为 CI，平均随机一致性指标为 RI，当 CR 满足式（7-24）时认为判断矩阵具有满意的一致性，即

$$CR = \frac{CI}{RI} < 0.1 \tag{7-24}$$

对满足一致性的判断矩阵进行层次单排序，计算公式为

$$w_u = \frac{1}{n}\sum_{v=1}^{n}\frac{C_{uv}}{\sum_{u=1}^{n} C_{uv}}, u = 1, 2, \cdots, n \tag{7-25}$$

式中：C_{uv} 为判断矩阵中第 u 行第 v 列中的元素；n 为指标个数；w_u 为第 u 个指标权重。

步骤 3：德尔菲法计算主观权重。

通过步骤 1 和步骤 2 形成层次单排序权重矩阵 $\boldsymbol{w} = (w_{ij})_{m \times n}$ 其中，n 为指标个数；m 为专家数；w_{ij} 表示第 i 个专家对第 j 个指标的层次单排序权重，满足 $\sum_{i=1}^{n} w_{ij} = 1$。

（1）计算指标平均权重，即

$$\overline{w}_j = \frac{\sum_{i=1}^{m} w_{ij}}{m} \tag{7-26}$$

式中：$\bar{w}_j$ 表示 m 位专家评价的第 j 个指标平均权重。

（2）计算权重偏移量，即

$$w^*_{ij} = \left| w_{ij} - \bar{w}_j \right| \tag{7-27}$$

（3）确定新权重，即

$$p_{ij} = \frac{\max\limits_i w^*_{ij} - w^*_{ij}}{\max\limits_i w^*_{ij} - \min\limits_i w^*_{ij}}$$

$$w'_j = \frac{\sum\limits_{i=1}^{n} w_{ij} p_{ij}}{\sum\limits_{i=1}^{n} p_{ij}} \tag{7-28}$$

式中：p_{ij} 为偏差系数；w'_j 为第 j 个指标的未归一化权重。

（4）权重归一化。得到的归一化权重为

$$w = \left\{ \frac{w'_1}{\sum\limits_{i=1}^{m} w'_j}, \frac{w'_2}{\sum\limits_{i=1}^{m} w'_j}, \cdots, \frac{w'_m}{\sum\limits_{i=1}^{m} w'_j} \right\} = \{ w_1, w_2, \cdots, w_m \} \tag{7-29}$$

步骤 4：将上述权重结果返回给各位专家，若专家意见一致，则输出主观赋权法权重、若专家意见不一致，则重新回到层次分析法重新填写判断矩阵。

步骤 5：输出指标主观赋权权重。

7.3.2.2 基于熵权法和均方差法的客观权重模型

基于熵权法和均方差法的客观权重模型的赋权步骤为：

步骤 1：熵权法权重计算。

假设 Z_{ij} 为第 i 个项目第 j 个指标贡献度；m 为项目个数；n 为指标个数。

（1）计算第 j 个指标输出的信息熵，即

$$E_j = -\frac{1}{\ln n} \sum_{i=1}^{n} Z_{ij} \ln Z_{ij} \tag{7-30}$$

当 $Z_{ij}=0$ 时，规定 $Z_{ij}\ln Z_{ij}=0$。

（2）计算指标权重向量 $\boldsymbol{w} = (w_1, w_2, \cdots, w_n)$，即

$$w_j = \frac{1 - E_j}{\sum\limits_{j=1}^{n} (1 - E_j)} \tag{7-31}$$

步骤 2：均方差法权重计算。

（1）计算第 j 个指标的均值，即

$$E(G_j)=\frac{1}{m}\sum_{i=1}^{n}Z_{ij} \tag{7-32}$$

（2）计算第 j 个指标的均方差，即

$$\delta(G_j)=\sqrt{\frac{1}{m}\sum_{i=1}^{n}[Z_{ij}-E(G_j)]^2} \tag{7-33}$$

（3）计算指标权重向量 $w=(w_1,w_2,\cdots,w_n)$，即

$$w_j=\frac{\delta(G_j)}{\sum_{j=1}^{n}\delta(G_j)} \tag{7-34}$$

7.3.2.3 基于矩估计理论的组合赋权模型

设 w_{hj} 是第 h 种主观赋权法第 j 个指标的权重向量；w_{zj} 是第 z 种客观赋权法第 j 个指标的权重向量；d 是主观赋权法的方法个数，$q-d$ 是客观赋权法的方法个数，在本书中设定 d 为 1，$q-d$ 为 2。则基于矩估计理论的组合赋权模型的赋权步骤为：

步骤 1：计算主观权重期望值和客观权重期望值。

根据矩估计理论，计算每个指标的主观权重期望值 $E(w_{hj})$ 和客观权重期望值 $E(w_{zj})$，即

$$E(w_{hj})=\frac{\sum_{h=1}^{d}w_{hj}}{d}=w_{1j} \tag{7-35}$$

$$E(w_{zj})=\frac{\sum_{z=1}^{q-d}w_{zj}}{q-d}=\frac{w_{1j}+w_{2j}}{2} \tag{7-36}$$

步骤 2：计算主客观相对重要程度系数。

（1）计算每个指标的主观权重和客观权重的相对重要程度系数 α_j 和 β_j，即

$$\alpha_j=\frac{E(w_{hj})}{E(w_{hj})+E(w_{zj})} \tag{7-37}$$

$$\beta_j=\frac{E(w_{zj})}{E(w_{hj})+E(w_{zj})} \tag{7-38}$$

（2）计算主客观权重相对重要程度系数 α 和 β，n 是评价指标个数，计算公式为

$$\alpha=\frac{\sum_{j=1}^{n}\alpha_j}{\sum_{j=1}^{n}\alpha_j+\sum_{j=1}^{n}\beta_j}=\frac{1}{n}\sum_{j=1}^{n}\alpha_j \tag{7-39}$$

$$\beta = \frac{\sum_{j=1}^{n}\beta_j}{\sum_{j=1}^{n}\alpha_j + \sum_{j=1}^{n}\beta_j} = \frac{1}{n}\sum_{j=1}^{n}\beta_j \tag{7-40}$$

步骤 3：组合赋权法寻优函数求解。

组合赋权法寻优函数表示为

$$\begin{cases} \min H = \sum_{j=1}^{n}\alpha\,[w_j - E(w_{hj})]^2 + \sum_{j=1}^{n}\beta\,[w_j - E(w_{zj})]^2 \\ \text{s.t.} \sum_{j=1}^{n} w_j = 1,\ \ 0 \leqslant w_j \leqslant 1,\ \ 1 \leqslant j \leqslant n \end{cases} \tag{7-41}$$

其中，w_j 为所求解的第 j 个指标的最优权重。通过优化算法求解式（7-41），即可得到基于成效贡献度的电网项目综合效益量化评价最优权重。

7.3.2.4　基于自适应粒子群算法的最优权重计算模型构建

基于自适应粒子群算法的最优权重计算模型构建步骤为：

步骤 1：基于式（7-39）和式（7-40），设置种群规模 n，个体极值的学习因子上下限值 $c_{1,\max}$、$c_{1,\min}$，全局极值的学习因子上下限值 $c_{2,\max}$、$c_{2,\min}$，最大迭代次数 I_{tera}，初始速度 v，指标数 D 和初始惯性权重等参数。

步骤 2：计算每组权重的适应度，并找出初始全局最优粒子 g_{best} 和个体最优粒子 p_{best}。

步骤 3：更新自适应惯性权重。

为了克服粒子群算法容易出现陷入局部最优的问题，对粒子群算法的惯性权重进行改进：设 i 个粒子的适应度为 f_i；全局极值的适应值是 f_m；粒子群极值的平均适应度 $f_{\text{avg}} = \frac{1}{n}\sum_{i=1}^{n} f_i$。依据 f_i 和 f_{avg} 将群体分为 2 个子群，分别进行不同的自适应操作。则其惯性权重 α 的调整如下：

（1）若 f_i 低于 f_{avg}，则

$$\alpha = \alpha_{\min} + (\alpha_{\max} - \alpha_{\min})\left|\frac{f_i - f_m}{f_{\text{avg}} - f_m}\right| \tag{7-42}$$

（2）若 f_i 高于 f_{avg}，则

$$\alpha = \alpha_{\max} \tag{7-43}$$

式中：f_i 低于 f_{avg} 的粒子因接近全局最优解，因此赋予其较小的惯性权重 α，使其

局部寻优探索能力加强；f_i 高于 f_{avg} 的粒子因尚未接近全局最优解，故需要较好的全局搜索能力，避免陷入局部最优。

步骤 4：更新学习因子 c_1、c_2。

线性调整学习因子策略计算公式为

$$
\begin{aligned}
c_1 &= c_{1,\max} - (c_{1,\max} - c_{1,\min})\frac{k}{I_{\text{tera}}} \\
c_2 &= c_{2,\min} + (c_{2,\max} - c_{2,\min})\frac{k}{I_{\text{tera}}}
\end{aligned} \tag{7-44}
$$

式中：k 为当前迭代次数。迭代初期，c_1 大 c_2 小，种群中粒子迭代更新主要依照粒子本身经验，随后 c_1 变小 c_2 变大，粒子间协作加强，使种群飞向全局最优，避免陷入局部最优问题。

步骤 5：更新粒子的速度 v、更新粒子的位置 w。

自适应粒子群算法迭代优化公式为

$$
\begin{aligned}
v_{jd}^{k+1} &= \alpha v_{jd}^{k} + c_1 r_1 (p_{jd}^{k} - w_{jd}^{k}) + c_2 r_2 (p_{gd}^{k} - w_{jd}^{k}) \\
w_{jd}^{k+1} &= v_{jd}^{k+1} + w_{jd}^{k}
\end{aligned} \tag{7-45}
$$

式中：w_{jd}^{k}、v_{jd}^{k} 表示第 k 次迭代第 j 个粒子在第 d 维的位置和速度；r_1、r_2 为均匀分布在（0，1）之间的随机数；p_{jd}^{k} 表示第 k 次迭代第 j 个粒子的个体极值；p_{gd}^{k} 表示第 k 次迭代的全局极值。

步骤 6：计算新产生粒子的适应度，更新全局最优粒子和个体最优粒子。

步骤 7：重复步骤 3～步骤 6，直到达到最大迭代次数 I_{tera}，算法寻优结束，输出最优权重。

7.3.3 电网项目综合贡献度计算方法

本节首先提出各电网项目投产后对电网不同方面性能的提升度和电网项目综合贡献度计算方法；然后基于综合贡献度进行静态排序研究，提出基于综合贡献度的电网项目静态优选排序方法；最后分析电网项目间的关联关系，依据项目建设过程电网的动态变化完成电网项目的动态优选排序，提出基于综合贡献度的电网项目动态优选排序方法，满足提升电网基建项目投资计划精细化水平的要求，提升电网投资效益。

首先利用各类电网项目在安全、经济、运行、协调方面对整个电网成效评估指标改善情况，提出各电网项目对电网性能提升度计算方法。

指标提升度计算表达式为

$$u_{ki}=\pm\frac{r_{ki,\mathrm{a}}-r_{ki,\mathrm{b}}}{r_{ki,\mathrm{b}}}\times 100\% \tag{7-46}$$

式中：$r_{ki,\mathrm{b}}$、$r_{ki,\mathrm{a}}$为第 k 个电网项目投产前、投产后第 i 个指标的指标值；u_{ki}是第 k 个电网项目第 i 个指标的提升度。其中，若 r 越大，越有利于电网发展，则符号取“+”；若 r 越小，越有利于电网发展，则符号取“−”。

指标贡献度计算表达式为

$$S_{ki}=\frac{u_{ki}}{\sum_{k=1}^{M}|u_{ki}|} \tag{7-47}$$

式中：M 是电网项目总数；S_{ki} 为第 k 个电网项目第 i 个指标的贡献度值。

通过指标贡献度计算可以实现各指标的去量纲化和标幺化处理，使电网项目的贡献度具有可比性。

得到每个电网项目的贡献度之后，根据基于矩估计的组合赋权法确定的最优权重，计算每个电网项目的综合贡献度。电网项目的综合贡献度计算公式为

$$S_k=\sum_{i=1}^{N}w_iS_{ki} \tag{7-48}$$

式中：S_k 为第 k 个电网项目的综合贡献度值；N 为综合评价指标体系中的指标总数；w_i 为第 i 个指标贡献度的最优权重向量。

7.3.4 基于成效贡献度的电网项目优选排序方法

当前电网企业年度规划计划项目数量较多、建设规模较大，实际管理工作中尚不能较好地根据其安全、经济等方面分析判断项目综合效益，对于项目优选排序方法有待进一步深化。然而随着中国输配电价改革的持续推进，对于项目有效性的关注和监管提出新要求，迫切需要提升项目安排的精准度，优选综合效益相对较高的项目，避免项目安排不能满足电网实际需求或投产效益较低，从而实现电网高质量发展。因此，本节主要研究综合考虑整体安全性、经济性、协调性的电网项目优选排序方法。

7.3.4.1 基于成效贡献度的电网项目静态排序方法

利用电网项目的综合贡献度，提出电网项目静态优选排序方法。基于成效贡献度的电网项目静态排序方法流程如下：

（1）通过评价指标结果计算指标贡献度。

（2）运用自适应粒子群算法求取指标最优权重。

（3）根据各指标贡献度和最优权重，求取各电网项目的综合贡献度，确定项目静态排序。

静态排序方法并未考虑项目建设时序的影响（如电网的某些薄弱环节指标在之前的项目实施中已经得到部分解决，其余项目对该指标的贡献度就发生变化，因此电网项目的静态优选排序模型并不能完全指导电网项目安排，需要考虑电网项目之间的关联关系，分析电网项目投产后对其他项目的影响，并利用电网项目的综合成效贡献度研究电网项目的动态优选排序方法。

7.3.4.2 基于成效贡献度的电网项目动态排序方法

在静态优选排序基础上，本书提出一种基于综合贡献度的电网项目动态优选排序方法。首先将多项目动态优选排序数学模型分解为多轮、多个项目的静态优选排序模型，在每一轮的最优综合贡献度电网项目优选中，计及已选中电网项目的投产对其余待选项目综合贡献度的动态影响，重新计算未选项目对电网的综合贡献度，最终得到多项目动态优选排序结果。

基于成效贡献度的电网项目动态优选排序方法流程如下：

（1）基于各项目的成效贡献度和组合赋权结果得到各项目指标的贡献度和最优权重，计算得出项目综合贡献度。

（2）利用计算出的综合贡献度对电网项目进行排序，选取综合贡献度最高的项目作为本轮排序的优选项目。

（3）对于其余待选项目，重新计算包含已优选电网项目的电网情况，并重复（1）和（2）直到排列出所有电网项目动态优先级顺序。

（4）输出最终电网项目动态排序结果。

7.4 实 证 分 析

7.4.1 省级电网宏观投资需求测算

基于2006～2018年统计数据，以两个省级电网（简称A地区和B地区）为例进行投资需求测算的实例分析。需要说明的是，刚性投资主要受到政策的影响，其历史规模没有明显的规律，极易影响对省级电网历史投资规律性的分析和预测，因此在进行测算时仅考虑了柔性投资，刚性投资可作为特殊投资需求，最后与柔性投资测算结果进行累加。

7.4.1.1 数据选取与处理

根据测算原理，预测模型的因变量为两个地区电网投资规模，自变量为地区生产总值指数（上一年为100）、常住人口、全社会用电量、人均用电量、电源装机容量和最高用电负荷的绝对值。由于多元线性回归模型的建模基础是因变量与自变量之间的关联关系，考虑电网投资中包含一些政策性和特殊事项投资，预算前需要对历史投资规模统计数据进行修正。

7.4.1.2　多元线性回归测算模型

代入自变量与因变量的数据序列，分别针对两个地区建立多元线性回归模型，模型的统一结构如式（7－49）所示。

$$Y=\alpha+\beta_1 \cdot GDP+\beta_2 \cdot POP+\beta_3 \cdot EC+\beta_4 \cdot ECPC+\beta_5 \cdot IC+\beta_6 \cdot MPL \quad (7-49)$$

式中：GDP 为地区生产总值指数变量；POP 为常住人口变量；EC 为全社会用电量变量；ECPC 为人均用电量变量；IC 为电源装机容量变量；MPL 为最高用电负荷变量；α、β_n（n=1，2，…，6）分别为常数和对应 6 个自变量的回归参数。

在进行显著性校验后，两个地区都分别剔除了一个自变量，其中 A 地区剔除最高用电负荷，B 地区剔除了 GDP。显著性校验后的系数计算结果如表 7－14 所示（剔除的变量系数为 0）。

表 7－14　　地区电网投资多元线性回归模型系数表

地区	α	β_1	β_2	β_3	β_4	β_5	β_6
A	37485675.04	42722.97	－7450.34	2.84	－16579.42	384.20	0
B	115819050.85	0	－27377.88	11.62	－49632.65	－4302.44	7138.50

根据多元回归模型的拟合结果，可计算出电网投资规模的拟合值，进而可得到拟合值与实际值之间的相对误差。对 2006～2018 年间的相对误差数据求取平均数，可得到建立的两个模型的平均相对误差分别为：A 地区 5.09%和 B 地区 12.48%，均在可接受的范围之内。

7.4.1.3　BP 神经网络误差修正

得到多元回归模型和拟合误差集合后，采用 BP 神经网络模型进行误差修正。以多元回归法测算误差及影响因素作为 BP 神经网络的训练样本，对多元回归方法的测算误差进行修正。误差修正后，两个地区的拟合误差均有所改进，如表 7－15 所示。A、B 两个地区投资历史数据与拟合结果如表 7－16 所示。

表 7－15　　BP 神经网络模型误差率修正情况

地区	多元回归模型平均相对误差	BP 神经网络修正后的平均相对误差
A	5.09%	2.77%
B	12.48%	6.79%

表 7-16　　　　地区电网投资需求模型拟合结果

地区	年份	电网投资统计值（万元）	多元回归线性模型预测值（万元）	BP 神经网络修正后的预测值（万元）
A	2006	228833	284067	252120
	2007	316860	282211	295592
	2008	485162	452617	476654
	2009	706184	712495	711057
	2010	784603	783581	783825
	2011	776128	784636	782325
	2012	842557	866973	847627
	2013	959929	887868	935703
	2014	1005520	1011458	1008743
	2015	952913	1015858	983387
	2016	1096460	1098193	1097290
	2017	1196720	1158518	1171978
	2018	1006923	1020315	936550
B	2006	423986	450912	430594
	2007	427638	308733	352674
	2008	559031	815595	683568
	2009	799055	815271	805782
	2010	1112170	931672	1027302
	2011	1840490	1699096	1709487
	2012	1110069	1238962	1189146
	2013	1413452	1548563	1484985
	2014	1225084	1121998	1194337
	2015	1016786	1041789	1039488
	2016	1143599	1011368	1084820
	2017	667863	690514	680126
	2018	696466	761217	748178

7.4.1.4　2019 年和 2020 年电网宏观投资需求测算结果

预测 2019 年和 2020 年两个地区 GDP、常住人口、全社会用电量、人均用电量、电源装机容量和最高用电负荷的增长情况，代入多元线性回归模型与 BP 神经网络修正模型，分别计算 2019 年、2020 年投资需求拟合值与修正值，组合得到测算结果，如表 7-17 所示。

表 7－17　　2019 年和 2020 年的两地区电网投资需求预测值

地区	2019 年测算结果（亿元）		2020 年测算结果（亿元）	
	多元回归模型拟合值	修正后	多元回归模型拟合值	修正后
A	123.2	129.1	109.0	102.6
B	85.4	96.9	107.9	127.0

在不考虑政策性和特殊工程投资的情况下，2019 年两个地区的电网投资需求分别为 129 亿元和 97 亿元，2020 年两个地区的电网投资需求分别为 103 亿元和 127 亿元。

电网宏观投资需求测算为地区电网投资决策提供了参考，但在电网投资外部环境和内部决策变化存在不确定性的背景下，需要进一步开展项目级投资需求分析，优化项目时序安排，确定最终的投资规模、投资方向和投资结构。

7.4.2 项目排序分析

以省级电网 C 地区的电网为例，分别从项目情况、静态排序、动态排序开展项目优选排序实证分析。

7.4.2.1 项目情况

以 2019 年年底形成的 220kV 网架为基础，2020 年规划负荷为边界，选取 2020 年计划投产项目进行优选排序。项目类型包括满足新增负荷项目、加强网架结构项目、风电送出项目、提升电网安全水平项目，项目总投资为 39.7 亿元，变电容量共 633 万 kVA，线路长度共 758km。电网项目明细具体如表 7－18 所示。

表 7－18　　C 公司 220kV 电网项目明细

项目名称	项目类型	总投资（万元）	新增容量（万 kVA）	线路长度（km）
A.JX 市南部 220kV 电网优化工程	提升电网安全	37168		135.8
B.HZ 市月牙 220kV 变电站 3 号主变压器扩建工程	满足新增负荷	1188	18	
C. JX 市 1 号、2 号海上风电 220kV 送出工程	风电送出	62300		170.65
D.JH 市黎明 220kV 输变电工程	提升电网安全	17383	48	38.8
E.NB 市望春 220kV 输变电工程	满足新增负荷	11621	48	26.6
F.NB 市福明 220kV 输变电工程	满足新增负荷	9721	48	19
G.WZ 市蒲州 220kV 变电站整体改造工程	提升电网安全	10212	48	1
H.WZ 市钱金 220kV 输变电工程	满足新增负荷	6974	36	22
I.WZ 市科技 220kV 输变电工程	满足新增负荷	11176	48	16.6

续表

项目名称	项目类型	总投资（万元）	新增容量（万 kVA）	线路长度（km）
J.ZS 市岱山 4 号海上风电 220kV 送出工程	风电送出	1350		1
K.HZ 市经济 220kV 输变电工程	满足新增负荷	18971	48	8.45
L.NB 市雁苍 220kV 变电站第 3 台主变压器扩建工程	满足新增负荷	2100	24	
M.WZ 市垂杨 220kV 变电站整体改造工程	满足新增负荷	14187	15	2.08
N.JX 市东部 220kV 电网补强工程	加强网架结构	8256		20.6
O.NB 市新乐 220kV 变电站整体改造工程	提升电网安全	23004	12	10.9
P..JX 市伍子 220kV 输变电工程	提升电网安全	33051	48	70
Q.NB 市象山 1 号海上风电场 220kV 送出工程	风电送出	13230		12
R.NB 市灵岩 220kV 输变电工程	满足新增负荷	22020	48	25.4
S.NB 市观中 220kV 输变电工程	满足新增负荷	28340	48	46.4
T.SX 市九里—渡东 220kV 线路工程	加强网架结构	9423		8.6
U.TZ 市玉环 1 号海上风电 220kV 送出工程	风电送出	500		0.6
V.WZ 市大门 220kV 输变电工程	满足新增负荷	20947	48	30
W.WZ 市新港（集聚）220kV 输变电工程	满足新增负荷	25000	48	51
X.NB 市江滨 3 号主变压器送出工程	加强网架结构	9186		41

7.4.2.2 项目静态排序分析

基于基础网架和负荷边界条件，测算电网初始数据，如表 7–19 所示。

表 7–19　　　　电 网 初 始 数 据

初始数据	*N*–1 通过率	电源送出有功功率（MW）	电网有功损耗（MW）	停电风险值（MW/年）
现状电网	99.39%	64789.3	285.852	38.653

经测算，基础网架 220kV 电网 *N*–1 通过率达到 99.39%；短路电流在 40～50kA 的母线节点有 70 个，没有 50kA 以上的母线节点；C 省 220kV 电网有功功率损耗为 285.852MW；停电风险计算结果为 38.653MW/年。依次测算各项目建设后的电网数据，如表 7–20 所示。

表 7–20　　　　电网项目建设后电网数据

项目编号	*N*–1 通过率	停电风险值（MW/年）	电源送出有功功率（MW）	有功损耗（MW）
A	99.86%	29.9	64586	276.9
B	99.86%	34.1	64586	280.3

续表

项目编号	$N-1$ 通过率	停电风险值（MW/年）	电源送出有功功率（MW）	有功损耗（MW）
C	99.86%	30.3	64795	280.2
D	99.93%	28.8	64586	276.5
E	99.86%	34.2	64586	280.1
F	99.86%	35.2	64586	281.1
G	99.93%	30.1	64586	277.8
H	99.86%	30.4	64586	279.0
I	99.86%	35.4	64586	280.4
J	99.86%	32.2	64796	280.3
K	99.86%	36.4	64586	280.5
L	99.86%	34.1	64586	280.3
M	99.86%	33.7	64586	280.4
N	99.39%	38.0	64789	285.5
O	99.52%	38.8	64789	286.4
P	99.52%	37.1	64789	282.8
Q	99.39%	33.3	64850	285.0
R	99.39%	37.2	64789	285.9
S	99.39%	36.3	64789	285.3
T	99.39%	34.8	64789	285.8
U	99.39%	33.0	65003	285.9
V	99.39%	43.5	64789	285.9
W	99.39%	36.1	64789	285.8
X	99.39%	38.6	64789	286.7

根据项目建设前和投产后的电网数据，计算各电网项目评价指标的提升度和贡献度指标值，具体结果如表 7-21 所示。单个电网项目建成后各指标贡献度计算结果如表 7-22 所示。

表 7-21　　　　电网项目评价指标及指标提升度

项目编号	$N-1$ 通过率提升度	停电风险提升度	短路电流提升度	电源送出功率提升度	有功损耗提升度	单位投资功率（MW/万元）	电网项目最大负载率	新能源接入装机容量（MW）
A	0.069%	2.372%	-0.292%	0	0.012%	0.009	42.725%	0
B	0	0	0	0	0	0.042	27.778%	0
C	0	20.539%	-0.097%	0.323%	0.001%	0.003	48.495%	300
D	0.139%	8.39%	-0.254%	0	0.014%	0.024	37.123%	0

续表

项目编号	$N-1$ 通过率提升度	停电风险提升度	短路电流提升度	电源送出功率提升度	有功损耗提升度	单位投资功率（MW/万元）	电网项目最大负载率	新能源接入装机容量（MW）
E	0.002%	−8.659%	−0.19%	0	0.001%	0.018	20.909%	0
F	0.002%	4.181%	−0.066%	0	−0.002%	0.029	27.943%	0
G	0.138%	4.983%	−0.539%	0	0.009%	0.02	42.5%	0
H	0.001%	−6.32%	−0.239%	0	0.005%	0.031	37.222%	0
I	0.001%	8.403%	−0.218%	0	0	0.019	30.385%	0
J	0	8.845%	−0.103%	0.324%	0.001%	0.156	48.611%	300
K	0.002%	2.729%	−0.204%	0	0	0.019	29.033%	0
L	0	0	0	0	0	0.048	41.667%	0
M	0.001%	−0.251%	0	0	0	0.007	40.833%	0
N	0.001%	1.731%	−0.21%	0	0.001%	0.042	78.46%	0
O	0.139%	−0.461%	−0.141%	0	−0.002%	0.01	45.216%	0
P	0.139%	3.901%	−0.289%	0	0.011%	0.006	19.541%	0
Q	0.001%	13.978%	−0.102%	0.094%	0.003%	0.005	22.19%	0
R	0.003%	3.666%	−0.6%	0	0	0.012	25.794%	0
S	0.003%	6.046%	−0.633%	0	0.002%	0.009	21.449%	0
T	0.001%	9.966%	−0.093%	0	0	0.026	57.639%	0
U	0.001%	14.741%	0	0.33%	0	0.428	49.537%	300
V	0.002%	−12.61%	−0.011%	0	0	0.006	20.04%	0
W	0.003%	6.675%	−0.186%	0	0.001%	0.013	31.265%	0
X	0	0.021%	−0.251%	0	−0.003%	0.005	27.778%	0

表 7−22　单个电网项目建成后各指标贡献度计算结果

项目编号	$N-1$ 通过率	停电风险	短路电流水平	电源送出线功率	有功功率损耗	单位投资功率效益	最大负载率	新能源接入装机容量
A	10.7%	1.6%	−6.2%	0.0	17.2%	1.0%	4.9%	0.0
B	0.1%	0.0	0.0	0.0	0.3%	4.3%	3.2%	0.0
C	0.1%	13.7%	−2.1%	30.2%	1.5%	0.3%	5.5%	33.3%
D	21.4%	5.6%	−5.4%	0.0	19.9%	2.4%	4.2%	0.0
E	0.3%	−5.8%	−4.0%	0.0	1.4%	1.9%	2.4%	0.0
F	0.3%	2.8%	−1.4%	0.0	−3.4%	3.0%	3.2%	0.0
G	21.3%	3.3%	−11.4%	0.0	13.3%	2.0%	4.9%	0.0

续表

项目编号	$N-1$通过率	停电风险	短路电流水平	电源送出线功率	有功功率损耗	单位投资功率效益	最大负载率	新能源接入装机容量
H	0.2%	-4.2%	-5.1%	0.0	6.5%	3.2%	4.3%	0.0
I	0.2%	5.6%	-4.6%	0.0	-0.3%	1.9%	3.5%	0.0
J	0.1%	5.9%	-2.2%	30.2%	0.9%	15.7%	5.6%	33.3%
K	0.3%	1.8%	-4.3%	0.0	-0.7%	1.9%	3.3%	0.0
L	0.1%	0.0	0.0	0.0	0.1%	4.8%	4.8%	0.0
M	0.1%	0.0	0.0	0.0	-0.7%	0.7%	4.7%	0.0
N	0.2%	1.2%	-4.5%	0.0	2.0%	4.3%	9.0%	0.0
O	21.4%	-0.3%	-3.0%	0.0	-2.6%	1.0%	5.2%	0.0
P	21.4%	2.6%	-6.1%	0.0	15.8%	0.6%	2.2%	0.0
Q	0.1%	9.4%	-2.2%	8.8%	4.4%	0.5%	2.5%	0.0
R	0.4%	2.5%	-12.7%	0.0	0.0	1.2%	3.0%	0.0
S	0.5%	4.0%	-13.4%	0.0	3.5%	0.9%	2.5%	0.0
T	0.1%	6.7%	-2.0%	0.0	0.0	2.7%	6.6%	0.0
U	0.1%	9.9%	0.0	30.8%	-0.3%	43.3%	5.7%	33.3%
V	0.3%	-8.4%	-0.2%	0.0	0.1%	0.6%	2.3%	0.0
W	0.4%	4.5%	-3.9%	0.0	1.0%	1.3%	3.6%	0.0
X	0.1%	0.0	-5.3%	0.0	-4.0%	0.6%	3.2%	0.0

基于贡献度计算结果，代入熵权法和均方差法测算客观权重，具体计算结果如表 7-23 所示。

表 7-23　　各指标分别采用熵权法和均方差法的客观权重

权重	$N-1$通过率	停电风险	短路电流水平	电源送出线功率	有功功率损耗	单位投资功率效益	最大负载率	新能源接入装机容量
熵权法	0.1987	0.0158	0.0161	0.2570	0.0473	0.1562	0.0243	0.2845
均方差法	0.1631	0.0082	0.0070	0.2523	0.0347	0.2184	0.0141	0.3022
客观平均权重	0.1809	0.0120	0.0116	0.2547	0.0410	0.1873	0.0192	0.2933

由表 7-23 中的数据可以看出，客观赋权法是在指标贡献度基础上进行赋权，其权重主要取决于不同项目同一指标数据的离散程度，因此对于一些数值较为平均，方差较小的指标，其权重较小，而对于数据偏差较大的指标，其权重较大。根据每个评价指标的主观权重期望值 $E(w_{hj})$ 和客观权重期望值 $E(w_{zj})$，计算得出

主客观权重相对重要程度 $\alpha=0.603$，$\beta=0.394$。采用自适应粒子群算法进行权重寻优，结果如表 7-24 所示。

表 7-24　各指标最优权重

权重	$N-1$ 通过率	停电风险	短路电流水平	电源送出线功率	有功功率损耗	单位投资功率效益	最大负载率	新能源接入装机容量
最优权重	0.217	0.033	0.039	0.118	0.047	0.182	0.126	0.207

从指标最优权重计算结果可以看出：$N-1$ 通过率、新能源接入容量、单位投资功率权重较大，说明部分项目对于此三个指标相对其他项目提升度较大。利用基于矩估计理论的组合赋权法和自适应粒子群算法得到的各指标贡献度最优权重系数和各指标的贡献度值，可求取各电网项目的综合贡献度。结果如表 7-25 所示。

表 7-25　各电网项目综合贡献度

项目编号	A	B	C	D	E	F	G	H
电网项目的综合贡献度	0.037	0.012	0.117	0.065	0.004	0.009	0.059	0.011
项目编号	I	J	K	L	M	N	O	P
电网项目的综合贡献度	0.008	0.142	0.007	0.015	0.007	0.019	0.052	0.056
项目编号	Q	R	S	T	U	V	W	X
电网项目的综合贡献度	0.019	0.003	0.004	0.015	0.195	0.002	0.008	0.001

从项目贡献度计算结果可以看出：贡献度较高的项目，其 $N-1$ 通过率、电源送出线功率、新能源接入装机容量指标贡献度也较大，说明对于该电网而言新能源送出和提升安全水平项目更易优先选出。第一轮静态排序结果按照综合贡献度大小进行排序。

7.4.2.3　项目动态优选排序分析

按照动态排序方法对 C 公司项目做动态排序分析，重复以上静态排序过程，明确项目投产时序。可以看出：

（1）优先投产的 U-J-C 项目是新能源送出项目。该类项目在新能源接入容量指标中存在贡献度优势，因此优先选出。

（2）其次投产的 D-P-O-G-A 项目为解决设备重过载项目。该类项目分担了周边主变压器负荷，有效减缓主变压器重过载问题，其 $N-1$ 指标贡献度较高，因此优先选出。

（3）其他项目大部分为满足新增负荷类项目，该类项目排序主要依据为效益指标，经济效益和利用效率决定了此类项目排序顺序。

根据 Q/GDW 156《城市电力网规划设计导则》对容载比的合理水平标准划分，C 公司经营的 220kV 电网下网负荷增长速率为 6.2%，220kV 电网容载比合理范围为 1.6～1.9，21 个电网项目新建后容载比为 1.86，处于合理范围内。

电网项目动态排序结果如图 7-14 所示。

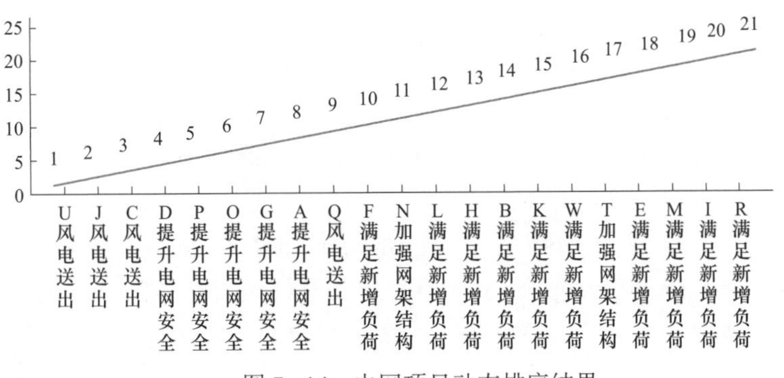

图 7-14　电网项目动态排序结果

参考文献

[1] 王德金. 基于熵权法的电力中长期负荷组合预测［D］. 北京：华北电力大学，2006.

[2] 中国电力百科全书编委会. 中国电力百科全书：电力系统卷. 3 版.［M］. 北京：中国电力出版社，2014.

[3] 郭焱林，刘俊勇，魏震波，等. 配电网供电能力研究综述［J］. 电力自动化设备，2018，38（01）：33-43.

[4] 陈珩. 电力系统稳态分析. 3 版.［M］. 北京：中国电力出版社，2007.

[5] 廖忠铭. 关于供电所配网低电压问题的探讨［J］. 科技视界，2017（34）：97+64.

[6] 段波，鲜龙，吴丽珍. 基于潮流分析的农网低电压问题解决措施与管理策略的研究［J］. 自动化与仪器仪表，2017（01）：99-101.

[7] 王文彬，伍小生，陈霖，等. 基于改进型蚁群算法的配电网低电压治理自动规划研究［J］. 武汉大学学报（工学版），2018，51（09）：831-836+846.

[8] 何晓颖，周晖. 基于协整理论的电力投资分析与研究［J］. 水电能源科学，2011，29（06）：180-182+133.

［9］赵会茹，杨璐，李春杰，等. 基于协整理论和误差修正模型的电网投资需求预测研究［J］. 电网技术，2011，35（09）：193－198.

［10］罗斌，苏文珺，张晓萱，等. 电网投资关键影响因素及其传导路径研究［J］. 价格理论与实践，2019（05）：104－108+133.

［11］胡柏初，胡刚，胡朝华，等. 基于灰色预测的电网基建投资测算模型［J］. 电子科技大学学报，2013，42（06）：890－894.

［12］邓国军. 基于时间序列分析的电网投资影响因素长期及动态关系研究［D］. 杭州：浙江大学，2015.

［13］何晓萍，刘希颖，林艳苹. 中国城市化进程中的电力需求预测［J］. 经济研究，2009，1：118－130.

［14］张立，陈铭，张小辉. 经济转型过程中的电力消费预测［J］. 现代经济信息，2013，5：283－284.

［15］Ranfil F.，Li Y. Electricity consumption and economic growth：exploring panel－specific differences［J］. Energy Policy，2015，82：264－277.

［16］肖欣，周渝慧，张宁，等. 城镇化进程与电力需求增长的关系研究［J］. 中国电力，2015（02）：145－149，160.

［17］王燕. 应用时间序列分析. 2 版.［M］. 北京：中国人民大学出版社，2008.

［18］王丽娜，肖冬荣. 基于 ARMA 模型的经济非平稳时间序列的预测分析［J］. 武汉理工大学学报（交通科学与工程版），2004（01）：133－136.

［19］杨健，唐全科，刘彬. 基于层次分析法的电网项目储备排序研究［J］. 中国集体经济，2018（10）：87－88.

［20］杨博，赵娟，唐玮，等. 基于层次分析法的电网科技项目综合评价方法研究［J］. 电气技术，2017（04）：90－94.

［21］朱天瞳，丁坚勇，郑旭. 基于改进 TOPSIS 法和德尔菲——熵权综合权重法的电网规划方案综合决策方法［J］. 电力系统保护与控制，2018，46（12）：91－99.

［22］周辛南，谢枫，傅军，等. 基于德尔菲法的电力大客户综合价值评价模型［J］. 电测与仪表，2016，53（S1）：174－177.

［23］郭凤鸣，成金华. 层次分析法判断矩阵一致性检验及偏差修正方法研究［J］. 中国地质矿产经济，1997（07）：19－24.

［24］俞越中，方向，张旺，等. 基于熵权法－DEA 模型的电网建设项目投资效率研究［J］. 陕西电力，2016，44（11）：72－77.

［25］张怡，季咏梅，穆松，等. 基于熵权法的电网建设项目其他费用管控［J］. 中国电力企业管理，2015（15）：89－93.

[26] 韩颖. 基于可信性理论的光伏发电项目综合风险评价模型研究［D］. 华北电力大学，2014.

[27] 杨君超. 电动汽车项目发展管理及预测研究［D］. 北京：华北电力大学，2016.

[28] 于慧莉，李勤新，丛颖，等. 基于熵权和归一化样本的输电网规划方案灰色模糊综合决策方法［J］. 华电技术，2014，36（3）：12-16.

8 电网投资能力评价

投资活动是企业重要的经济行为之一，投资能力、盈利能力、投资规模等都是企业在投资活动中的重要指标。根据财务领域会计报表中的专业定义，投资能力是指企业通过经营活动和筹资活动创造的现金净流量能够满足投资活动现金需要的能力。企业投资活动过程中，投资决策的形成要综合考虑投资需求、投资能力、国家宏观政策、售电量和销售电价变化趋势等多种因素。电网投资是指用于电网建设的投资，包括各级电网基建、技改、营销、信息化等全口径资本性投入。投资具体由建设项目构成，包括不同电压等级输变电工程项目、安全与服务、生产辅助设施等其他类型项目。对电网企业而言，电网投资能力是指电网企业在设定的目标利润值、资产负债率限值和未来售电量增长速度、输配电价格等约束条件下，能够实现的投资规模最大值。电网企业投资主要来源于贷款和自有资金。影响贷款的主要因素是企业的资产负债率，与负债规模有关；影响自有资金的主要因素是利润，与售电量、输配电价以及成本密切相关。投资能力不仅受到企业自身财务因素影响，同时还受到经济发展、财务政策等诸多外部因素的影响。投资能力是企业所有经营活动水平和结果的综合体现。在考虑电网企业经营水平的基础上测算企业的投资能力，就是在了解电网运行状况的前提下为投资业务管理和投资事项决策提供重要参考，对企业改善经营效益和提高生产效率具有重要意义。投资规模若大幅超出投资能力，则会影响企业的健康发展，超能力投资将可能引起企业债务增加，盈利能力收窄，影响企业效益，甚至可能引起经营风险。

从投资能力主要影响因素看，企业经营指标好坏直接决定了投资能力的大小。本章首先调研常用的企业经营水平评价指标、评价方法，对比各种方法的优缺点和适用性。然后根据电网企业的自身特点，提出适用于电网企业投资决策和投资管理需要的电网企业经营水平评价体系。在经营水平评价基础上，将经营指标作为输入，采用现金流平衡原理，建立资产负债率和目标利润约束下电网企业投资能力测算模型，提出具体参数测算方法。

8.1 企业经营水平评价

企业经营水平是企业生产经营的效果和效率，是盈利能力、偿债能力、营运能力、发展能力、社会贡献能力等方面的综合反映。企业经营水平评价是对企业在一定时期内的生产经营效果和效率做出价值判断。其中财务评价是企业经营水平评价的核心内容。

8.1.1 现行企业经营评价方法

目前业界较为常见的企业经营水平评价体系有以下几种：EVA 评价体系、沃尔评分体系、平衡计分卡评价体系和国有资本金水平评价体系。

8.1.1.1 EVA 评价体系

（1）基本概念。经济附加值指标（Economic Value Added，EVA）是在 20 世纪 90 年代初由美国斯图尔特财务咨询公司首次提出的，并迅速在世界范围得到广泛运用。该指标又称经济利润或经济增加值，是一定时期的企业税后净营业利润与投入资本的资金成本的差额，能够反映企业资本成本和资本效益的经济附加值。

在经济学上，EVA 成本包括经营成本（即作为显性机会成本的会计系统中的全部经营成本）和资本成本（即作为隐性机会成本的全部资本的机会成本，也是投资者期望的最低投资回报）。EVA 是对资本利润的评价，是表示净营运利润与投资者用同样资本投资其他风险相近的有价证券的最低回报相比，超出或低于后者的量值。如果 EVA 的值为正，则表明企业获得的收益高于为获得此项收益而投入的资本成本，即企业为股东创造了新价值；相反，如果 EVA 的值为负，则表明股东的财富在减少。

（2）EVA 的计算。EVA 的计算公式可表示为

$$\begin{aligned}\text{EVA}&=\text{税后净营业利润}-\text{资本成本}\\&=\text{税后净营业利润}-\text{调整后资本}\times\text{平均资本成本率}\end{aligned}$$

$$\text{税后净营业利润}=\text{税后净利润}+（\text{利息支出}+\text{研究开发费用调整项}-\text{非经常性收益调整项}）\times（1-25\%）$$

$$\text{调整后资本}=\text{平均所有者权益}+\text{平均负债合计}-\text{平均无息流动负债}-\text{平均在建工程}$$

其中，利息支出是指企业财务报表中“财务费用”项下的“利息支出”；研究开发费用调整项是指企业财务报表中“管理费用”项下的“研究与开发费”和当期确认为无形资产的研究开发支出。非经常性收益调整项包括变卖主业优质资产收益、主业优质资产以外的非流动资产转让收益、其他非经常性收益等。无息流动负

债是指企业财务报表中“应付票据”“应付账款”“预收款项”“应交税费”“应付利息”“其他应付款”和“其他流动负债”。对于因承担国家任务等原因造成“专项应付款”和“特种储备基金”余额较大的，可视同无息流动负债扣除。在建工程是指企业财务报表中的符合主业规定的“在建工程”。

资本成本率是用资费用与有效筹资额之间的比率，是因使用资金而付出的代价占比。中央企业资本成本率原则上定为 5.5%。承担国家政策性任务较重且资产通用性较差的企业，资本成本率定为 4.1%。资产负债率在 75%以上的工业企业和 80%以上的非工业企业，资本成本率上浮 0.5 个百分点。资本成本率确定后，三年保持不变。

（3）基于 EVA 的评价指标体系。目前普遍应用的 EVA 评价指标体系是以传统财务指标作为基础，以 EVA 作为核心和向导，将现金流量分析指标作为补充，从获利、偿债、营运和成长四个方面对企业进行评价，如表 8－1 所示。

表 8－1　　基于 EVA 的评价指标体系示例

指标层面	指标
反映获利能力的指标	EVA、总资产 EVA 率、销售税后净盈利利润率、主营业务贡献率
反映偿债能力的指标	速动比率、现金流动负债比率、资产负债率、产权比率
反映营运能力的指标	流动资产周转率、存货周转率、应收账款周转率、资本占用周转率
反映成长能力的指标	EVA 三年平均增长率、主营业务收入三年平均增长率

注　指标具体定义及计算详见附表 1。

EVA 企业绩效评价方法注重企业的可持续发展，不鼓励以牺牲长期业绩的代价来夸大短期效果，也就是不鼓励诸如削减研究和开发费用的行为；而是着眼于企业的长远发展，鼓励企业的经营者进行能给企业带来长远利益的投资决策。同时 EVA 指标是基于会计利润调整基础之上而得出的指标，但是它要求在计算之前对会计信息来源进行必要的调整，以尽量消除公认会计准则所造成的扭曲性影响，防止人为操作，从而能够更加真实、更加完整地评价企业的经营业绩。

EVA 的不足之处在于计算时进行的会计利润调整可能并不符合成本效益原则。同时，EVA 指标主要反映企业当期的经营情况，不能反映出市场对公司整个未来经营收益预测的修正，而在短期内公司市值会受到很多经营业绩以外因素的影响，包括宏观经济政策、行业状况、资本市场的资金供给状况和许多其他因素，如果仅仅只考虑 EVA 指标，会有失偏颇。

8.1.1.2　沃尔评分体系

（1）基本概念。1928 年，亚历山大·沃尔（Alexander.Wole）出版的《信用晴雨表研究》和《财务报表比率分析》中提出了信用能力指数的概念，并创建了沃尔评分法。沃尔评分法是指将选定的财务比率指标用线性关系结合起来，并分别给定

各自指标的分数比重（比重总和为 100），然后确定标准比率（以行业平均数为基础），通过实际比率与标准比率进行比较，确定各项指标的得分及总体指标的累计分数，从而对企业的财务状况做出评价。传统的沃尔评分法运用流动比率、产权比率、固定资产比率、应收账款周转率、存货周转率、固定资产周转率、自由资金周转率七个常见的财务指标，体现了财务四大板块中的偿债能力和营运能力。

（2）评价步骤。采用沃尔评分法对企业进行综合财务分析时，基本步骤（见图 8–1）包括：

1）选定财务评价指标。例如盈利能力指标包括销售利润率、总资产收益率、资本收益率、资本保值增值率；偿债能力指标包括资产负债率、流动比率（或速动比率）；营运能力指标包括应收账款周转率、存货周转率；发展能力指标包括销售增长率、净利增长率、资产增长率。

2）根据各项财务指标的重要程度，确立重要性系数（即各项标准值比分）。标准值的评分总数为 100 或 1。

3）确定各项财务指标的标准值和实际值。标准值是作为实际值比较的标准，通常以行业平均值来确定。

4）计算各指标实际值与标准值的比率，即关系比率（或单项指标）。

5）计算各项比率指标的综合系数（得分值）和综合系数合计。

各项指标的综合系数=标准值评分×该指标的关系比率

6）将综合系数合计数与评分总数进行比较，从而对总体财务状况进行评价，并分析对综合得分影响较大的具体原因。

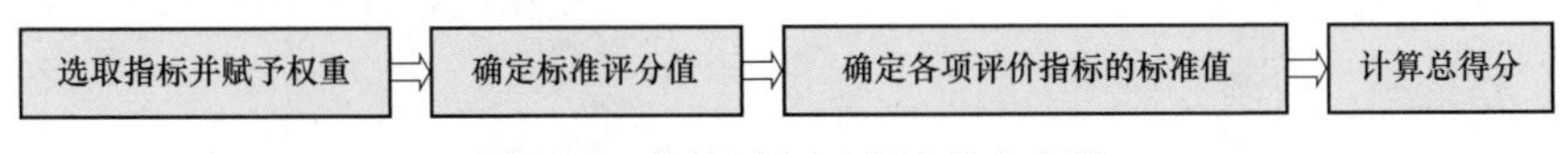

图 8–1　传统沃尔评分法基本步骤

传统的沃尔评分法的指标简单、明了易懂，实操方便，但其指标的选取及权重的确定都带有比较大的主观性。

8.1.1.3　平衡计分卡评价体系

（1）基本概念。平衡计分卡（the Balanced Score Card，BSC），也是常见的绩效考核方式之一，是根据企业组织的战略要求而精心设计的指标体系。人们通常称平衡计分卡是加强企业战略执行力的最有效的战略管理工具。它将企业战略目标逐层分解转化为各种具体且相互平衡的水平考核指标体系，并对这些指标的实现状况进行不同时段的考核，从而为企业战略目标的完成建立起可靠的执行基础。平衡计分卡方法认为，企业应从财务、客户、内部运营、学习与成长四个角度审视自身业绩，其基本框图如图 8–2 所示。

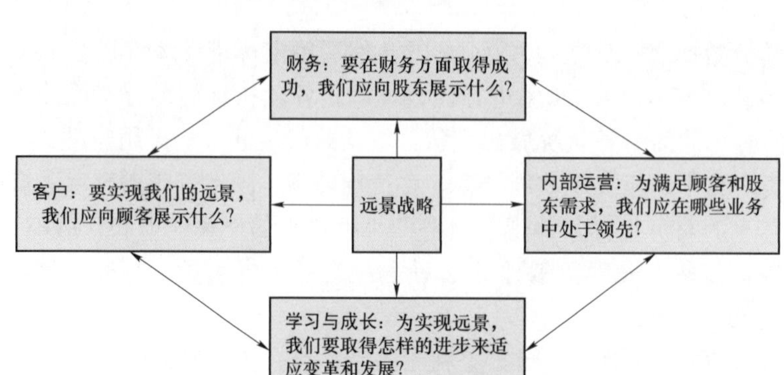

图 8-2　平衡计分卡基本框图

（2）平衡计分卡评价原理。平衡计分卡通过说明远景、沟通与联系、业务规划、反馈与学习四个环节把企业的长期战略目标与短期行动联系起来发挥作用。

1）说明远景。将企业的远景转化为一套被所有高级管理者认可的业绩评价指标的过程。通过内部条件和外部环境分析确定企业战略目标，明确实现战略目标的关键成功因素，设计衡量关键成功因素的关键业绩指标，形成业绩评价指标体系。

2）沟通与联系。管理者上下沟通，使各部门和个人都充分理解认同企业战略目标，使各部门和个人目标保持一致，在激励机制和经营水平评价指标体系之间建立联系。激励机制不仅与短期财务目标和指标相联系，还通过非财务指标反映关系企业长远发展的关键成功因素，避免了各部门过度关注本部门目标而忽略企业战略目标。

3）业务规划。每个部门都有各自的关键业绩指标和改革措施，通过平衡计分卡，管理者统筹考虑所有关键业绩指标，然后根据各种关键业绩指标制定业绩评价标准，作为确定资源分配优先顺序的依据。

4）反馈与学习。在以平衡计分卡为核心的管理体系中，企业能从非财务角度控制业务过程，监督短期结果，并根据经营水平评价结果为管理者提供决策信息和评价战略目标的实现情况。

平衡计分卡方法优点是打破了传统的只注重财务指标的业绩管理方法。传统的财务会计模式只能衡量过去发生的事情，但无法评估前瞻性的投资。平衡计分卡把企业经营业绩评价与企业战略管理紧密联系起来，把公司的战略转化为具体且可操作的业绩评价指标，努力使企业的战略目标渗透到整个企业的架构中，为战略管理提供了有力的支持。平衡计分卡中非财务指标比较难以量化，这是应用中需要特别注意的问题。

8.1.1.4　国有资本金绩效（企业绩效）评价体系

为了进一步加强对企业的监督管理，规范企业经营水平评价行为，完善企业经营水平评价方法，科学客观公正地评价企业水平，1999 年中国财政部发布了《国有资本金绩效评价规则》和财统字〔1999〕2 号《国有资本金绩效评价操作细则》，开展国有资本金绩效评价（简称“企业绩效评价”）。竞争性工商类企业选择的绩效评价指标由反映企业财务效益状况、资产营运状况、偿债能力状况和发展能力状况四个方面，包含基本指标、修正指标和评议指标三个层次共 32 项指标构成。基本指标反映绩效评价内容的基本情况，可以形成企业绩效评价的初步结论。修正指标依据企业有关实际情况对基本指标评价结果进行修正，以此形成企业绩效评价的基本定量分析结论。评议指标对影响企业经营绩效的非定量因素进行判断，以此形成企业效绩评价的定性分析结论。评议指标参考标准按单项指标分别设定，每项指标都分为优（A）、良（B）、中（C）、低（D）、差（E）五个等级，每个等级对应的等级参数分别为 1、0.8、0.6、0.4、0.2。各项指标的详细计分方法参见财统字〔1999〕2 号文件。

该评价体系和沃尔评分法相似，也是通过将实际指标值与标准值对照打分然后线性加权求出总得分。绩效评价体系（见表 8–2）分类清晰、指标详细，但对于每一个指标都进行赋权，权重选择具有较大主观性。

表 8–2　　企业绩效评价指标与指标权重表

	评价指标						评议指标	
	评价内容	权重 100	基本指标		修正指标			
			指标	权重 100	指标	权重 100	指标	权重 100
企业绩效评价指标与指标权重表	一、财务效益状况	42	净资产收益率	30	资本保值增值率	16	领导班子基本素质	18
			总资产报酬率	12	销售利润率	14	产品市场占有能力	16
					成本费用利润率	12	基础管理比较水平	20
	二、资产运营状况	18	总资产周转率	9	存货周转率	4	企业经营发展策略	5
			流动资产周转率	9	应收账款周转率	4	在岗员工素质状况	12
					不良资产比率	6	技术装备更新水平	10
					资产损失比率	4	行业或区域影响力	5
	三、偿债能力状况	22	资产负债率	12	现金流动负债比率	10	长期发展能力预测	10
			已获利息倍数	10	速动比率	6		
					流动比率	4		
					长期资产适合率	5		
					经营亏损挂账比率	3		
	四、发展能力状况	18	销售增长率	9	总资产增长率	7		
			资本积累率	9	固定资产成新率	5		
					三年利润平均增长率	3		
					三年资本平均增长率	3		
合计	80%						20%	

8.1.1.5 常见企业经营水平评价体系总结

EVA评价体系、沃尔评分体系仅考虑了财务指标，平衡记分卡评价体系除考虑财务指标外，还结合企业发展战略，对顾客、内部流程、学习与成长方面的指标进行了评价。国有资本金绩效（企业绩效）评价体系不仅包括反映企业财务状况的计量指标，还引入了影响企业经营绩效的非定量因素指标，用于补充和完善基本评价结果，定量分析与定性分析相互校正，以此形成企业绩效评价的综合结论。

各评价体系在财务评价方面存在共同点：评价层面均可大致分为盈利能力、债务风险、资产质量和经营增长四方面，各体系应用的财务指标并非固定，而是根据各企业的实际情况选取，表8-3给出各评价体系常用指标。

表8-3　常见企业经营水平评价方法对比

<table>
<tr><th>评价体系</th><th>指标层面</th><th>所用财务指标</th><th>优点</th><th>缺点</th></tr>
<tr><td rowspan="4">EVA评价体系</td><td>盈利能力</td><td>EVA、总资产EVA率、销售税后净盈利利润率、主营业务贡献率</td><td rowspan="4">（1）注重企业的可持续发展。
（2）消除公认会计准则所造成的扭曲性影响，防止人为操作，从而能够更加真实、更加完整地评价企业的经营业绩</td><td rowspan="4">EVA体系对非财务信息重视不够，不能提供产品、员工、客户、创新等类非财务信息</td></tr>
<tr><td>债务风险</td><td>速动比率、现金流动负债比率、资产负债率、产权比率</td></tr>
<tr><td>资产质量</td><td>流动资产周转率、存货周转率、应收账款周转率、资本占用周转率</td></tr>
<tr><td>经营增长</td><td>EVA三年平均增长率、主营业务收入三年平均增长率</td></tr>
<tr><td rowspan="4">沃尔评分体系</td><td>盈利能力</td><td>总资产收益率、资本收益率、资本保值增值率</td><td rowspan="4">指标简单，指标标准值通常以行业平均值来确定，明了易懂</td><td rowspan="4">指标选取及权重确定都带有较大主观性。某一指标严重异常时，会对总评分产生重大影响</td></tr>
<tr><td>债务风险</td><td>资产负债率、流动比率、速动比率</td></tr>
<tr><td>资产质量</td><td>应收账款周转率、存货周转率</td></tr>
<tr><td>经营增长</td><td>营业利润率</td></tr>
<tr><td rowspan="4">平衡计分卡评价体系</td><td>盈利能力</td><td>净资产收益率、利润率、总资产报酬率</td><td rowspan="4">（1）打破了传统的只注重财务指标的业绩管理方法。
（2）把企业经营业绩评价与企业战略管理紧密联系起来，把公司的战略转化为具体业绩评价指标</td><td rowspan="4">非财务方面指标较难量化，操作上有一定难度</td></tr>
<tr><td>债务风险</td><td>资产负债率、流动比率、速动比率</td></tr>
<tr><td>资产质量</td><td>存货周转率、流动资产周转率、总资产周转率</td></tr>
<tr><td>经营增长</td><td>主营业务收入增长率、资本保值增值率、总资产增长率、利润总额增长率、技术投入比率</td></tr>
<tr><td rowspan="4">国有资本金绩效评价体系</td><td>财务效益（盈利能力）</td><td>净资产收益率、总资产报酬率、资本保值增值率、经营成本利润率、盈余现金保障倍数、成本费用利润率</td><td rowspan="4">分类清楚，指标详细，方法明确</td><td rowspan="4">过于主观化</td></tr>
<tr><td>资产运营（资产质量）</td><td>总资产周转率、流动资产周转率、存货周转率、应收账款周转率、不良资产比率</td></tr>
<tr><td>偿债能力（债务风险）</td><td>资产负债率、已获利息倍数、现金流动负债比率、速动比率</td></tr>
<tr><td>发展能力（经营增长）</td><td>销售增长率、资本积累率、三年资本平均增长率、三年销售平均增长率、技术投入比率</td></tr>
</table>

8.1.2 电网企业经营水平评价体系

8.1.2.1 电网企业经营评价的意义

当今世界经济、科学技术的迅猛发展，为各行各业提供了机遇和挑战。企业业务竞争激烈，面临的市场具有不稳定性、波动性，经营风险越来越突出等特点。许多企业逐渐意识到，要想谋求长期可持续健康发展，必须关注市场动态、政策要求，根据实际情况灵活调整企业的经营目标和管理策略，实现企业经营绩效的不断提高，电网企业亦是如此。分析和评价电网企业经营绩效，可帮助管理者决策发展方向。

从中国电力行业发展轨迹来看，有关电力企业经营评价大体经历了三种模式：

（1）具有行政管理特色的评价模式。在 20 世纪八九十年代全国性的发、输、配、售环节垂直一体化结构（垄断）模式下，无法严格界定各企业的经营成果。原能源部、原电力部和原国家电力公司开展了“安全、文明生产达标”的“双达标”活动，电力企业水平评价初步具备雏形。1993 年原电力部在火电厂和供电企业中开展“创一流”活动以及 2001 年原国家电力公司开展“创国际一流”等具有行政管理特色的评价模式，使得企业领导能够及时对企业实施有效的调控。

（2）以企业财务效益评价为主的评价模式。原国家电力公司作为国有资产管理运营的主体，重点关注点在于其投入资产的安全性、盈利性，提出了运用资本保值增值率、投资收益率、不良资产比率、资产负债率和利润总额这五项指标对资产经营成果进行考核，强化了对内部各企业的管理制度；但采用单一指标的考核，存在顾此失彼、短期行为等弊端，难以真实地反映企业的整体经营状况。

（3）电力体制改革中的法人资本金绩效评价体系。2001 年原国家电力公司在借鉴财政部等四部委联合颁布的《国有资本金绩效评价》的基础上，提出了国电财〔2001〕487 号《国家电力公司法人资本金绩效评价暂行办法》。文中明确“国家电力公司法人资本金”是指国家电力公司实际投入企业中用以承担义务和据以享有权利的财产。与 1998 年提出的五项财务指标相比，该指标体系克服了单项评价指标在评价过程中存在的弊端，对于引导经营者的行为，促进电力企业经营水平评价规范化、制度化有重大的指导意义。但这种模式下评价指标数量较多、操作程序复杂、组织工作庞大，许多评议性指标不易把握。

随着电力体制改革的不断深化和电网公司自身发展的需要，如何建立有效全面的经营水平评价体系变得日益重要。尽管现在电网企业已逐渐认识到了经营评价对企业的重要性，开始尝试从经济水平、社会水平和环境水平等方面进行评价，但由于经营水平直接影响到了企业的投资能力、市场竞争力乃至战略目标的实现，还应对经营水平评价指标体系进行修改完善，建立经营水平管理闭环机制。

8.1.2.2 电网企业经营水平评价体系构建框架

电网企业经营水平评价体系的构建原则主要有以下三点。

（1）注重评价体系与企业经营目标的统一。电网企业的经营目标既包括提升经济利润、使国有资产保值增值，又包括承担社会责任、保障国计民生。因此，电网企业经营水平评价体系应同时包括经济效益和社会效益两部分，既考察财务上利润的增长，又从用户角度、社会角度出发评价电网满足的实际需求以及产生的社会效益。

（2）注重财务指标和非财务指标的统一。受传统评价模式的影响，现行的评价模式依然过于注重财务指标，轻视非财务指标的评价。电网企业作为大型社会公共服务企业，应同时重视市场竞争力和企业形象提升，采用财务水平评价和关键非财务因素评价共同构成电网企业经营综合评价体系。

（3）注重企业内部评价和外部环境分析的统一。经营水平评价体系是个相对稳定的体系，同时也是个动态的系统。应根据电力行业特点、电网企业所处的发展阶段和战略远景等方面，考核电网企业的生存发展能力和潜力。

基于上文对现行企业经营水平评价体系的分析，同时参考石油、通信企业经营水平评价体系和相关社会责任报告，可以发现经营安全能力、资本实力、财务效益、社会效益、发展创新能力、技术装备更新水平、产品市场占有能力等方面都是评价者关注的重点。

因此，本书参考上述现行企业经营水平评价体系，结合同类型企业的评价方法，将平衡计分卡和国有资本金绩效评价体系融合，提出适用于电网企业的经营评价指标和方法建议，示意图如图 8-3 所示。

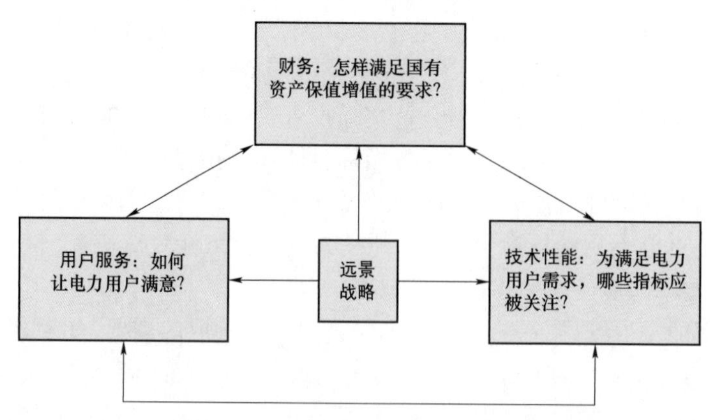

图 8-3 电网企业经营评价框架建议

8.1.2.3 电网企业经营水平评价体系构建原则

评价体系由财务经营、用户服务、技术性能三个维度共同构成，尽可能地满足电网企业各利益相关方的需要。

（1）财务经营指标。以国务院国资委财务监督与考核评价局制定的《企业绩效评价标准值（2019 年）》中有关“电力供应业”的企业绩效评价指标为基础，参考电网公司信用评级报告、财务报告、年度责任报告及电网发展诊断报告，采用其中被广泛使用的财务经营指标，兼顾数据的可获得性，从盈利能力、资产质量、债务风险和经营增长四个方面选择 15 个指标（见表 8–4），系统、简洁地反映电网企业的财务经营状况。

表 8–4　　财务经营指标及计算

目标层	一级指标	二级指标	计算方法
财务经营	盈利能力	净资产收益率	净利润/平均净资产
		总资产报酬率	息税前利率/平均资产总额
		EBITDA 利润率	EBITDA/营业收入
	资产质量	存货周转率	营业成本/存货平均净额
		流动资产周转率	主营业务收入/平均流动资产
		总资产周转率	主营业务收入/平均资产
	债务风险	流动比率	流动资产/流动负债
		资产负债率	负债总额/资产总额
		EBITDA 利息倍数	EBITDA/（费用化利息支出＋资本化利息支出）
		速动比率	速动资产/流动负债
	经营增长	主营业务收入增长率	主营业务收入增长额/上年主营业务收入总额
		资本保值增值率	扣除客观增减因素的年末国有资本及权益/年初国有资本及权益
		总资产增长率	资产增长额/上年资产总额
		利润总额增长率	利润总额增长额/上年利润总额
		技术投入比率	本年科技支出合计/营业收入净额

（2）用户服务指标。选取企业最常用且最易获取的指标——用户满意度。同时，对于电网企业来说，承担社会责任也是用户服务中重要一环，因此在考察电网企业用户服务水平时选择考察企业社会责任常用指标——总资产税费率来对电网企业社会责任进行考核，如表 8–5 所示。

表 8-5　用户服务指标及计算

目标层	二级指标	计算方法
用户服务	用户满意度	满意用户数/调查用户总数
	总资产税费率	上缴税费额/平均资产总额

（3）技术性能指标。结合电网自身网络特性，综合线损率可以反映电网企业的技术经济水平，线路互联率、$N-1$ 通过率、城网综合供电电压合格率可以反映电网网架结构和供电可靠性，如表 8-6 所示。

表 8-6　技术性能指标及计算

目标层	二级指标	计算方法
技术性能	综合线损率	（供电量－售电量）/供电量
	城网综合供电电压合格率	0.5A 类电压监测点合格率＋0.5(B 类电压监测点合格率＋C 类电压监测点合格率＋D 类电压监测点合格率）/B、C、D 类电压监测点的类别数
	$N-1$ 通过率	满足 $N-1$ 准则的线路条数/线路总数
	线路互联率	所有有联络的线路条数/总线路条数

8.2　企业投资能力评估

投资能力是指通过经营活动和筹资活动创造的现金净流量能够满足投资活动现金需要的能力，受到企业经营状况的约束，是 8.1 节中各企业经营水平指标在另一个角度的体现。电网企业的投资能力测算是指通过分析研究电量电费、资产负债、成本效益等企业经营参数与企业投资之间的逻辑和数理关系，搭建起相互勾稽、彼此互动的测算模型，并以此为基础确定科学合理的投资规模，为企业战略规划和资本性支出预算编制等提供数据支持，进一步提高电网企业的经营管理水平。

8.2.1　经营水平对投资能力的影响

输配电价改革、预期资产负债率、预期利润等约束条件下，电网企业能够达到的财务投资能力取决于企业的盈利模式、财务状况、经营状况等。企业的财务报表是以会计准则为规范编制的，反映会计主体的财务状况和经营情况，其中资产负债表、现金流量表、利润表被称为企业的三大财务报表。三大报表中的数据是投资能力测算模型的数据基础，报表数据之间的勾稽关系是投资能力测算模型的逻辑基础。

资产负债表反映企业的财务状况。企业财务状况受诸多因素影响，如企业控制的经济资源产生现金和现金等价物的能力、外部市场环境等。资产负债表能够反映企业资产的结构及其状况，揭示企业的资产来源及其构成，有助于分析企业的综合能力。

利润表反映企业的经营成果，是企业获利能力的体现。企业的获利能力即企业对所控制的经济资源的利用程度，是评价企业未来可能产生的现金流量的重要资料，也是判断企业控制的经济资源的潜在能力和新增资源利用能力的资料。

现金流量表反映企业的现金流量。通过现金流量表可以了解企业在某一期间内的筹资（融资）活动、投资活动和经营活动对现金流量影响的全貌，获得企业取得现金和现金等价物的方式以及现金流出的合理性等财务信息。

根据定义，影响企业投资能力最主要的因素是现金流量表中经营活动、投资活动、筹资活动产生的现金流量。企业获得的收入会导致经营活动产生的现金流量增加，而付出的输配电成本、购电成本、上缴税费则导致经营活动产生的现金净流量减少；借款（企业负债）的增加直接导致企业筹资活动产生的现金流量增加，财务费用的支出则导致企业筹资活动产生的现金净流量减少；其他资产的增加可能导致企业投资活动产生的现金净流量减少。

因此，结合企业经营水平评价，以电网企业持有现金年度变动额与当年（当年即为预测期）企业融资活动、经营活动和投资活动三者产生的现金净流量之和相平衡为前提，投资能力测算模型建立的依据为

$$IC_{\mathrm{m}} - IC_{\mathrm{c}} = O_{\mathrm{c}} + F_{\mathrm{c}} + Q_{\mathrm{c}} + IA - IA_{\mathrm{c}} \tag{8-1}$$

式中：IC_{m} 为年末持有现金量；IC_{c} 为年初持有现金量；O_{c} 为经营活动所产生的现金净流量；F_{c} 为融资活动产生的现金净流量；Q_{c} 为其他活动产生的现金净流量；IA 为投资活动产生的现金流入；IA_{c} 为投资活动产生的现金流出。

式（8-1）中投资活动产生的现金流出量的最大值即电网企业能够用于投资的最大资金规模，即企业的投资能力，因此可将上述关系式转换为

$$I_{\mathrm{c}} = O_{\mathrm{c}} + F_{\mathrm{c}} + Q_{\mathrm{c}} + IA - \left(IC_{\mathrm{m}} - IC_{\mathrm{c}}\right) \tag{8-2}$$

式中：I_{c} 为企业的投资能力；$IC_{\mathrm{m}}-IC_{\mathrm{c}}$ 即“年末持有现金量-年初持有现金量”为企业的“持有现金变动额”，可用企业最低安全备付变动额做近似替换。

经营水平对投资能力的影响分析如图 8-4 所示。

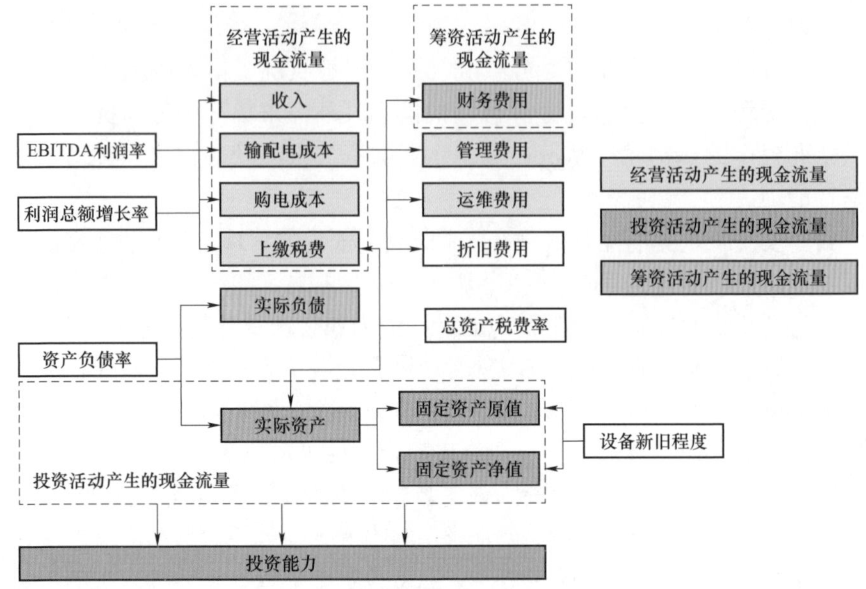

图 8-4　经营水平对投资能力的影响分析

8.2.2　电网投资能力测算模型

近年来，受国家宏观经济调控、能源结构调整的影响，中国全社会用电量增速放缓，这对电网投资决策提出了更高的要求。因此，在进行投资决策之前，需要建立科学、有效的投资能力测算模型，用以掌握当前经营水平下能够投入再生产的资金规模。

资产负债率是衡量企业利用债权人提供的资金进行经营活动的能力，并反映债权人发放贷款的安全程度的指标。从债权人的立场看，关心的是企业按期偿还本息的能力；从投资者的立场看，关心的是投资收益率能否大于利息率、企业能否扩大生产获得较高的利润额。因此，本书分别以资产负债率、目标利润为约束条件，以资产负债表、利润表和现金流量表数据之间的勾稽关系为测算依据，以内部经营数据为测算基础构建电网投资能力测算模型。

基于约束资产负债率或目标利润的测算模型考核的是电网企业的偿债能力或盈利能力，是在企业经营水平分析基础上建立的，具体模型为

$$I_c = O_c + F_c + Q_c + IA - BF \tag{8-3}$$

式中：BF 为最低安全备付变动额，是指满足基本建设和正常生产经营活动需要而保有的合理资金存量的变动值。

模型进一步分解如下：

（1）预测期融资活动产生的现金净流量。预测期融资活动产生的现金净流量是指预测期（一般为一个会计年度）导致电网企业资本及债务的规模和构成发生变化的活动所产生的现金净流量，包括筹资活动的现金流入和归还筹资活动的现金流出，数值上等于预测期末带息负债余额减去预测期上年带息负债余额，再减去预测期上缴投资收益。

1）考核资产负债率约束下。预测期末带息负债余额可以通过预测期上年带息负债余额和预测期考核资产负债率等指标进行预测计算。此约束下，预测期企业融资活动所产生的现金净流量测算公式为

$$F_c = \frac{L_{RD}Q_Y L_z}{(1-L_z)FZ_s/DF_s + L_z L_R(1-L_J)(1-L_s)} - DF_s - SY \tag{8-4}$$

式中：L_{RD}为融资到手率；Q_Y为含利息权益；L_z为考核资产负债率；FZ_s为预测期上年负债总额；DF_s为预测期上年带息负债余额；L_R为融资成本率；L_J为借款利息资本化率；L_s为所得税税率；SY为上缴投资收益。

2）考核利润约束下。预测期末带息负债余额可以通过息税前利润、借款利息资本化率等指标进行预测计算。此约束下，预测期企业融资活动所产生的现金净流量测算公式为

$$F_c = (R_{xs} - R_K) \times \frac{1 - L_R + L_s L_R(1-L_J)}{L_R(1-L_J)} - DF_s - SY \tag{8-5}$$

式中：R_{xs}为预测期息税前利润；R_K为考核利润；DF_s为预测期上年带息负债余额；L_R为融资成本率；L_J为借款利息资本化率；L_s为所得税税率；SY为上缴投资收益。

（2）预测期经营活动产生的现金净流量。预测期经营活动产生的现金净流量是预测期内由电网企业经营活动所产生的现金及其等价物的流入量与流出量的差额，主要从现金流入和流出的动态角度对企业实际偿债能力进行考察。具体测算公式为

$$O_c = R_{xs}(1-L_s) + Z_J + X_{ZB} + Z_S - G_Y - R_T \tag{8-6}$$

式中：R_{xs}为预测期息税前利润；L_s为所得税税率；Z_J为预测期折旧费用；X_{ZB}为预测期净营运资本变动；Z_S为预测期资产减值损失；G_Y为预测期公允价值变动收益；R_T为预测期投资收益。

（3）预测期其他活动产生的现金净流量。

$$Q_c = Z_{QY} \tag{8-7}$$

式中：Z_{QY}为预测期接受权益性投资（财政资金、股东注资等）。

（4）预测期投资活动产生的现金流入。预测期投资活动产生的现金流入根据往年现金流量表中数据进行预测。

（5）预测期最低安全备付变动额。预测期最低安全备付变动额测算公式为

$$BF = BF_Y - BF_S \tag{8-8}$$

式中：BF_Y为预测期最低安全备付额；BF_S为预测期上年最低安全备付额。

8.2.3 投资能力测算指标

根据电网投资能力测算模型，将模型的构成要素层层分解，电网投资能力测算指标包括融资活动产生的现金净流量、经营活动产生的现金净流量、其他活动产生的现金净流量、最低安全备付变动额、投资活动产生现金流入五部分。输配电价改革后，电网企业的收入、成本构成发生改变，主要影响融资活动与经营活动产生的现金流量中的利润核算。下面针对五个部分，分别介绍输配电价改革下投资能力测算的具体指标、参数的计算、求解方法，明确模型的基础输入参数。

8.2.3.1 预测期企业融资活动产生的现金净流量

从式（8–4）可以看出，在一定的考核资产负债率约束下，为计算融资活动产生的现金净流量，需要分别计算或输入融资到手率、含利息权益、上年负债总额、上年带息负债余额、融资成本率、所得税税率和上缴投资收益等指标，具体构成指标如图 8–5 所示。

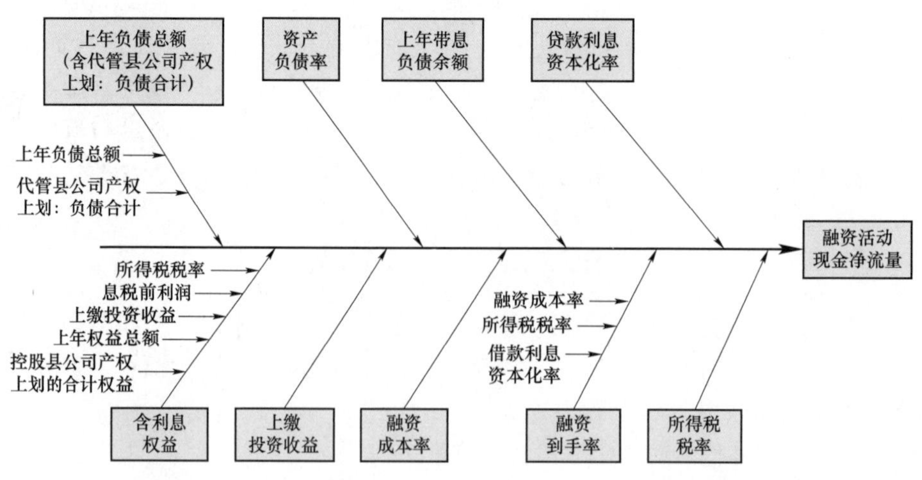

图 8–5 资产负债率约束下融资活动产生的现金净流量构成指标

从式（8–5）可以看出，在一定的考核利润约束下，为计算融资活动产生的现金净流量，需要分别计算或输入息税前利润、融资成本率、借款利息资本化率、

所得税税率、上年带息负债余额和上缴投资收益等指标，具体构成指标如图 8-6 所示。

两种约束下，带息负债余额、融资成本率、所得税税率、上缴投资收益、借款利息资本化率、考核资产负债率、考核利润等是基础输入指标，上年负债总额、融资到手率、含利息权益、息税前利润通过计算得到，称为过程性指标。其中，息税前利润既是计算含利息权益的过程指标，也是计算企业经营活动所产生的现金净流量的重要指标，计算过程较为复杂，在本节“预测期企业经营活动所产生的现金净流量”再作详细介绍，下面针对其他三个过程性指标，介绍具体的计算方法。

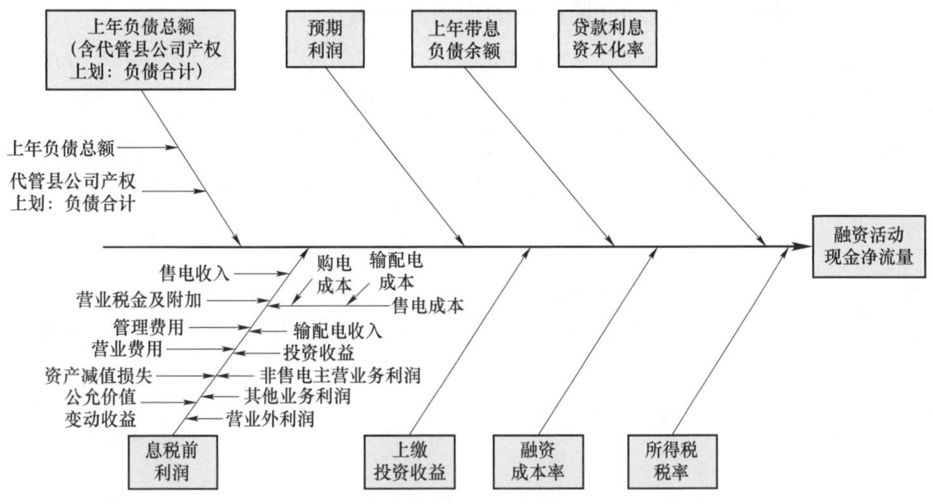

图 8-6　利润约束下融资活动产生的现金净流量构成指标

（1）含利息权益及相关指标的测算。含利息权益可表示为

$$Q_{\mathrm{Y}}=Q_{\mathrm{SZ}}-SY+R_{\mathrm{XS}}\left(1-L_{\mathrm{S}}\right)+QY_{\mathrm{KG}} \tag{8-9}$$

式中：Q_{Y} 为含利息权益；Q_{SZ} 为上年权益总额；SY 为上缴投资收益；L_{S} 为所得税税率；R_{XS} 为息税前利润；QY_{KG} 为控股县公司产权上划的合计权益。其中，权益总额、上缴投资收益、所得税税率为基础输入指标。

（2）融资到手率及相关指标的测算。融资到手率可表示为

$$L_{\mathrm{RD}}=1-L_{\mathrm{R}}+L_{\mathrm{R}}L_{\mathrm{S}}\left(1-L_{\mathrm{J}}\right) \tag{8-10}$$

式中：L_{RD} 为融资到手率，L_{R} 为融资成本率；L_{S} 为所得税税率；L_{J} 为借款利息资本化率。融资成本率、所得税税率、借款利息资本化率均为基础输入指标。

（3）上年负债总额（含代管县公司产权上划：负债合计）及相关指标的测算。上年负债总额可表示为

$$FZ_S = FZ_{SB} + FZ_{DG} \tag{8-11}$$

式中：FZ_S 为上年负债总额（含代管县公司产权上划：负债合计）；FZ_{SB} 为上年负债总额；FZ_{DG} 为上年代管县公司产权上划的负债合计。

综上所述，计算“预测期企业融资活动产生的现金净流量”时需要的基础输入指标有：负债总额、带息负债余额、融资成本率、所得税税率、上缴投资收益、权益总额、借款利息资本化率。其中负债总额、带息负债余额、上缴投资收益、权益总额来源于资产负债表，所得税税率根据企业所得税税法规定，一般为 25%，融资成本率及借款利息资本化率根据企业自身融资情况进行设定。

8.2.3.2 预测期企业经营活动所产生的现金净流量

从式（8–6）中可以看出，计算预测期企业经营活动产生的现金净流量，需要分别计算息税前利润、净营运资本变动、折旧费用、投资收益等指标，指标构成如图 8–7 所示。其中，折旧费用、投资收益、所得税税率、资产减值损失及公允价值变动收益为基础输入指标，息税前利润和净营运资本变动为过程性指标，由基础指标计算得到。

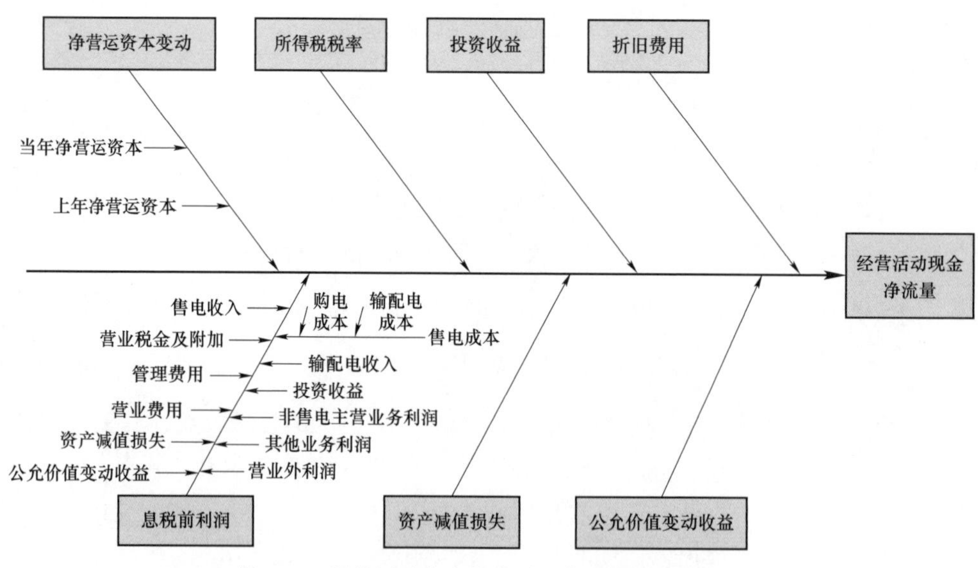

图 8–7　经营活动产生的货币现金净流量构成指标

（1）息税前利润。息税前利润指未扣除利息和所得税的利润，也称为息前税前利润。输配电价改革后电网企业新增输配电收入、输配电成本核算方式均发生变化，影响了电网企业的息税前利润，进而影响企业经营活动与融资活动产生的现金净流量。电网企业的利润来源，既包括售电和输配电、非售电主营业务及其他业务，也

包括通过处置固定资产、投资获得的利润，还包括通过财务核算得到的利润（公允价值变动收益）等，计算公式为

$$R_{XS} = S_S + S_{SP} - F_S - F_{SJ} - F_G - F_Y - Z_S + G_Y + R_T + R_F + R_Q + R_Y \quad (8-12)$$

式中：R_{XS} 为息税前利润，S_S 为售电收入，S_{SP} 为输配电收入，F_S 为售电成本，F_{SJ} 为营业税金及附加，F_G 为管理费用，F_Y 为营业费用，Z_S 为资产减值损失，R_F 为非售电主营业务利润，R_Q 为其他业务利润，R_Y 为营业外利润，R_T 为投资收益，G_Y 为公允价值变动收益。

式（8–9）中输配电收入、营业费用、资产减值损失、公允价值变动收益、投资收益、非售电主营业务利润、其他业务利润、营业外利润为基础输入指标，其中营业费用、资产减值损失、公允价值变动收益、投资收益、其他业务利润、营业外利润来源于利润表，输配电收入、非售电主营业务利润主要根据企业历史经营情况进行设定。售电收入、售电成本、营业税金及附加、管理费用为过程性指标，具体计算公式如式（8–13）～式（8–27）所示。

1）售电收入为

$$S_S = J_S DL_S \quad (8-13)$$

式中：S_S 为售电收入；J_S 为平均销售电价；DL_S 为售电量。平均销售电价、售电量为基础输入指标。

2）售电成本为

$$F_S = F_{GD} + F_{SP} \quad (8-14)$$

式中：F_S 为售电成本；F_{GD} 为购电成本；F_{SP} 为输配电成本。

其中购电成本为购电量与购电单位成本之积，即

$$F_{GD} = J_G DL_G \quad (8-15)$$

式中：J_G 为购电单位成本；DL_G 为购电量，均为基础输入数据。

输配电成本则由折旧费用、检修运维成本、人工成本和其他运行费用组成，可表示为

$$F_{SP} = Z_J + F_{JX} + F_{RG} + F_{QY} \quad (8-16)$$

式中：Z_J 为折旧费用；F_{JX} 为检修运维成本；F_{RG} 为人工成本；F_{QY} 为其他运营费用。

进一步，可将检修运维成本、人工成本、其他运营费用分别分解为式（8–17）～式（8–25）。

检修运维成本与企业固定资产原值和单位资产的维护费用有关。

$$F_{JX} = F_W Y_{GD} \quad (8-17)$$

式中：F_W 为单位电网资产维护费；Y_{GD} 为固定资产原值。

电网企业的固定资产包括输变电、配电的线路、主变压器等设备及其他资产，也包括接收的用户资产和代管县公司产权上划的资产。

$$Y_{GD}=Y_{SX}+Y_{BS}+Y_{P}+Y_{Q}+Z_{JY}+Z_{DC} \tag{8-18}$$

式中：Y_{SX}为输电线路资产原值；Y_{BS}为变电设备资产原值；Y_{P}为配电线路及设备资产原值；Y_{Q}为其他资产原值；Z_{JY}为接收用户资产的固定资产原值合计；Z_{DC}为代管县公司产权上划的固定资产原值合计。

预测年的输电线路资产原值、变电设备资产原值、配电线路及设备资产原值、其他资产原值可以通过预测年上年的资产原值，加上预测年相应类别的投资转资金额计算得到，如式（8-19）～式（8-22）所示。上年资产原值来自统计数据，预测年增量部分则按照输变电及其他各类项目投资的比例，分解预测年的转资金额得到。预测年转资金额的计算如式（8-23）所示。

$$Y_{SX}=L_{SX}Z+Y_{SSX} \tag{8-19}$$

式中：L_{SX}为输电线路资产投资额占总投资比例；Z为转资金额；Y_{SSX}为上年输电线路资产原值。

$$Y_{BS}=L_{BS}Z+Y_{SBS} \tag{8-20}$$

式中：L_{BS}为变电设备资产投资额占总投资比例；Y_{SBS}为上年变电设备资产原值。

$$Y_{P}=L_{P}Z+Y_{SP} \tag{8-21}$$

式中：L_{P}为配电线路及设备资产投资额占总投资比例；Y_{SP}为上年配电线路及设备资产原值。

$$Y_{Q}=(1-L_{SX}-L_{BX}-L_{P})\times Z+Y_{SQ} \tag{8-22}$$

$$Y_{SQ}=[T_{QS}L_{QT}L_{QTC}+T_{SS}L_{ST}(1-L_{STC})+T_{SX}L_{ST}]L_{ZG} \tag{8-23}$$

式中：Y_{SQ}为上年其他资产原值；T_{QS}为前年 330kV 及以上投资额；L_{QT}为前年投资完成率；L_{QTC}为前年 330kV 及以上固定资产投资投产系数；T_{SS}为上年 330kV 及以上投资额；L_{ST}为上年投资完成率；L_{STC}为上年 330kV 及以上固定资产投资投产系数；T_{SX}为上年 220kV 及以下投资额；L_{ZG}为投资转固系数。

$$F_{RG}=F_{SRG}(1+L_{Y}) \tag{8-24}$$

式中：F_{RG}为人工成本；F_{SRG}为上年人工成本；L_{Y}为工资增长率。

$$F_{QY}=S_{S}L_{Q} \tag{8-25}$$

式中：F_{QY}为其他运营费用；S_{S}为售电收入；L_{Q}为其他运营费用占售电收入比。

3）营业税金及附加为

$$F_{SJ} = S_S L_{SJ} \tag{8-26}$$

式中：F_{SJ}为营业税金及附加；S_S为售电收入；L_{SJ}为营业税金及附加占售电收入比。

4）管理费用为

$$F_G = Y_{GD} L_G \tag{8-27}$$

式中：F_G为管理费用；Y_{GD}为固定资产原值；L_G为管理费用占固定资产原值比。

（2）净营运资本变动为

$$X_{ZB} = X_{ZD} - X_{SD} \tag{8-28}$$

式中：X_{ZB}为净营运资本变动；X_{ZD}为当年净营运资本；X_{SD}为上年净营运资本。

综上所述，计算“预测期企业经营活动产生的现金净流量”所需的基础输入指标有：折旧费用、单位电网资产维护费、接收用户资产的固定资产原值合计、代管县公司产权上划的固定资产原值合计、输电线路资产投资额占总投资比例、变电设备资产投资额占总投资比例、配电线路及设备资产投资额占总投资比例、输电线路资产原值、变电设备资产原值、配电线路及设备资产原值、其他资产原值、330kV及以上投资额、220kV及以下投资额、投资完成率、固定资产投资投产系数、投资转固系数、人工成本、工资增长率、其他运营费用占售电收入比、营业税金及附加占售电收入比、管理费用占固定资产原值比。其中折旧费用、接收用户资产的固定资产原值合计、代管县公司产权上划的固定资产原值合计来源于资产负债表，输电线路资产投资额占总投资比例、变电设备资产投资额占总投资比例、配电线路及设备资产投资额占总投资比例、输电线路资产原值、变电设备资产原值、配电线路及设备资产原值、其他资产原值主要依据资产负债表与企业实际经营情况进行设定，330kV及以上投资额、220kV及以下投资额、投资完成率、固定资产投资投产系数、投资转固系数、人工成本、工资增长率、其他运营费用占售电收入比、营业税金及附加占售电收入比、管理费用占固定资产原值比根据企业历史经营水平进行设定。

8.2.3.3 预测期其他活动产生的现金净流量

预测期其他活动产生的现金净流量主要指电网企业在预测期内接受的权益性投资，如财政资金、股东注资等，主要根据电网企业实际情况进行预估。

8.2.3.4 预测期企业投资活动产生的现金流入

预测期投资活动产生的现金流入主要包括预测期出售转让固定资产或其他长期投资实际收到的资金，以及金融投资收回的本金和投资收益等，根据现金流量表中数据进行设定。

8.2.3.5 预测期安全备付变动额

预测期安全备付变动额是指预测期最低安全备付额与预测期上年最低安全备

付额之差，根据企业财务报告中数据进行设定。

电网投资能力测算模型在收集电网企业大量财务数据的基础上，采用一定参数预测未来年份的财务运行情况，并根据目标财务指标计算投资能力。在分析投资能力模型测算指标的基础上，充分考虑了利息、摊销等费用，投资能力测算的基础输入指标总结如表 8-7 所示。

表 8-7　电网投资能力测算模型输入指标

序号	指标	指标类型	指标说明
1	售电量	电网发展类指标	用于计算售电收入
2	平均销售电价	电网发展类指标	用于计算售电收入
3	购电单位成本	成本费用类指标	主要指购电价，用于计算售电成本
4	人工成本	成本费用类指标	输配电成本中的人工成本，用于计算预测期人工成本
5	工资增长率	成本费用类指标	用于计算人工成本
6	折旧费用	成本费用类指标	用于计算经营活动现金净流量
7	营业费用	成本费用类指标	用于计算息税前利润
8	单位电网资产维护费	成本费用类指标	除折旧费用、人工成本和其他运营费用外的输配电成本与固定资产原值的比，用于计算检修运维成本
9	资产减值损失	成本费用类指标	因资产的账面价值高于其可收回金额而造成的损失，用于计算息税前利润
10	其他运营费用占售电收入比	成本费用类指标	输配电成本的构成部分，用于计算其他运营费用
11	营业税金及附加占售电收入比	成本费用类指标	用于计算营业税金及附加
12	管理费用占固定资产原值比	成本费用类指标	用于计算管理费用
13	融资成本率	成本费用类指标	利息支出和带息负债的比值，用于计算融资到手率
14	所得税税率	成本费用类指标	用于计算息税前利润、融资到手率和含利息权益
15	借款利息资本化率	成本费用类指标	资本化利息与利息支出总额的比值，用于计算融资到手率
16	公允价值变动收益	利润类指标	指因资产或负债的公允价值变动所形成的收益，用于计算息税前利润
17	投资收益	利润类指标	指对外投资所取得的利润、股利和债券利息等收入减去投资损失后的净收益，用于计算息税前利润
18	输配电收入	利润类指标	用于计算息税前利润

续表

序号	指标	指标类型	指标说明
19	非售电主营业务利润	利润类指标	除售电、输配电业务外电网企业其他主营业务利润，用于计算息税前利润
20	其他业务利润	利润类指标	节能与电能替代、工程承包等业务利润，用于计算息税前利润
21	营业外利润	利润类指标	出售无形资产收益、债务重组利得等，用于计算息税前利润
22	投资活动产生的现金流入	现金流量类指标	用于计算投资活动产生现金净流量
23	最低安全备付额	现金流量类指标	为满足基本建设和正常生产经营活动需要而保有的合理资金存量，用于计算最低安全备付变动额
24	净营运资本	现金流量类指标	企业流动资产与流动负债之差，用于计算经营活动现金净流量
25	上缴投资收益	现金流量类指标	用于计算融资活动现金净流量
26	权益总额	现金流量类指标	用于计算融资活动现金净流量
27	负债总额	现金流量类指标	用于计算融资活动现金净流量
28	带息负债余额	现金流量类指标	指企业负债当中需要支付利息的部分，用于计算融资活动现金净流量
29	控股县公司产权上划：上划权益合计	现金流量类指标	控股县企业产权上划权益合计，用于计算含利息权益
30	代管县公司产权上划：负债合计	现金流量类指标	代管县公司产权上划负债合计，用于计算负债总额
31	接受权益性投资（财政资金、股东注资等）	现金流量类指标	接受的财政资金或者股东注资，用于计算含利息权益
32	接收用户资产：资产净值合计	资产类指标	用于计算固定资产原值
33	代管县公司产权上划：资产合计	资产类指标	代管县公司产权上划资产合计，用于计算固定资产原值
34	输电线路资产原值	资产类指标	用于计算固定资产原值
35	变电设备资产原值	资产类指标	用于计算固定资产原值
36	配电线路及设备资产原值	资产类指标	用于计算固定资产原值
37	其他资产原值	资产类指标	用于计算固定资产原值
38	投资完成率	资产类指标	用于计算转资金额
39	固定资产投资投产系数	资产类指标	投产项目当年投资额与当年总投资额的比，用于计算转资金额
40	投资转固系数	资产类指标	投资转化为固定资产的比例，用于计算转资金额
41	330kV 及以上投资额	投资规模类指标	用于计算转资金额

续表

序号	指标	指标类型	指标说明
42	220kV 及以下投资额	投资规模类指标	用于计算转资金额
43	输电线路资产投资额占总投资比例	投资规模类指标	用于计算固定资产原值
44	变电设备资产投资额占总投资比例	投资规模类指标	用于计算固定资产原值
45	配电线路及设备资产投资额占总投资比例	投资规模类指标	用于计算固定资产原值
46	考核资产负债率	考核类指标	企业目标资产负债率
47	考核利润	考核类指标	企业目标利润

8.3 应 用 实 践

8.3.1 电网经营水平评价应用实践

选取中国某省级电网企业，利用层次分析法计算各指标权重。由于经营水平评价指标体系中，各角度指标权重确定方法相同，此处仅以财务角度各指标权重计算为例，简要介绍各指标权重计算方法。

（1）根据指标层次结构模型构造判断矩阵。电网企业经营水平评价体系如表 8－8 所示。

表 8－8　　电网企业经营水平评价体系

目标层	一级指标	二级指标
财务经营 A	盈利能力 B_1	净资产收益率 C_1
		EBITDA 利润率 C_2
		总资产报酬率 C_3
	债务风险 B_2	流动比率 C_4
		资产负债率 C_5
		EBITDA 利息倍数 C_6
		速动比率 C_7
	资产质量 B_3	存货周转率 C_8
		流动资产周转率 C_9
		总资产周转率 C_{10}

续表

目标层	一级指标	二级指标
财务经营 A	经营增长 B_4	主营业收入增长率 C_{11}
		资本保值增值率 C_{12}
		总资产增长率 C_{13}
		利润总额增长率 C_{14}
		技术投入比率 C_{15}

利用层次分析法计算各个指标间的评价矩阵，具体计算方法详见 7.3.2 章节。计算结果如表 8–9～表 8–13 所示。

表 8–9　　A–B 评价矩阵

财务经营 A	盈利能力 B_1	债务风险 B_2	资产质量 B_3	经营增长 B_4
盈利能力 B_1	1	3	5	1/3
债务风险 B_2	1/3	1	3	1/5
资产质量 B_3	1/5	1/3	1	1/6
经营增长 B_4	3	5	6	1

表 8–10　　B1–C 评价矩阵

盈利能力 B_1	净资产收益率 C_1	EBITDA 利用率 C_2	总资产报酬率 C_3
净资产收益率 C_1	1	1/5	1/4
EBITDA 利润率 C_2	5	1	3
总资产报酬率 C_3	4	1/3	1

表 8–11　　B2–C 评价矩阵

债务风险 B_2	流动比率 C_4	资产负债率 C_5	EBITDA 利息倍数 C_6	速动比率 C_7
流动比率 C_4	1	1/5	1/3	1/2
资产负债率 C_5	5	1	1	2
EBITDA 利息倍数 C_6	3	1	1	2
速动比率 C_7	2	1/2	1/2	1

表 8–12　　B3–C 评价矩阵

资产质量 B_3	存货周转率 C_8	流动资产周转率 C_9	总资产周转率 C_{10}
存货周转率 C_8	1	3	1/3
流动资产周转率 C_9	1/3	1	1/5
总资产周转率 C_{10}	3	5	1

表 8-13　　　　B4-C 评价矩阵

经营增长 B_4	主营业收入增长率 C_{11}	资本保值增值率 C_{12}	总资产增长率 C_{13}	利润总额增长率 C_{14}	技术投入比率 C_{15}
主营业收入增长率 C_{11}	1	1/3	1	3	2
资本保值增值率 C_{12}	3	1	5	4	2
总资产增长率 C_{13}	1	1/5	1	1/2	1/3
利润总额增长率 C_{14}	1/3	1/4	2	1	1/3
技术投入比率 C_{15}	1/2	1/2	3	3	1

（2）计算各指标权重。经营能力评价指标权重计算流程如下：

1）A-B 评价指标权重为

$$\boldsymbol{A}_1=\begin{bmatrix}1 & 3 & 5 & 1/3\\ 1/3 & 1 & 3 & 1/5\\ 1/5 & 1/3 & 1 & 1/6\\ 3 & 5 & 6 & 1\end{bmatrix}$$

$$\boldsymbol{\omega}_1=[0.42 \quad 0.19 \quad 0.09 \quad 0.88]\Rightarrow \boldsymbol{W}_1=[0.27 \quad 0.12 \quad 0.06 \quad 0.55]$$

2）B1-C 评价指标权重为

$$\boldsymbol{A}_2=\begin{bmatrix}1 & 1/5 & 1/4\\ 5 & 1 & 3\\ 4 & 1/3 & 1\end{bmatrix}$$

$$\boldsymbol{\omega}_2=[0.14 \quad 0.90 \quad 0.40]\Rightarrow \boldsymbol{W}_2=[0.09 \quad 0.63 \quad 0.28]$$

3）B2-C 评价指标权重为

$$\boldsymbol{A}_3=\begin{bmatrix}1 & 1/5 & 1/3 & 1/2\\ 5 & 1 & 1 & 2\\ 3 & 1 & 1 & 2\\ 2 & 1/2 & 1/2 & 1\end{bmatrix}$$

$$\boldsymbol{\omega}_3=[0.17 \quad 0.70 \quad 0.61 \quad 0.33]\Rightarrow \boldsymbol{W}_3=[0.09 \quad 0.39 \quad 0.34 \quad 0.18]$$

4）B3-C 评价指标权重为

$$\boldsymbol{A}_4=\begin{bmatrix}1 & 3 & 1/3\\ 1/3 & 1 & 1/5\\ 3 & 5 & 1\end{bmatrix}$$

$$\boldsymbol{\omega}_4=[0.37 \quad 0.15 \quad 0.92]\Rightarrow \boldsymbol{W}_4=[0.26 \quad 0.10 \quad 0.64]$$

5）B4－C 评价指标权重为

$$A_5=\begin{bmatrix}1 & 1/3 & 1 & 3 & 2\\ 3 & 1 & 5 & 4 & 2\\ 1 & 1/5 & 1 & 1/2 & 1/3\\ 1/3 & 1/4 & 2 & 1 & 1/3\\ 1/2 & 1/2 & 3 & 3 & 1\end{bmatrix}$$

$$\boldsymbol{\omega}_5=[0.39 \quad 0.80 \quad 0.17 \quad 0.18 \quad 0.38]$$

$$\Rightarrow \boldsymbol{W}_5=[0.20 \quad 0.42 \quad 0.09 \quad 0.09 \quad 0.20]$$

（3）一致性检验。通过计算得出各判断矩阵的最大特征值 λ_{max}、归一化的权重向量 $\boldsymbol{W}$、一致性指标 $C.I.$、随机一致性指标 $R.I.$、一致性比率 $C.R.$（单层指标数小于 2 的指标不需要进行一致性检验）如表 8－14 所示。

表 8－14　　一致性检验

判断矩阵	λ_{max}	W	$C.I.$	$R.I.$	$C.R.$
$A-B$	4.1503	[0.27　0.12　0.06　0.55]	0.0501	0.92	0.0545
B_1-C	3.0858	[0.09　0.63　0.28]	0.0429	0.58	0.0740
B_2-C	4.0247	[0.09　0.39　0.34　0.18]	0.0082	0.92	0.0089
B_3-C	3.0385	[0.26　0.10　0.64]	0.0193	0.58	0.0333
B_4-C	5.4209	[0.20　0.42　0.09　0.09　0.20]	0.1052	1.12	0.0939

计算结果表明，所有判断矩阵的一致性比率 $CR<0.1$，权重向量 $\boldsymbol{W}$ 符合实际应用的需要。

（4）综合评价。根据计算结果，得到经营能力评价指标体系各指标的权重，对比上一年的经营情况，各指标的提升度及该电网企业的综合提升度如表 8－15 所示。

表 8－15　　指标权重及综合提升度

目标层	一级指标	二级指标	权重 W	评价年	上一年	提升度
财务经营（0.49）	盈利能力（0.27）	净资产收益率	0.09	4.23%	4.22%	0.004%
		EBITDA 利润率	0.63	15.57%	14.74%	0.469%
		总资产报酬率	0.28	16.44%	15.16%	0.249%
	债务风险（0.12）	流动比率	0.09	0.36	0.29	0.128%
		资产负债率	0.39	49.19	55	0.242%
		EIBTDA 利息倍数	0.34	13.9	13.7	0.029%
		速动比率	0.18	0.26	0.2	0.318%

续表

目标层	一级指标	二级指标	权重 W	评价年	上一年	提升度
财务经营（0.49）	资产质量（0.06）	存货周转率	0.26	16.58	15.42	0.058%
		流动资产周转率	0.1	11.98	9.24	0.087%
		总资产周转率	0.64	1.4	1.53	−0.160%
	经营增长（0.55）	主营业收入增长率	0.2	6.77%	8.28%	−0.983%
		资本保值增值率	0.42	1.05	1.08	−0.314%
		总资产增长率	0.09	4.05%	12%	−1.607%
		营业利润增长率	0.09	6.45%	0.45%	32.340%
		技术投入比率	0.2	0.65%	0.66%	−0.082%
用户服务（0.31）		用户满意度	0.53	99.60%	99.10%	0.083%
		总资产税费率	0.47	0.77%	1.06%	−3.986%
技术性能（0.2）		综合线损率	0.19	3.31	4.08	0.717%
		城网综合供电电压合格率	0.19	99.997	99.993	0.000%
		$N-1$ 通过率	0.45	100%	100%	0.000%
		线路互联率	0.17	95.85%	94.81%	0.037%
综合提升度						27.63%

由表 8−15 的计算结果来看，该电网公司经营水平总体较上一年有所提升。

财务经营方面，盈利能力、债务风险的全部二级指标均高于上一年，表明该公司盈利能力和偿债能力增强，有利于吸收投资、扩大经营规模，保障公司健康可持续发展。资产质量来看，存货周转率和流动资产周转率都有所提升，但总资产周转率下降，说明流动资产在总资产中的比重有所下降，非流动资产的持有比例有所扩张。经营增长来看，主营业务收入增长率、资本保值增值率、总资产增长率和技术投入比率等指标的提升度为负值。主营业务收入增长率的下降反映出该公司传统主营业务盈利能力下滑，全面分析电改政策、电力市场化交易规模变化等因素影响，全面提升企业服务质量，稳固主营业务的市场地位，同时增强创新意识，不断开拓电动汽车、电子商务、智能芯片制造以及综合能源服务等新兴业务，提高企业竞争力；资本保值增值率虽有下降但依旧大于 1，说明该公司资本运营效益和安全水平依旧有良好保障，但需采取措施给予适当优化。总资产增长率下滑主要由于近几年投资放缓；技术投入比率略有下降。

用户服务方面，用户满意度提升，总资产税费率下滑。由于近年投资减少，资产增长明显放缓，总资产税费率的下滑可能主要受益于国家减税降费政策。

技术性能方面，所有指标较上年均有所提升，技术性能指标的提升表明该公司范围内电网的可靠性、安全性、高效性得到了进一步的保障。

8.3.2 电网投资能力测算应用实践

8.3.2.1 电网投资能力模型测算数据来源

电网投资能力测算是采用企业财务数据，并结合对未来年份的电量增长、价格变化和财务费率参数预测情况，以目标参数为约束，计算投资能力。考虑到电网投资能力测算模型涉及的指标多，便于测算，本案例中投资能力测算模型的基础指标和参数的数据来源如表 8–16 所示。

表 8–16　　　　投资能力测算模型数据与指标汇总表

序号	指标	应用	指标来源及计算方式
1	预测期利润额	模型的约束条件	根据往年数据进行预测
2	预测期资产负债率	模型的约束条件	根据往年数据进行预测
3	售电量增长率	计算售电收入	（本期售电量－基期售电量）/基期售电量
4	平均销售电价	简化计算售电收入	（期初销售电价＋期末销售电价）/2
5	人工成本增长率	计算人工成本	（本期人工成本－基期人工成本）/基期人工成本
6	资产减值损失	计算息税前利润	利润表数据
7	公允价值变动收益	计算息税前利润	利润表数据
8	投资收益	计算息税前利润	利润表数据
9	平均融资成本率	计算融资到手率	融资成本/融资总额
10	借款利息资本化率	计算融资到手率	资本化借款利息/借款利息总额
11	输电线路投资占总投资比例	简化计算资产原值	输电线路投资/总投资
12	变电设备投资占总投资比例	简化计算资产原值	变电设备投资/总投资
13	配电线路投资占总投资比例	简化计算资产原值	配电线路投资/总投资
14	其他投资占总投资比例	简化计算资产原值	其他投资/总投资
15	平均折旧率	简化计算折旧费用	折旧额/固定资产原值
16	其他运营费用占售电收入比	简化计算息税前利润	其他运营费用/售电收入
17	税金及附加占售电收入比	简化计算息税前利润	税金及附加/售电收入
18	管理费用占固定资产原值比	简化计算息税前利润	管理费用/固定资产原值
19	非售电主营业务利润	计算息税前利润	非售电主营业务收入－非售电主营业务成本
20	其他业务利润	计算息税前利润	利润表数据

续表

序号	指标	应用	指标来源及计算方式
21	营业外利润	计算息税前利润	利润表数据
22	所得税税率	计算预测期息税前利润、融资到手率和含利息权益	所得税费用/利润总额
23	预测期购电单位成本	计算购电成本	（期初购电单位成本＋期末购电单位成本）/2
24	单位电网资产维护费	计算检修运维成本	利润表数据
25	营业费用	计算息税前利润	利润表数据
26	投资活动产生的现金流入	计算投资活动现金净流量	现金流量表数据
27	上缴投资收益	计算融资活动产生的现金净流量	现金流量表数据

8.3.2.2 资产负债率约束下的投资能力测算

以I省电网公司（简称I公司）为例，应用电网投资能力测算工具开展计算。

资产负债率约束下的投资能力测算。I 公司 2017～2019 年的实际资产负债率水平和投资规模，以及 2020 年的计划数据如表 8－17 所示。

表 8－17　　基 础 数 据 表

企业	指标	2017	2018	2019	2020
I	资产负债率	63.29%	63.29%	62.00%	60.00%
	实际投资额（万元）	2802210	2482876	3152258	—

根据I公司2017～2019年的实际数据以及2020年的计划数据进行测算，得到在约束资产负债率水平条件下I省电网企业的投资能力，具体如表 8－18 所示。

表 8－18　　资产负债率约束下投资能力分析表　　（万元）

企业	年份	测算投资能力	自有资金额	借贷资金额
I	2020	4192665.5849	3860784.6550	331880.9299

I公司2020年在预计资产负债率60.0%条件下，投资能力为419.3亿元，其中自有资金386.1亿元，借贷资金33.2亿元。

8.3.2.3 目标利润约束下的投资能力测算

以 T 省电网公司（简称 T 公司）为例，应用目标利润约束下的投资能力测算模型对其投资能力进行测算。

T公司2017～2019年的实际数据以及2020年的计划数据如表8－19所示。

表 8-19 基础数据表 （万元）

企业	指标	2017	2018	2019	2020
T	利润额	148855.64	164100.00	167122.00	184600.00
	实际投资额	2264521.00	2192441.00	2292441.00	—

根据 T 公司 2017～2019 年的实际数据以及 2020 年计划数据进行测算，得到在额定利润额条件下 T 公司的投资能力，具体见表 8-20。

表 8-20 利润额定条件下投资能力分析表 （万元）

企业	年份	测算投资能力	自有资金额	借贷资金额
T	2020	2787732.1423	1454048.0631	1333684.0792

T 公司 2020 年预计利润 184600.00 万元条件下，投资能力为 278.8 亿元，其中自有资金 145.4 亿元，借贷资金 133.4 亿元。

综合考虑资产负债率及目标利润两项指标约束下的测算结果，选取其中较小值作为最终投资能力，因此 T 公司 2020 年投资能力为 278.8 亿元。

参考文献

［1］张远录. 会计报表分析. 2 版. ［M］. 北京：机械工业出版社，2008.2.

［2］程琴. 经济附加值（EVA）指标的计算及其功能研究［J］. 引进与咨询，2004（10）：24-26.

［3］马璐. 企业战略性绩效评价系统研究［D］. 武汉：华中科技大学，2004.

［4］王炜. 基于 EVA 的企业价值评估方法［J］. 价值工程，2003（04）：8-9.

［5］张志菊. 基于经济增加值的财务指标体系构建研究［J］. 科技经济市场，2016（11）：68-69.

［6］张雪松. 基于经济指标增加值的财务指标体系构建研究［D］. 天津：天津财经大学，2010.

［7］张东风，陈登平，张东红. 卓越绩效管理范式研究：核心理论、技法与典范案例［M］. 北京：人民出版社，2008.9.

［8］王化成，刘俊勇. 企业业绩评价模式研究——兼论中国企业业绩评价模式选择［J］. 管理世界，2004（04）：8291+116.

［9］徐珊珊. 电力企业绩效考核指标体系构建研究［D］. 北京：华北电力大学，2007.

［10］孙奕驰. 上市公司财务绩效评价及其影响因素研究［D］. 沈阳：辽宁大学，2011.

［11］程安，刘晨，王军. 中外石油石化企业的经营绩效评价——基于 78 家上市公司数据的比较［J］. 重庆科技学院学报（社会科学版），2018（02）：49-54.

［12］金兴. 中国石油行业上市公司经营绩效影响因素研究［D］. 北京：中国地质大学，2016.

［13］苏列英，胡越. 平衡计分卡在石油企业绩效管理中的应用［J］. 西安石油大学学报（社会科学版），2012，21（02）：64-68.

［14］林享. 基于 EVA 指标的企业绩效评价研究——以中石油为例［J］. 财经界（学术版），2015（08）：38-39.

［15］刘黎漓. 电信企业基于 EVA 的绩效评价体系与激励机制若干问题的研究［D］. 北京：北京邮电大学，2006.

［16］聂亦慧，赵泽. 资源型企业社会责任评价指标体系构建［J］. 西安石油大学学报（社会科学版），2019，28（03）：58-64.

［17］叶陈刚，曹波. 企业社会责任评价体系的构建［J］. 财会月刊，2008（18）：41-44.

［18］Wilson R.. The Structure of Incentives for Decentralization Under Uncertainty.La Decision，1963（171）.

电网投资决策

企业投资决策是为实现预定的目标，对若干投资方案进行分析、判断和选择，通过有效的投资，合理的使用企业资本，使资本价值不断提升。投资决策是影响企业健康可持续发展的重要因素，是指电网企业对电网建设项目进行投资时序和投资规模的科学决策。其特殊性在于，电网企业属于公共服务型企业，肩负一定的社会责任，自身获取最大利益并非投资的唯一目标。电力市场环境下，市场主体、市场机制、用户需求等多种因素交织，决策主体多元化，电网企业面临更大的挑战。电网投资决策时，需要统筹协调支撑经济社会发展产生的电网投资需求和企业自身经营状况具备的投资能力，投资需求与投资能力的共同作用最终决定了电网投资决策的形成。需要特别指出的是，本书讨论的电网投资决策主要针对电网投资中的基建项目投资，不包含电网技改、信息化、营销、零购类项目。在进行投资能力测算和投资决策分析时，按照一定比例将非基建类部分对应的投资能力数值扣除。

本章首先调研国外一些国家开展电网投资决策时考虑的主要因素、决策流程等，然后分析当前阶段主要影响中国电网企业投资决策的关键因素，提出电网投资需求和投资能力统筹协调的电网投资决策方法，最后进行实例分析。

9.1 国外投资决策流程及特征

20 世纪 80 年代以来，世界范围内掀起了电力市场化改革的热潮，数百个国家陆续进行了电力市场化改革，并在之后的几十年中对电力市场建设思路和模式不断进行调整和创新，形成了不同的实践路线，这其中既有成功的经验，也有失败的教训。这一过程中，各国也根据自身国情和电力行业发展实际情况形成了不同的电力投资决策理论和模型。对于正在进行电力市场化改革的中国来说，国外投资决策过程能够为中国投资决策提供有益的参考。本节以法国、英国、美国、德国四个国家为例，分别介绍其投资决策流程和各自的特点。

9.1.1 欧美电网投资决策流程

9.1.1.1 法国电网投资决策流程

法国电力公司（Électricité De France，EDF）成立于1946年，其主营业务涵盖电力工业的方方面面，是负责全法国发、输、配电业务的国有企业。目前，法国电力公司的输配电业务分别由其子公司法国输电网公司（Réseau De Transport délectricité，RTE）和法国配电网公司（Électricité Réseau Distribution France，ERDF）经营。

法国电网是世界范围内发展较为成熟的电力系统之一，其管理与运作体制与中国有一定的相似之处。法国通过实施《电力公共服务事业发展和改革的法律》（简称新电力法），在实施电力市场化改革的同时，继续坚持了电力行业的公益性，保持EDF的国有企业性质，使得EDF不仅是发、输、配电服务的提供者，还作为公用事业承担社会责任；同时在政府和行业层面设立电力监管委员会（即后来的法国能源监管委员会），对电力行业进行监管。在电网规划、投资决策等方面，法国采取了一些不同于中国的措施，对中国电网的发展提供了有益的参考。

法国电网规划遵循“远近结合”的思路，采用确定性和概率性相结合的规划方法，在确定目标网架能够满足监管部门对电网可靠性的要求后，评估不同方案投资费用，考虑财务期内的投资成本、运行成本、输电阻塞费用、损耗等因素以及通货膨胀的影响，以总成本最低为目标进行方案比选。

在投资决策阶段，以投资回报率（Ratio Benefit Cost，RBC）和单位投资回报（Profit for each Euro Invested，PEI）这两个指标作为依据。投资回报率是指投资回报与投资的比值，决策依据是 $V_{RBC}>5.5\%$，即当投资后第一年的投资回报率大于5.5%时，投资被认为在当年是可行的。单位投资回报则是指运营期内的单位投资回报，公式为

$$V_{PEI}=\left[\sum_{j=1}^{10}\frac{F(j)}{(1+i)^j}-I\right]\Big/I \tag{9-1}$$

式中：i 为折现率；I 为总投资；$F(j)$ 为第 j 年的收益，运营期按10年考虑。

单位投资回报的最终决策依据为大于0，则可行。法国电网公司投资决策流程如图9-1所示。

在满足经济效果的前提下，法国电网在进行进一步决策时还考虑采用下列标准：

（1）是否与公司的发展战略一致。

（2）是否能够为集团创造价值。判断标准有：税前项目收益净现值（Net Present Value，NPV）＞0；项目 NPV/投资＞10%。

（3）是否能够为股东创造价值。判断标准有：股东 NPV（税后）＞0；股东 NPV/权益资本＞10%。

（4）是否对集团业绩提高有所贡献。判断标准有：从第二年开始，净利润＞0；从第三年开始，净利润/收入＞7%。

（5）NPV 下降风险的大小。通过敏感性分析，评估项目的回报风险。通常需要考虑的风险包括税务风险、政治风险等。

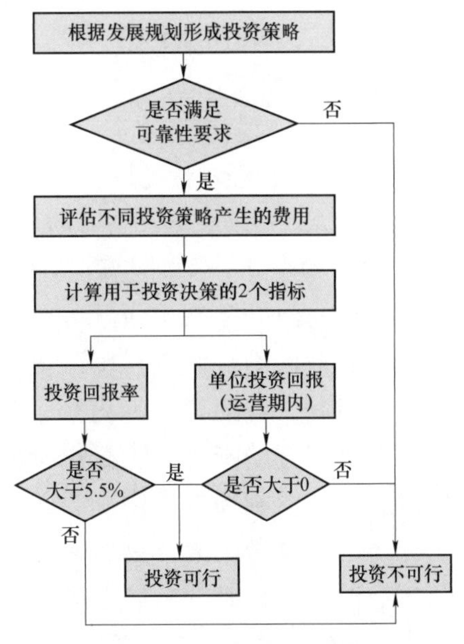

图 9-1　法国投资决策流程

随着公众对环境的重视程度不断加深，法国电网建设遵循的环保标准也逐渐提高，包括鸟类保护、生物多样性、自然保护区、SF_6泄漏等多个方面，提高了项目的环保费用。同时，法国电网建设项目在落地前不仅要取得政府批文，还需要与各个社会团体和居民就项目建设进行沟通以取得共识，项目核准周期长。以上因素都对电网建设成本性支出影响巨大，成为投资决策中的重要考量因素。由于法国电网建设项目核准难度大，审核时间长，因此设备设计的寿命周期较长，架空线路寿命设定为 60 年，变电站寿命设定为 45 年。

总体来看，法国电力公司进行电网项目投资决策时更加注重项目的财务分析和环保论证，基于财务指标硬约束的电网项目投资方案选择是法国电网投资决策的特色。相比之下，当前发展阶段中国电网项目方案选择和投资决策时，更加关注项目建设的必要性和技术可行性。

9.1.1.2　英国电网投资决策流程

英国是较早开展电力市场化改革的国家之一。1988 年，在第一次改革中实现了电力公司的结构重组及股份制和私有化的改造，采用的是电力库（Power Pool）模式。在之后的历次改革中不断吸取经验教训，调整发展模式。2001 年建立双边交易为主的市场模式（NETA），并于 2005 年将该模式推广到苏格兰地区乃至全国。2011 年，为保障能源供应安全、促进低碳发展，英国对其市场模式和机制开始了新一轮的改革。在电力市场改革的过程中，英国对参与其市场竞争的能源企业，形成了典型的激励型能源网络监管模式，这一监管模式被称为 RIIO 模式，于 2010 年取代价格上限监管模式（RPI-X）开始实行，每轮管制周期为 8 年。

RIIO 模式中使用激励机制设置收入以提供创新和产出，简单来说就是“收入（Revenue）=激励（Incentives）+创新（Innovation）+产出（Outputs）”。RIIO 模式要求天然气、电力网络运营企业（包括输气、输电、配气和配电四个板块）在维持安全性、可靠性和经济性的同时，降低碳排量，为现在和未来的消费者提供更物有所值的服务，并实现社会和自身的可持续发展。

在 RIIO 模式下，英国能源监管机构——英国天然气与电力市场办公室（Office of Gas and Electricity Market，OFGEM）在监管周期前根据准许成本和合理收益等对电网企业的准许收入、输配电价等进行核定，设置产出激励、效率激励以及不确定机制，在监管周期内给予电网企业调整投资和输配电价的机会。这一模式与中国现行的新一轮输配电价改革中的监管模式相似的地方是，都通过改变电网企业的盈利模式、限制收入等方式对电网企业的投资进行约束，促使电网企业在进行投资决策时更加审慎，防止企业过度投资。不同之处是，RIIO 模式从单纯的价格控制或者收益率控制扩展开，将企业的产出绩效作为重要的监管内容，以产出激励促使企业进行合理、必要的投资，以效率绩效激励企业提高投资效率，以不确定调整机制给予企业在监管期中对部分具有不确定性的投资进行调整的机会。

RIIO 模式下，电网投资受到政府监管，电网公司需要根据投资需求和监管期产出指标，制定完善的商业计划，并由监管部门核准后才能确定最终的投资规模。下面以输电网公司为例介绍英国的投资监管模式。

英国的主要输电网公司（Transmission Owner，TO）有 3 家：① 国家电网输电公司（National Grid Electricity Transmission，NGET），拥有英格兰和威尔士高压输电网；② 苏格兰电力输电公司（Scottish Power Transmission，SPT），拥有苏格兰南部高压输电网；③ 苏格兰水电输电公司（Scottish Hydro Electric Transmission，SHET），拥有苏格兰北部和苏格兰群岛的高压输电网。

在开展电网项目投资决策前，输电网运营商首先需要就初步的投资计划与各利益相关方（包括 OFGEM、股东等利益相关者）进行充分的交流，确定投资需求、产出指标、核价参数等，以及其他用于完善投资计划的必要信息。

然后，电网企业根据既定产出目标，对下一监管周期内的投资计划进行修改和完善，并经过再次与利益相关方的讨论和交流后，将计划提交监管部门。对于输电公司来说，主要的产出目标包括安全性、可靠性、可用性、用户满意度、环境影响、接入情况和接入工程/扩容工程七大类。以第一轮监管周期内输电网企业的产出目标和激励措施为例进行说明，如表 9-1 所示。

表 9－1　　　　　　　　输电网公司主要产出指标和激励机制

主要产出指标类别	产出目标	激励措施
安全性	（1）遵守英国健康与安全执行局（Health and Safety Executive，HSE）规定的安全义务； （2）满足资产健康、状态和重要程度等辅助性指标的评估和监管目标，可影响下一监管周期的资金	（1）达到 HSE 相关法规的要求，无财务激励； （2）对超过/低于电网设备替代产出目标价值的 2.5%进行罚款/奖励
可靠性	满足缺供电量（Energy Not Supplied，ENS）指标目标值的要求，最大限度减少由输电网故障导致的用户用电损失。 例如，2017～2018 年 ENS 目标为：NGET 少于 31.6 万 kWh；SPT 少于 22.5 万 kWh；SHET 少于 12.0 万 kWh	（1）基于估计的电力失负荷价值（Value of Lost Load，VOLL），奖励费率为 16 万英镑/万 kWh，并根据通货膨胀调整； （2）财务处罚的最高限制为准许收入的 3%
可用性	制定和实施网络访问策略（Network Access Policy，NAP）。NAP 制定的目标是为了加强电网企业和电网调度运行机构的交流和协调，包括长期和短期两个框架。长期框架确保在监管期内的更好的规划计划停电，保证新用户接入时间；短期框架考虑当年的计划停电安排，以及遇到故障或其他影响系统安全、可靠性的实时事件时应采取的措施等	声誉激励，没有直接的财务激励
用户满意度	开展客户满意度调查（仅 NGET），开展利益相关方满意度调查（所有输电网公司）。 例如，2017～2018 年目标为：NGET 客户满意度 6.9/10；NGET、SPT 和 SHET 利益相关方满意度 7.4/10	最高至准许收入的±1%
	取得有效的利益相关方参与	通过利益相关方参与的酌情性奖励计划，最高可获得准许收入的 0.5%的奖励
环境指标	减少六氟化硫（SF_6）排放，每年根据网内使用 SF_6 的设备情况计算基准目标。 例如，2017～2018 年的排放限制目标为： NGET：12449.9t 二氧化碳当量 SPT：782.1t 二氧化碳当量 SHET：340.2t 二氧化碳当量	根据碳当量排放量的非交易碳价获得奖励或惩罚
	减少线损：监管期内每年发布治理线损的策略和年度进展	声誉激励
	减少商业碳足迹（Business Carbon Footprint，BCF）：监管期内每年发布年度 BCF 值，折算成吨二氧化碳当量	声誉激励

续表

主要产出指标类别	产出目标	激励措施
环境指标	环保酌情奖励计划（Environmental Discretionary Reward Scheme，简称 EDR 计划）	在计划中取得领先绩效的输电公司可获得财务奖励，最高可获得 400 万英镑的年度奖励资金加上一年的结余的奖励资金
	减少输变电设施的视觉影响：在有效满足新设施规划要求的基础上，减少指定区域内现有设施的视觉影响	声誉奖励： （1）为因采取减少视觉影响技术而增加额外成本的新建输变电设施提供基线和不确定机制的资金； （2）减少制定区域内现有输变电设施的视觉影响的初始支出上限为 5 亿英镑
接入工程	满足新电源或新用户接入有关的时限要求	对 NGET 没有激励措施，对 SPT 和 SHET 有激励措施
扩容工程（新增投资）	完成被批准的基础扩容工程（Baseline Wider Works，BWW）和战略性扩容工程（Strategic Wider Works，SWW）建设，满足建设时限的要求，增加电网输电能力	根据情况提供部分资金

注　表格内容来源于对 OFGEM 相关文件的整理。

接着，监管机构将电网投资分为负荷相关投资（Load-related Capex）、负荷不相关投资（Non Load-related Capex）两大类分别进行审核，以核定最终的投资规模，同时考虑预测中的不确定因素，如电力需求变化的不确定性等，在监管中期对核定的投资进行调整。负荷相关投资指为满足新电源和新用户的接入和满足负荷增长而进行的电网投资；负荷不相关投资指现有设备更换投资和与增加电网弹性、安全性有关的电网投资。

具体到电网公司内部的投资决策流程，以英国国家电网输电公司（NGET）为例进行介绍。NGET 通过信息化系统对输变电资产基础数据（包括基础信息、运行维护信息等）进行采集、存储和传递，同时统一资产数据与财务数据，将计划管理、项目管理和数据管理进行有机整合，最终实现资产的全寿命周期管理。NGET 的投资计划管理包括投资管理、发展计划、预算管理等内容，借助决策支持工具软件对不同类型的资产投资项目进行优选排序，确保列入投资计划的项目既符合监管要求又可为企业带来效益。

NGET 的投资计划管理流程如图 9-2 所示。首先，分析确定投资战略，明确当前的投资计划、业务及调整战略、供需预测、规划限制因素等，提供未来业务计划框架。其次，通过信息化的项目与资产管理手段和决策支持软件工具掌握中长期计划中的工作量、投资总额、人力需求等要素，进行投资优先顺序排列，实现综合优化，确定年度投资计划。计划编制信息系统不仅包括由于负荷增长需建设的基建项目信息，还包括部分已确定的用户项目信息。主要功能包括：将检修、更换、用户接入等因素综合在一起通盘考虑资源配置、根据资产更换原则列出所有候选替换资产、对不同的回路和站点的设备更换、整合或创建工作包、调整中长期计划、确保项目的整合符合资产技术政策要求。

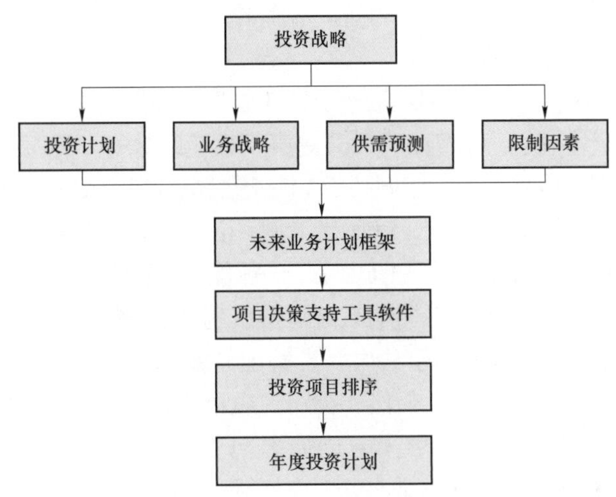

图 9-2　NGET 投资计划管理流程

9.1.1.3　美国电网投资决策流程

美国的电力产业大部分为私人所有，为了更大程度地发挥市场机制的作用，实现充分的市场竞争，美国电力改革的核心是放松进入管制，通过引入竞争，提高效率、降低电价。

1978 年，为促进发电市场自由化，美国通过立法允许企业建立电厂并向地方公用事业公司出售电力；1992 年，新的能源政策法案原则同意开放输电领域，但尚不允许个人消费者进入，并在电力批发市场引入竞争；1996 年，美国联邦能源管理委员会（Federal Energy Regulatory Commission，FERC）要求开放电力批发市场，明确厂网分离，规定电网调度应独立于发电及批发交易并鼓励成立独立输电系统运营机构（Independent System Operator，ISO）等；1999 年，FERC 颁布法令，要求每家拥有或运行管理跨州输电设施的电力公司成立或参与区域输电系统运营机构（Regional Transmission Organization，RTO），RTO 拥有输电系统的经营管理权，但没有所有权（FERC 鼓励 RTO 进一步发展成输电公司，独立经营和管理输电系统及资产）；2004 年，FERC 颁布独立的 RTO 法案；2007 年，FERC 颁布法令进一步改革电力开放上网管理框架，推进更有效、透明的输电网络运行管理。

在一系列法令、政策框架下，美国各州根据电网实际情况，因地制宜制定和实施具体电力市场改革方案，形成了以州为主、模式不同的电力市场化改革模式。目前，美国已建立加州、新英格兰、大陆中部、纽约和德州等七大 RTO 或 ISO，除德州外的六个 RTO/ISO 由 FERC 管理。

FERC 是美国联邦能源管理委员会，主要管理电力批发市场和跨州事务；各州的电力公司一般由州政府机构监管，通常是公共服务委员会或公共事业委员会，它们的主要职责包括核发电力营业许可证，监管电力公司经营活动，审查零售电价，审批新建电厂、输变电设施等。

FERC 的监管目标是为了确保电力行业符合公共政策的多重指标，包括成本效益（即长期成本最小化）、可靠性、公共健康及环境绩效等。常规规划及投资决策主要分为资源规划、项目审批、合同招标和履行三个阶段，每一步都有专门的州政府机构负责流程监管及审批决策。以加州为例，由加州公共事业委员会（California Public Utilities Commission，CPUC）、加州能源委员会（California Energy Commission，CEC）和加州独立输电系统运营机构（California Independent System Operator，CAISO）三方分工协作，共同负责基础设施规划和投资流程。其中，CPUC 是负责监管州内私营电力公司、天然气公司、电信公司、自来水公司、铁路公司、城市轨道交通公司和客运公司的机构；CEC 是负责监管能源市场并确保良性竞争；CAISO 负责代表所有本地公共事业公司，运营和调度加州整个电力系统。

CAISO 的电网规划和投资决策流程如图 9-3 所示。资源规划阶段主要进行电力需求预测和评估、年度电网规划编制和确定规划边界条件；项目审批阶段，CAISO 按照前一阶段制定的规划研究计划方案和边界条件开展可靠性分析和经济性评价，形成区域输电规划方案，并对规划方案的环境影响进行分析，确保规划方案满足最

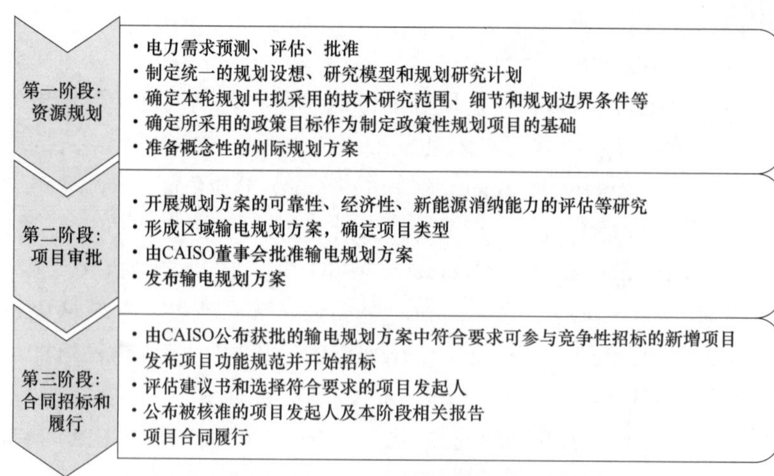

图 9-3 CAISO 的电网规划和投资决策流程

新的环保政策要求，最后形成区域综合输电规划方案，在提交给利益相关者审查和讨论之后，提交 CAISO 董事会审批；第二阶段末董事会批准规划后，如果规划中存在董事会批准了的符合竞争性招标条件的项目或输变电设施，CAISO 会开始第三阶段，合同招标和履行阶段。

CAISO 的投资决策过程是在项目审批阶段进行的，是电网规划过程的重要部分。在进行可靠性驱动输电研究和政策性驱动输电研究后，CAISO 开展经济规划研究，挖掘潜在的经济性驱动网架升级项目、解决输电阻塞项目等，并对规划方案进行经济性评估。

经济规划研究中，首先对可靠性和政策性分析后初步确定规划网架开展全年 8760h 的生产成本模拟（Production Cost Simulation）和常规潮流计算，计算研究年度内的 8760h 的机组出力、节点边际电价、输电线路潮流、输电阻塞等信息。为了使生产成本最小化，模拟计算采用满足安全约束的经济调度模式。通过对规划项目有无的生产运行模拟结果进行对比研究，可计算得到规划网架的生产运行效益。生产运行效益包括用户所得净收益、发电商所得净收益、减少输电阻塞净收益三部分，如表 9-2 所示。

表 9-2　　CAISO 生产运行效益指标

经济指标	指标计算
用户所得净收益	投资项目建设前后用户成本差值
发电商所得净收益	投资项目建设前后发电商获利差值
输电阻塞净盈利	投资项目建设前后由于减少阻塞带来的利益差值

其次，进行其他效益的评估。其他效益主要指容量效益（Cpacity Benefits）。容量效益包括两部分：① 系统整体容量效益，即当州外电力较州内电力的采购成本更低时，通过对部分受电通道进行加强，减少州内整体容量需求取得的效益；② 本地容量效益，指通过对局部电网加强，减少某一负荷区域容量需求或增加当地供电来源。其他效益在适用且可量化的情况下，也在这一步进行分析和计算。

得到规划方案的全部经济效益后，计算规划项目的效益成本比（Benefit Cost Ratio，BCR），并开展财务上的成本—效益分析。决策的基本依据是规划项目 BCR＞1。在最终的投资计划中，这类项目被称为经济效益驱动项目。在 CAISO 最终的投资计划中，电网项目共包括三类，经济效益驱动项目、可靠性驱动分析确定的可靠性驱动项目和政策驱动分析确定的政策驱动项目。CAISO 经济性分析流程如图 9-4 所示。

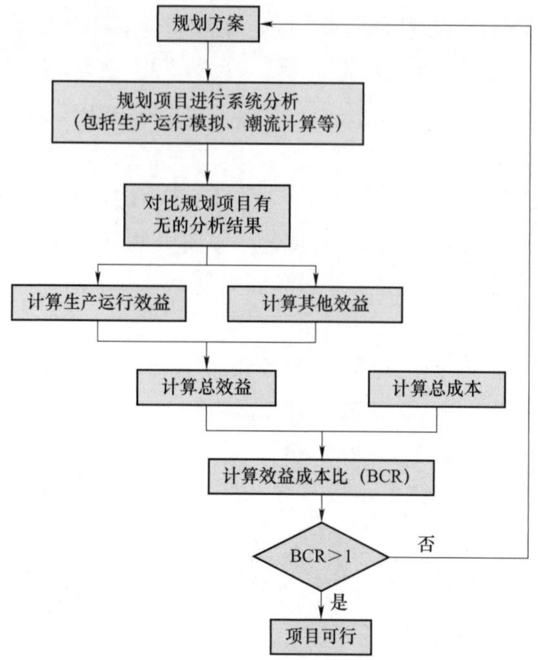

图 9-4　CAISO 规划项目经济性分析流程

9.1.1.4　德国电网投资决策流程

德国电力系统目前由 10 个互联地区电网构成，各地区电网由私人所有、半公共所有或是全公共所有的运营商分别运行管理。1996 年，欧盟以加强竞争和降低电价为主要目标，发布了关于开放电力市场的要求。1998 年德国颁布《能源产业法》，开始进行电力市场改革，规定了电网向第三方开放接入的各项事务，如电网接入谈判、第三方接入的义务、发输配电财务的独立核算、联网与供电义务等；2005 年进一步进行调度与电网的拆分，形成输电系统运营公司（TSO），建立联邦和州各级监管机构，并提出在 2007 年 7 月向所有用户开放市场的目标。2009 年 1 月 1 日，德国引入激励监管政策，第一个激励监管周期为 5 年。之后，德国持续进行电力市场改革，目前形成了输配电网垄断经营、发电侧与售电侧自由竞争的格局，发、输、配从法律上独立，但大型电力公司通过其子公司（分公司），仍然覆盖了各环节的多数业务。

德国的电力批发市场实行完全市场竞争。电力零售市场中，消费者可以选择和本地电力运营商（主要为配电系统运营商，简称 DSO）或者电力零售商（Retailer）签订合同。联邦网监局（Bundesnetzagentur，BNetzA）作为德国电力市场的监管机构（也监管天然气、通信、铁路、邮政领域），负责接入电网和制定输电网过网费。

意昂集团（E.ON）、莱茵能源公司（RWE）、巴登-符腾堡州能源公司（EnBw）

和大瀑布公司（Vattenfall Europe）这四家大型跨区能源集团仍然主导着德国能源市场，涉及发电、配电和电力零售等环节；输电网方面则由四家输电运营机构（TSO）垄断经营（自然垄断），即 Tennet TSO、50 赫兹、Amprion 和 TransnetBW，它们大多来自四大能源集团的输电运营部，负责运营和维护超高压电网、新建输电网络，同时肩负着维持整个德国电网的电压和频率稳定的责任，各输电网公司所辖电网通过 380/220kV 交流同步电网联接。下面主要介绍德国输电网公司的规划和投资决策流程。

德国输电网公司投资决策流程大致可以分为电网规划前期、项目审批和项目投资执行三个阶段，电网投资的决策过程发生在前两个阶段中，参与主体包括输电网公司、监管机构和公众参与方。

规划前期是明确需求的阶段，即明确项目必要性以及前期规划的工程范围等，主要分为方案设想、电网规划与环境报告、联邦需求计划三个部分。详细的相关参与方、工作内容和目标、输入条件、输出成果，如图 9-5 所示。

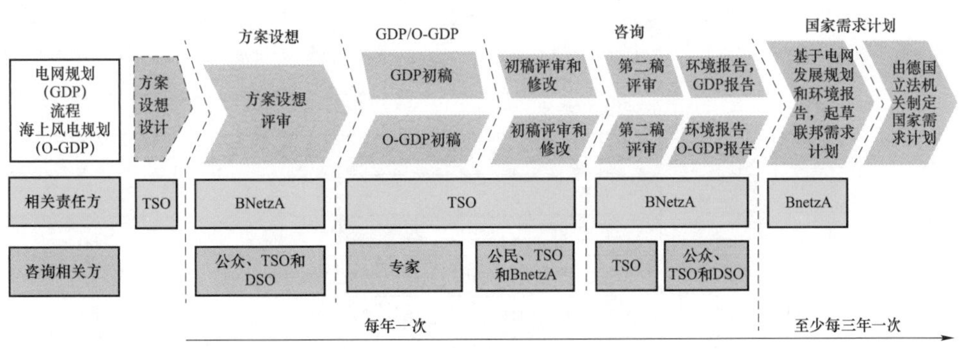

图 9-5　德国输电网规划前期阶段流程图

方案设想主要由四个输电网公司形成联合工作组，共同商定一个情景框架，综合考虑经济社会发展，能源生产、消耗、存储、能耗、新能源以及世界能源的变化等多种因素，形成方案设想报告。方案设想报告获得批准后，在其基础上，联合工作组经过电力市场分析、电网需求研究和电网建设计划研究三个阶段，完成电网规划报告和电源规划报告。监管机构负责评审、公示和批准方案设想报告以及后续电网、电源规划报告，期间普通民众和配电网运营商全程参与、有多轮提出意见的机会。

由监管部门审批后的电网规划和电源规划报告以及环境评估报告再次经过公众讨论与修改后，形成最终批准的电网规划和电源规划报告。其中，报告中明确电网需要新建或扩建项目的优先顺序，并且明确将新建或扩建的跨州和跨国联络线。按照规定，监管部门每三年向联邦政府提供电网规划和电源规划报告，以及环境评估报告作为联邦需求计划的初稿。联邦政府相关部门根据此初稿制定法律草案，并由内阁批准，启动国会的立法程序，一旦立法通过将在联邦需求计划中明确后续的输电网建设方案。

公众参与是德国电网规划和投资决策的前提条件，公众意见在决策过程中至关重要。同时规划和投资决策还遵循“NOVA”原则，即以成本—效益分析方法优先考虑电网优化方案，其次考虑现有网络加强方案，最后再考虑新建电网方案。德国电网投资决策主要通过一系列技术和经济指标进行，包括技术、成本、社会和环境、供电安全性和社会经济影响等，具体如表 9–3 所示。

表 9–3　　电网规划过程中进行项目选择的技术经济指标

一级指标	二级指标
技术方面（灵活性和安全裕度）	系统安全裕度［潮流（检修方式下 $N-1$）、系统稳定计算、电压稳定分析］
	系统灵活性（远期敏感性分析、工程工期推迟/取消、是否改善电力交换）
成本	材料和安装费
	新建工程导致的临时性措施产生的费用
	环境保护费
	设备更换费
	设备拆卸费（寿命到期）
	保养费
	设备残值等
社会和环境	新建工程通过社会敏感区域（学校、世界遗产等）的距离
	新建工程通过环境敏感区域（国家公园、动物保护区等）的距离
供电安全性（供电量不足期望值）	有无新建工程，期望缺供电量（EENS）
社会经济影响	有无新建工程，在工程所在区域内年输电成本（SEW）
可持续性	新能源装机容量增长量或新能源发电量增长量
	二氧化碳排放量
	新建工程对年网损电量的影响

项目批准阶段主要进行项目审批工作，分为联邦/地区规划（RPP）和规划批准（PAP）两个阶段，主要决策流程如图 9–6 所示。这一阶段中，电网投资决策的职能和工作主要集中在联邦/地区政府层面。

联邦/地区规划阶段（一般不超过 6 个月），输电网公司会从获批的规划报告中选取具体的新建或扩建项目向联邦/地区政府提交项目申请，申请材料包括可行性研究即可行方案、项目预算、项目环评、土地使用等，其中提交的项目可行方案包括数种，例如不同的站址、线路路径等。联邦/地区政府将基于相关法律、基础设施建设规划、土地使用限制、环境保护等因素考虑，召开听证会，收集相关利益方的意见，进行综合评估，初步选择最优的线路路径/变电站站址等，明确初步土地使用范围。经过相关各方的讨论后进行方案设计更新，最终经过公开听证会做出批准决定。

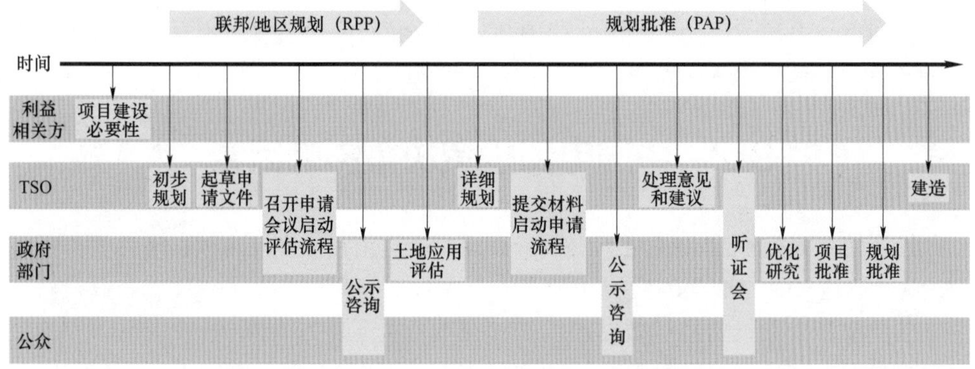

图 9-6　德国输电网项目审批流程

项目投资执行阶段主要由咨询公司、设计院、设备供应商和建造商参与，完成电网规划项目中线路和变电站的设计、建设、监管和评估工作。其中评估工作包括项目实施过程的评价、项目运行后效果和效益的评价等，同时还会对员工满意度及环境影响、社会效益等多个因素进行评价，并形成最终评估报告。

9.1.2　欧美电网投资决策特征

根据欧美电网项目投资决策流程和决策方法分析可见，各国的建设目标、关注重点、政策导向等存在差异，因此电网投资决策工作都具有个性化特征，以下总结几个共性特征。

（1）非常重视经济性分析。在进行投资决策时，欧美国家电网企业通常非常重视项目经济性指标的分析，尤其关注投资回报，如法国电力公司、CAISO、德国的输电网公司。在项目审批时，经济性指标的优劣可能直接关系到项目能否通过批准。同时，还对项目的投资回收期进行评估，优先建设回收期较短的项目。

（2）发挥信息系统作用。在当今投资决策需要兼顾多方面诉求的情况下，凭借大量信息获取和科学的方法支撑投资决策很大程度上有助于避免人为因素导致的错误判断，降低企业的经营风险。如英国电网公司，通过项目优化整合系统来实现对资产投资管理的决策支撑，在进行投资项目筛选时，利用资产信息管理系统掌握项目的工作量、投资要求、人力需求等要素，帮助电网公司对投资项目有更清晰的掌控，避免了投资过程中的盲区，保障投资的产出效益。

（3）扩大资产价值发挥。法国电力公司在投资时将变压器寿命设置为 45 年，线路寿命设置为 60 年，在此基础上，充分开展设备寿命周期延长工作，提高现有设备的利用效率。德国在进行输电网投资时优先考虑网络改造方案而非新建工程。

（4）重视用户效益和各方需求。法国进行投资决策时重视公众对环境的诉求，将环保因素纳入决策的考虑范围；英国在投资时需要征询社会各方意见；美国的投资决策指标体系纳入了用户收益；德国从规划到执行全过程中都有民众的参与，项目投产后的评估也纳入了满意度和社会效益考量。

9.2 中国电网投资决策影响因素

投资决策是电网企业决策年度投资方向、投资重点、投资规模、项目安排的过程，是企业通过对比产生的费用和带来的收益以选择最佳方案的活动。企业投资决策直接决定了企业投资经济效益的优劣和企业资金运转是否顺畅。投资需求和投资能力是影响电网投资决策最重要的两个因素。本节详细梳理了中国电网投资需求与投资能力对电网投资决策的作用机理，分析输配电价改革对电网投资决策的影响，总结电网投资决策流程，提出电网差异化投资决策方法，并开展应用实践分析。

9.2.1 投资需求对电网投资决策的影响

电网投资需求源自多个层面的诉求，第一个层面是宏观需求，包括社会经济发展、国家宏观政策、企业发展战略等产生的电网建设和投资需求，第二个层面是来自电网自身高质量发展目标，包括电网的安全可靠、结构合理、经济高效等需求。投资需求的影响因素包括经济环境、社会环境、资源环境、政策环境、电网发展水平等。

9.2.1.1 经济环境

经济环境是企业经营活动的外部社会经济条件，包括居民的收入水平、支出模式和消费结构、储蓄和信贷、经济发展水平、经济体制和行业发展状况、城市化进程等多种因素。经济发展方式、城镇化水平、地区发展状况等因素都会明显改变社会用能方式、用电需求，从而对电网投资需求产生显著影响。城镇化是指某一地区或国家在发展过程中，由于经济技术的不断进步，使其由原来的以农业为主的发展模式，转变为以第二产业、第三产业发展为主的现代化城市或国家。随着中国城镇化的推进，地市与县级电气化水平不断提高，原有非城镇居民涌入城市，居民用电负荷快速增长，用电量占比增加，对供电连续性、供电质量也提出了更高要求。在这种情况下，电网投资需求会发生增长，电网投资决策也需要将经济环境纳入考量的范畴。

党的“十九大”报告指出，“我国经济发展已由高速增长阶段，转向高质量发展阶段”，粗犷型的发展方式已经不适合中国现阶段发展要求。产业结构调整、增长动能转换、建设现代化经济体系是当前中国经济发展的主旋律。传统的高耗能产业发展正在向绿色低碳经济转型。电源侧大规模新能源加快开发和利用，用户侧更高质量、更高可靠性的电能需求不断升级，这些都引起电网投资需求的巨大变化，投资决策也必然需要随之改变。

9.2.1.2 社会环境

社会环境是人类生存活动范围社会物质与精神条件的总和，有广义和狭义之分。狭义的社会环境指人类生活的空间，广义的社会环境包括整个社会中运行的经济文化体系。与自然环境不同，社会环境是人类活动的产物，是人类通过实践活动创造出来的，包括社会的物质环境和精神环境。影响电网投资决策的社会环境因素包括：人口、服务要求、供电面积等。

人是构成社会的主体，人口的数量、结构对电网投资决策具有重大影响。人口数量与电网投资之间存在间接作用关系。人口数量增长会带动电能消费的增加，同时也对国民经济发展具有促进作用。人民对美好生活的需要，要求电网的供电质量、供电持续性、服务水平不断增强，因此当停电事故发生后，故障修复时间越短越好，以尽量减小对社会生产生活的影响。

供电面积是提供电力服务的范围，通常用供电半径表示供电范围大小，也就是从电源点到其供电的最远端负荷点之间的直线距离。供电面积影响着线路长度和导线型号、变电容量等的选择。随着社会生产生活范围的不断扩大，电网供电范围向外围扩张，电网网架随之延伸，要求电网持续投资。

9.2.1.3 资源环境

从整个电力系统来看，资源可划分为电源侧资源和电网侧资源两大部分，前者直接决定了后者的存在性。电源侧资源包括一次能源（煤、水、光、核等）及发电设备；电网侧资源包括线路、变压器、保护装置等。中国能源资源存在着利用效率差异大、结构多样以及分布不均衡等特点。为了更好更合理地开发和利用能源资源，如加强对西部地区风光资源的利用，需要电网侧规划做出改变，如架设专用送出线路以及配套相应的变电工程等，这增加了电网投资需求，从而影响电网投资决策。

9.2.1.4 政策环境

政策变化对于企业的影响是深远的，行业政策变化将直接导致行业内利益的重新分配。新中国成立后，电力产业政策经历了1978年之前的计划经济时代、1978～2002年的电力改革探索时期、2002～2014年的新一轮电力体制改革时期以及2014年之后的改革深化期（2015年，发布《关于进一步深化电力体制改革的若干意见》）。

在计划经济时代，国家用较高电价的垄断收益带来了较高的再投资率，促进了电力工业的快速发展。从发电结构来看，随着装机容量及发电量的增长，电网的输电线路和变电设备容量也显著增长。但是就电源与电网建设比例来看，政策倾向是偏重电源建设，对发电设施的基本投资多于对输配电设施的投资。

在新一轮电力改革时期，国家致力于打破垄断、厂网分开、建立有效监管的竞争市场体系，制定了“水主火优、发展核电、加大电网建设”的发展方针，实现了厂网分开、打破垄断，建立了发电侧竞争、区域竞争的电力市场模式，鼓励淘汰落后产能，因地制宜开展电力建设。

2014 年之后的能源革命时期，国家进一步深化电力体制改革，解决制约电力行业科学发展的突出矛盾和深层次问题，促进电力行业又好又快发展，推动结构转型和产业升级。随着环保政策的实施，可再生能源消纳比例提高，高污染高能耗机组逐步淘汰，电网网架布局发生了变化，影响电网的投资需求和投资决策。

9.2.1.5　电网发展水平

电网发展水平是电网投资需求的主要影响因素之一。影响电网投资决策的电网发展水平因素包括负荷密度、安全性、线损率、设备负载率等。

负荷密度对电网的输电能力提出要求，对于负荷密度较高、可能出现输电阻塞的区域，在投资决策时要优先进行考虑。随着土地成本和原材料价格的大幅上涨，城市规划对线路设计要求提高，电网线路的平均造价呈现上升趋势，进一步影响了电网投资决策。电网的安全性是电网企业投资的首要考虑要素，由于电网以网状形式将电源与用户相连在一起，任何接入电网的部分都会对电网的安全产生影响，因此电网在投资时考虑的首要条件是该投资是否会影响电网安全运行，是否满足各类安全标准要求。线损率、负载率是电网发展水平评估的重要指标，线损率越高，电网企业所要承担的电能损失成本就越高，因此电网的投资决策也要考虑到线损因素，经济可行情况下采用能量转换效率更高、电能损耗更低的设备；负载率反映了电网利用效率，负载率较低说明电网容量发挥不够充分，投资决策时会考虑适度控制电网建设节奏，保持电网获得持续稳定的运营收益。

9.2.2　投资能力对电网投资决策的影响

投资能力是指在设定好目标利润、资产负债率上限以及预期售电量增长率等约束后，能够实现用于企业再生产的最大现金规模，即电网公司将经营和融资等活动产生的现金净流量全部用于投资电网建设的能力。电网投资能力主要受企业经营状况、管理水平、融资环境等方面因素的影响。

9.2.2.1　经营状况

企业经营状况主要由财务指标来反映，包括财务效益状况、资产营运状况、偿债能力状况、发展能力状况等。具体影响因素可以根据企业资产负债表和利润表进行归纳，主要由资产、负债、收入、成本和利润五方面指标表示。资产和负债关系到投资能力中折旧及融资规模的大小；收入、成本则是利润的直接构成。企业的投资能力与经营状况呈现正向相关性，企业的经营状况越好，说明经济效益越好，企业的投资能力也就越强。

9.2.2.2 管理水平

管理水平是企业的软实力，投资过程中资金的筹集、使用、投资决策的制定、投资周期的安排、人员的分配及调度都与管理息息相关，管理水平对企业的投资能力产生正向影响。企业管理水平体现在企业管理机制、管理者经验和素质、企业文化建设水平等方面。

9.2.2.3 市场环境

市场环境是指能够对产品的生产和销售产生影响的因素，这些因素与电网营销活动密切相关。市场环境通过影响电网企业的销售收入从而影响投资能力。电网可以根据影响产品生产和销售的因素来分析市场需求，从而开展售电量预测、销售收入分析等工作。市场环境的变化具有两面性，它既可以促进企业的发展，也可能成为企业的威胁。因此，开展全面的市场环境分析对电网投资能力的测算具有重要作用。反映市场环境的指标主要包括：销售电价、售电量、供电人口和电力行业景气指数。其中销售电价和售电量是投资能力中利润的关键指标，而供电人口和电力行业景气指数则关系到投资能力中利润的调整系数。

9.2.2.4 融资环境

融资环境是在一定的经济环境下影响融资行为的因素集合，融资环境通过影响企业的融资行为来影响企业投资能力，最终影响投资决策。融资环境与社会经济发展情况息息相关，经济环境较好的地区进行融资难度较低，电网企业能够通过融资活动得到相应规模的现金流。在经济环境一般的地区，融资环境较为复杂，融资难度高，企业投资能力受到相对较大的影响。融资环境是电网投资能力重要的影响因素，反映融资环境的指标主要包括：GDP、利率、汇率和贷款难度。其中 GDP 通过间接作用影响投资能力中形成利润的收入；利率和汇率间接作用于投资能力中形成利润的成本；贷款难度则直接影响投资能力中的融资规模。

9.2.3 输配电价改革对电网投资决策的影响

新一轮电力体制改革是中国全面深化改革的重要组成部分，解决制约电力行业科学发展的突出矛盾和深层次问题，促进能源产业的升级，引导新一代能源革命的演进，推动结构转型和产业升级，完成从传统电力管理体制向市场化体制的转型，打造低碳、高效、节能、环保又安全的电力产业体系，推动电力工业朝着科学清洁的方向发展。输配电价改革是本轮电力体制改革的重要内容与关键任务，其相关政策对电力体制改革的进程有着重要影响。中国输配电价改革呈现如下特点：

（1）输配电价改革正按照“管住中间、放开两头”的电价改革总体思路不断深化。国办发〔2003〕62 号《国务院办公厅关于印发电价改革方案的通知》明确规定了输配电价改革的原则和方向，给后续政策制定奠定了坚实基础。中发〔2015〕9 号《中共中央国务院关于进一步深化电力体制改革的若干意见》进一步将电价改革作为首要任务，明确提出单独核定输配电价，按“准许成本加合理收益”原则，分电压等级核定等要求。

（2）政策问题导向明显。近年来，随着供给侧结构性改革的深入进行，“三去一降一补”在电价方面的一个重要体现就是剔除电价中不合理部分。《关于推进输配电价改革的实施意见》规定：按照“准许成本加合理收益”原则，核定电网企业准许总收入和分电压等级输配电价，根据电网各电压等级的资产、费用、电量、线损率等情况核定分电压等级输配电价。2018 年、2019 年中国政府工作报告连续提出，“降低电网环节收费和输配电价格，一般工商业电价平均降低 10%”。

输配电改革相关政策如表 9-4 所示。

表 9-4　　新一轮输配电价改革相关政策

文件政策	主旨	输配电价改革相关内容
中发〔2015〕9 号《中共中央国务院关于进一步深化电力体制改革的若干意见》	旨在通过改革，建立健全电力行业“有法可依、政企分开、主体规范、交易公平、价格合理、监管有效”的市场体制，努力降低电力成本、理顺价格形成机制，逐步打破垄断、有序放开竞争性业务，实现供应多元化，调整产业结构、提升技术水平、控制能源消费总量，提高能源利用效率、提高安全可靠性，促进公平竞争、促进节能环保	（1）单独核定输配电价。政府主要核定输配电价，并向社会公布，接受社会监督。输配电价逐步过渡到按“准许成本加合理收益”原则，分电压等级核定。用户或售电主体按照其接入的电网电压等级所对应的输配电价支付费用。 （2）妥善处理电价交叉补贴。结合电价改革进程，配套改革不同种类电价之间的交叉补贴。过渡期间，由电网企业申报现有各类用户电价间交叉补贴数额，通过输配电价回收
发改价格〔2016〕2711 号《省级电网输配电价定价办法（试行）》	旨在通过独立核算输配电价，实现建立机制与合理定价相结合，合理成本与约束激励相结合，电网健康发展与用户合理负担相结合，确保电网企业提供安全可靠的电力，满足国民经济和社会发展的需要；又要使不同电压等级和不同类别用户的输配电价合理反映输配电成本	（1）明确了准许收入的计算方法。 （2）制定了省级电网平均输配电价的计算方法。 （3）明确了输配电价的调整机制
发改价格规〔2017〕2269 号《区域电网输电价格定价办法（试行）》	旨在考虑区域内各省级电网之间已形成的输电费用分摊机制，促进市场公平竞争和资源合理配置，促进跨省跨区电力市场化交易，促进新能源等清洁能源在更大范围内优化配置，促进区域电网及省级电网健康可持续发展	（1）规定区域电网输电价格采用两部制电价形式。 （2）建立区域电网输电准许收入平衡调整机制，解决东西部电网发展不平衡问题

续表

文件政策	主旨	输配电价改革相关内容
发改价格规〔2017〕2269号《跨省跨区专项工程输电价格定价办法（试行）》	旨在为促进电网健康有序发展，建立规则明晰、水平合理、监管有力、科学透明的跨省跨区专项工程输电价格体系	（1）建立跨省跨区专项工程输电价格核定方式。 （2）确定了跨省跨区专项工程输电价格在监管周期内调整原则
发改价格规〔2017〕2269号《关于制定地方电网和增量配电网配电价格的指导意见》	旨在对地方政府或其他主体建设运营的地方电网和按照《有序放开配电网业务管理办法》投资、运营的增量配电网核定独立配电价格，加强配电价格监管，促进配电业务健康发展	（1）确定了配电网的定价方法。 （2）确定了配电网配电价的调整机制

输配电价改革主要体现在电网投资方式变化、企业成本监审模式变化以及电网盈利模式变化，这使电网投资决策受到影响。

（1）电网投资方式变化对电网投资决策的影响。转变电网投资方式、加快电网建设，是建设资源节约型、环境友好型社会的必然选择。输配电价改革背景下，电网企业收入转变为“准许成本+合理收益”，对于投资成效和投入产出水平的要求显著提高，效率效益低的项目存在不能纳入有效资产通过电价核算回收的情况，使电网投资方式向更加科学、合理、精细化的精准投资方式发展，电网投资决策也随之改变。

（2）企业成本监审模式变化对电网投资决策的影响。输配电价改革后，企业成本监审由间接监审转变为直接监审，成本监审决定公司新增投资核准为有效资产的大小，有效资产的增加可以通过准许成本和准许收益的变动，导致公司准许收入的同向变动，公司收入的变动会影响公司经营现金流量，从而影响公司的投资能力，最终影响到电网的投资决策。

（3）电网盈利模式变化对电网投资决策的影响。一直以来，电网企业的经营收入主要来自于销售电价与上网电价的差价，电力的输、配、售几乎均由电网公司“统购统销”，销售电价实行政府定价，统一政策，分级管理。销售电价由购电成本、输配电损耗、输配电价及政府性基金四部分构成，计价方式包括单一制电度电价和两部制电价两种方式。依托经济快速发展带来的售电量的不断增长，电网企业的售电收入规模也不断扩大。

新一轮输配电价改革方案的实施，改变了电网企业以购销差价作为主要收入的传统盈利模式，全面转化为成本加收益的盈利模式。如果电网企业将业务范围定位于输电和存量配电业务，则营业收入为输配电量与输配电价的乘积，发电、售电价格高低将与电网企业的营业收入无关。新的输配电价中已经不含购电成本，与改革之前业务模式下的销售电价相比会大大降低。因此，新电改方案实施后，电网企业盈利空间受到限制，企业的投资能力降低，企业未来的投资决策将更加注重经济性。

9.3 电网投资决策方法

中国电网投资决策是指电网企业在考虑电网发展需求和经济效益的情况下，针对项目储备库中的投资项目进行方案比选，投资决策的结果将在未来一段时间内对电网企业生产运营产生影响。本节重点讨论电网投资决策中的电网投资能力和投资需求的协调优化方法和应用实践。通过协调匹配投资能力和投资需求，提出电网投资策略。

9.3.1 电网投资能力与投资需求的协调优化

9.3.1.1 协调优化原则

电网投资决策必须要考虑多方面的复杂因素，尽可能达到企业与社会、需求与能力、现在与未来等多维度的统筹协调。具体应遵循以下主要原则：

（1）电网投资与国家政策一致原则。电网企业是关系国民经济命脉和国家能源安全的大型、特大型国有重点骨干企业，以投资建设运营电网为核心业务，承担着保障安全、经济、清洁、可持续电力供应的基本使命，服务于国计民生发展大局。电网投资应坚持安全与经济并重、发展与责任并重，坚决贯彻落实党中央国务院重大决策部署，确保大气污染防治、脱贫攻坚等战略部署有序推进，积极履行电网企业社会责任，追求社会综合价值最大化，促进社会和谐发展。

（2）电网投资与经济发展匹配原则。电网是支撑经济社会快速发展的重要基础设施，电网投资的步伐也应与经济社会发展步调保持一致，通常会适度超前，为未来发展留有一定灵活空间。也就是电网投资在满足经济发展基本供电的前提下，同时满足市场中各类用户的多样化用电需求，提高供电质量和服务质量。当然，投资者首先会倾向于选择需求较为迫切、经济效益又比较突出的项目优先进行投资。

（3）电网投资与企业财务匹配原则。电网企业开展电网投资活动的前提是具有良好的现金支出能力和维持进一步可持续发展的财务能力。电网投资活动规模也应与企业自身的财务运营状况相匹配，包括企业的营业收入、成本支出、负债规模、利润水平、盈利能力、现金流等。电网投资规模上升，折旧、利息、工资等可控及不可控成本随之增加，当成本的增量超过售电量增长带来的利润或存在这种风险时，将对企业经营状况产生直接影响。在电网发展的市场需求潜力不足、企业财务压力又较大的情况下，如果投资不能较好转化为运营效益的提升，将造成企业经营困难。电网企业在开展投资活动时应结合企业实际经营指标，采取适当的投资策略。

9.3.1.2 投资需求与投资能力协调优化分析模型

（1）投资需求与投资能力的协调关系。由于不同地区经济发展形势和电网企业内部经营情况存在明显差异，地区电网投资需求和企业投资能力之间也存在较大偏差。投资决策的目标之一就是尽可能缩小两者之间的偏差。

当投资能力大于投资需求时，企业可用于电网建设的资金较为充足，能够满足电网发展的需要，可以说二者是协调的；但是当投资能力较大程度低于投资需求时，说明企业经营状况不佳，能够投入再生产的资金力量远远不能满足电网发展建设实际需求，需要合理控制投资规模，优化投资结构，逐步扭亏为赢；当投资能力略小于投资需求时，通过合理调整和优化财务参数，小幅调整需求优先级，从提升能力和优化需求两个角度共同努力，二者也能达到协调，实现企业经营和发展逐步提升。

为了进一步分析电网投资能力与投资需求协调的量化标准，本节以中国若干省级电网历史投资数据为例，找寻历史投资与投资需求之间的偏差度概率分布，作为后续一个企业投资需求和投资能力协调的量化标准。

协调优化标准分析中投资需求采用实际完成的电网投资，投资能力采用当年电网投资能力理论测算值（以资产负债率红线或者目标利润作为约束）。电网投资能力计算公式为

$$I_c = \lambda I_{yc} \tag{9-2}$$

式中：I_c 为电网固定资产投资能力（基建部分）；I_{yc} 为电网全口径固定资产投资能力；λ 为基建投资系数，λ 根据电网企业投资历史数据平均值确定，不同企业的 λ 值不同。

电网投资需求与投资能力协调系数公式为

$$\alpha = \frac{I_c - I_d}{I_c} \tag{9-3}$$

式中：α 为协调系数；I_d 为电网固定资产投资需求（基建部分）。

采用 2017 年和 2018 年若干省级电网投资需求（基建部分）与电网固定资产投资能力（基建部分）的数据进行模拟计算，两者之间的协调度散点图如图 9－7 所示。

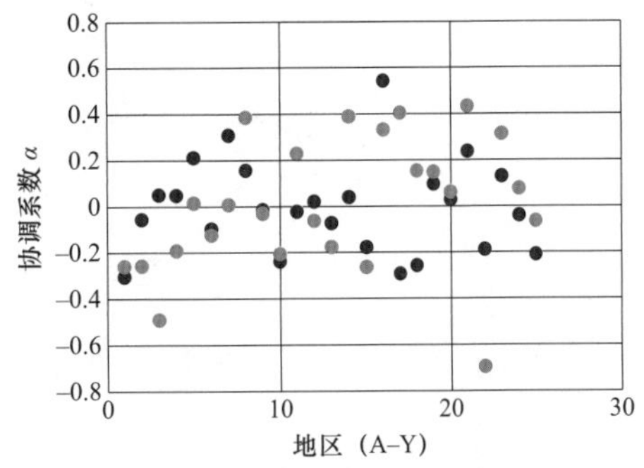

图 9－7 投资需求与投资能力协调度散点图（图中黄色圆点代表 2018 年数据、蓝色圆点代表 2017 年数据）

采用正态分布理论研究投资能力与投资需求的协调标准。应用柯尔莫哥洛夫－斯摩洛夫检验（Kolmogorov－Smirnov，K－S）方法来检验样本数据是否服从正态分布。假设单样本所在的总体与指定的理论分

布无显著差异，利用样本累计频率分布与理论累积频率分布的最大偏离值，来检验样本分布与理论分布的符合程度。当 KS 检验统计量显著性水平值大于临界值 P=0.05 时，认为样本符合理论分布。假设样本数据与正态分布无显著差异并进行检验，检验结果显示显著性水平为 0.200，高于 0.05，根据检验判断标准，假设成立，样本数据服从正态分布。

应用正态分布理论统计协调度各区间的概率值，分组及统计情况如表 9-5 所示，统计结果如图 9-8 所示。

表 9-5　　协调对应程度正态分布统计分组

分组		频数	概率密度	分组		频数	概率密度
1	-0.70	0	0.0291	12	-0.02	7	1.6018
2	-0.64	1	0.0572	13	0.04	6	1.5874
3	-0.58	0	0.1057	14	0.10	5	1.4782
4	-0.51	0	0.1833	15	0.17	4	1.2935
5	-0.45	1	0.2989	16	0.23	1	1.0636
6	-0.39	0	0.4578	17	0.29	2	0.8218
7	-0.33	0	0.6591	18	0.35	3	0.5967
8	-0.27	2	0.8914	19	0.41	3	0.4071
9	-0.20	7	1.1331	20	0.48	1	0.2610
10	-0.14	4	1.3533	21	0.54	0	0.1572
11	-0.08	2	1.5189	22	0.60	1	0.0890

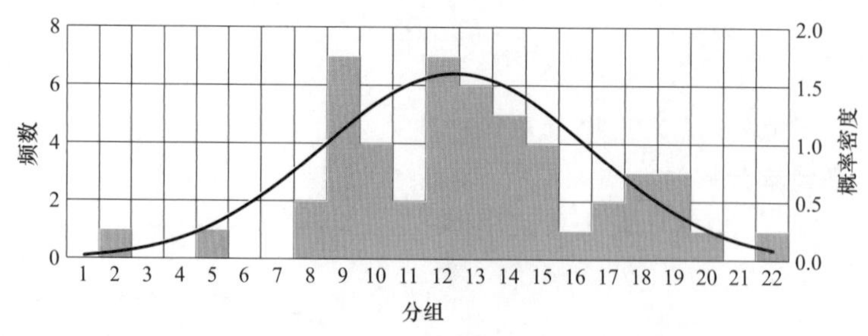

图 9-8　协调值的正态分布曲线

正态分布是具有两个参数 μ 和 σ^2 的连续型随机变量的分布，第一个参数 μ 是随机变量的均值，第二个参数 σ^2 是随机变量的方差。正态曲线下，主要分布区间（$\mu-\sigma$，$\mu+\sigma$）内的面积为 68.26%，即发生的概率为 0.6826，随机变量实际的取值主要分布在这个区间内。

通过协调值的正态分布分组数据可知 μ=0.00264，σ=0.24876，因此协调标准区间取［−0.25，0.25］。也就是当投资能力大于投资需求时，在实际中我们认为二者是协调的。因此当 $\alpha \geqslant -0.25$ 时认为投资能力与投资需求是协调的。

（2）基于遗传算法的投资需求与投资能力协调优化模型。投资需求与投资能力不协调主要指的是投资能力不足的情况，首先考虑在财务允许条件下，调整投资能力测算的财务参数，使投资能力得到一定程度提升。根据本书 8.2 节投资能力模型，可调节的主要财务参数包括资产负债率、单位电网资产维护费、融资成本率、营业费用、投资收益、非售电主营业务利润、其他业务利润、营业外利润、投资活动产生的现金流入、净营运资本、工资增长率、其他运营费用占售电收入比、管理费用占固定资产原值比共 13 个指标，各指标之间相互独立，不存在关联关系。在实际协调优化中，需要根据敏感程度选择最终调节指标。在此基础上，本书应用遗传算法实现投资需求与投资能力的协调优化。

关于遗传算法的基本原理，本书不再赘述。这里利用遗传算法能够进行全局优化计算，自动获取和指导优化的搜索空间，具有收敛性较好的特点，可以解决电网投资需求与投资能力的协调优化中，由于众多参数调节时产生的复杂组合优化问题。

投资需求与投资能力协调优化模型以二者差值最小为目标，即

$$\min F(x_i)=I_c-I_d=F_c+O_c+I_A+Q_c+I_C-I_d \tag{9-4}$$

式中：I_c 为调整后的投资能力；F_c 为调整后融资活动产生的现金净流量；O_c 为调整后经营活动所产生的现金净流量；I_A 为调整后投资活动产生的现金流入；Q_c 为调整后其他活动产生的现金净流量；I_C 为调整后投资现金变动额，调整的指标均是通过调整这五个部分中的某一个或某几个部分进而调整投资能力；I_d 为总投资需求。

模型的约束条件为

$$\begin{cases}\varepsilon_{i1} \leqslant X_i \leqslant \varepsilon_{i2} \\ i=\left\{L_z,\ F_w,\ L_R,\ F_y,\ R_T,\ R_F,\ R_Q,\ R_Y,\ X_R,\ X_Z,\ L_Y,\ L_Q,\ L_G\right\}\end{cases} \tag{9-5}$$

式中：X_i 为第 i 项财务参数；ε_{i1}、ε_{i2} 分别为财务参数 i 的调节下限和上限，根据企业相关标准及管理经验确定；L_z、F_w、L_R、F_y、R_T、R_F、R_Q、R_Y、X_R、X_Z、L_Y、L_Q、L_G 分别为资产负债率、单位电网资产维护费、融资成本率、营业费用、投资收益、非售电主营业务利润、其他业务利润、营业外利润、投资活动产生的现金流入、净营运资本、工资增长率、其他运营费用占售电收入比、管理费用占固定资产原值比。

各调节指标与投资能力的关系即约束条件与目标函数的关系如下，部分参数具体含义参见 8.2 节。

1）资产负债率 L_Z 通过改变融资活动产生的现金净流量 F_c 进而调整投资能力，即

$$F_c = \frac{L_{RD}Q_Y L_z}{FZ_s(1-L_z)/DF_s + L_z L_R(1-L_J)(1-L_s)} - DF_S - SY \tag{9-6}$$

式（9-6）可以看作融资活动产生的现金净流量 F_c 关于资产负债率 L_Z 的函数，其他指标为常数。对式（9-6）进行一阶求导，其结果大于 0，说明函数 F_c 随资产负债率单调递增，可知投资能力随资产负债率单调递增。

2）单位电网资产维护费 F_W 通过改变息税前利润进而改变经营活动所产生的现金净流量 O_c，从而调整投资能力，公式为

$$O_c = (S_S + S_{SP} - F_{GD} - Z_J - F_W Y_{GD} - F_{RG} - F_{QY} - F_{SJ} - F_G - F_Y - Z_S + G_Y + R_T + R_F + R_Q + R_Y)(1-L_s) + Z_J + X_{ZB} + Z_S - G_Y - R_T \tag{9-7}$$

式（9-7）可以看作经营活动所产生的现金净流量 O_c 关于单位电网资产维护费 F_W 的函数，其他指标为常数。对式（9-7）进行一阶求导，其结果小于 0，说明函数 O_c 随单位电网资产维护费单调递减，可知投资能力随单位电网资产维护费单调递减。

3）融资成本率 L_R 通过改变融资活动产生的现金净流量 F_c 进而调整投资能力，公式为

$$F_c = \frac{[1-L_R + L_R L_S(1-L_J)]Q_Y L_z}{(1-L_z)FZ_s/DF_s + L_z L_R(1-L_J)(1-L_s)} - DF_S - SY \tag{9-8}$$

式（9-8）可以看作融资活动产生的现金净流量 F_c 关于融资成本率 L_R 的函数，其他指标为常数。对式（9-8）进行一阶求导，其结果小于 0，说明函数 F_c 随融资成本率单调递减，可知投资能力随融资成本率单调递减。

4）营业费用 F_Y 通过改变息税前利润进而改变经营活动所产生的现金净流量 O_c，从而调整投资能力，公式为

$$O_c = (S_S + S_{SP} - F_S - F_{SJ} - F_G - F_Y - Z_S + G_Y + R_T + R_F + R_Q + R_Y)\cdot(1-L_s) + Z_J + X_{ZB} + Z_S - G_Y - R_T \tag{9-9}$$

将式（9-9）看作经营活动所产生的现金净流量 O_c 关于营业费用 F_Y 的函数，其他指标为常数。对式（9-9）进行一阶求导，其结果小于 0，说明函数 O_c 随营业费用单调递减，可知投资能力随营业费用单调递减。

5）投资收益 R_T 通过改变息税前利润进而改变经营活动所产生的现金净流量 O_c，从而调整投资能力。

将式（9-9）看作经营活动所产生的现金净流量 O_c 关于投资收益 R_T 的函数，即 O_c（R_T），其他指标为常数。对 O_c（R_T）进行一阶求导，其结果大于 0，说明函数 O_c 随投资收益单调递增，可知投资能力随投资收益单调递增。

6）非售电主营业务利润 R_F 通过改变息税前利润进而改变经营活动所产生的

现金净流量 O_c，从而调整投资能力。

将式（9-9）看作经营活动所产生的现金净流量 O_c 关于非售电主营业务利润 R_F 的函数，即 O_c（R_F），其他指标为常数。对 O_c（R_F）进行一阶求导，其结果大于 0，说明函数 O_c 随非售电主营业务利润单调递增，可知投资能力随非售电主营业务利润单调递增。

7）其他业务利润 R_Q 通过改变息税前利润进而改变经营活动所产生的现金净流量 O_c，从而调整投资能力。

将式（9-9）看作经营活动所产生的现金净流量 O_c 关于其他业务利润 R_Q 的函数，即 O_c（R_Q），其他指标为常数。对 O_c（R_Q）进行一阶求导，其结果大于 0，说明函数 O_c 随其他业务利润单调递增，因此可知投资能力随其他业务利润单调递增。

8）营业外利润 R_Y 通过改变息税前利润进而改变经营活动所产生的现金净流量 O_c，从而调整投资能力。

将式（9-9）看作经营活动所产生的现金净流量 O_c 关于营业外利润 R_Y 的函数，即 O_c（R_Y），其他指标为常数。对 O_c（R_Y）进行一阶求导，其结果大于 0，说明函数 O_c 随营业外利润单调递增，可知投资能力随营业外利润单调递增。

9）投资活动产生的现金流入 X_R 为调整后投资活动产生的现金流入 I_A，公式为

$$X_R = I_A \tag{9-10}$$

根据投资能力构成可以看出投资活动产生的现金流入的增加，因此投资能力将随投资活动产生的现金流入的增加而增加。

10）净营运资本 X_{ZB} 通过改变经营活动所产生的现金净流量 O_c，从而调整投资能力，公式为

$$O_c = R_{XS}(1 - L_s) + Z_J + X_{ZB} + Z_S - G_Y - R_T \tag{9-11}$$

将式（9-11）看作经营活动所产生的现金净流量 O_c 关于净营运资本 X_{ZB} 的函数，其他指标为常数。对式（9-11）进行一阶求导，其结果大于 0，说明 O_c 随净营运资本单调递增，可知投资能力随净营运资本单调递增。

11）工资增长率 L_Y 通过改变息税前利润进而改变经营活动所产生的现金净流量 O_c，从而调整投资能力，公式为

$$\begin{aligned} O_c = {} & [S_S + S_{SP} - F_{GD} - Z_J - F_{JX} - F_{SRG}(1 + L_Y) - F_{QY} - F_{SJ} - F_G - F_Y - Z_S + G_Y + R_T + \\ & R_F + R_Q + R_Y](1 - L_s) + Z_J + X_{ZB} + Z_S - G_Y - R_T \end{aligned} \tag{9-12}$$

将式（9-12）看作经营活动所产生的现金净流量 O_c 关于工资增长率 L_Y 的函数，其他指标为常数。对式（9-12）进行一阶求导，其结果小于 0，说明 O_c 随工资增长率单调递减，可知投资能力随工资增长率单调递减。

12）其他运营费用占售电收入比 L_Q 通过改变息税前利润进而改变经营活动所产生的现金净流量 O_c，从而调整投资能力，公式为

$$O_c=(S_S+S_{SP}-F_{GD}-Z_J-F_{JX}-F_{RG}-S_SL_Q-F_{SJ}-F_G-F_Y-Z_S+G_Y+R_T+R_F+R_Q+R_Y)(1-L_s)+Z_J+X_{ZB}+Z_S-G_Y-R_T \qquad (9-13)$$

将式（9-13）看作经营活动所产生的现金净流量 O_c 关于其他运营费用占售电收入比 L_Q 的函数，其他指标为常数。对式（9-13）进行一阶求导，其结果小于 0，说明 O_c 随其他运营费用占售电收入比单调递减，可知投资能力随其他运营费用占售电收入比单调递减。

13）管理费用占固定资产原值比 L_G 通过改变息税前利润进而改变经营活动所产生的现金净流量 O_c，从而调整投资能力，公式为

$$O_c=(S_S+S_{SP}-F_S-F_{SJ}-Y_{GD}L_G-F_Y-Z_S+G_Y+R_T+R_F+R_Q+R_Y)\cdot(1-L_s)+Z_J+X_{ZB}+Z_S-G_Y-R_T \qquad (9-14)$$

将式（9-14）可以看作经营活动所产生的现金净流量 O_c 关于管理费用占固定资产原值比 L_G 的函数，其他指标为常数，对式（9-14）进行一阶求导，其结果小于 0，说明 O_c 随管理费用占固定资产原值比单调递减，可知投资能力随管理费用占固定资产原值比单调递减。

基于遗传算法的投资需求与投资能力协调优化模型考虑了投资需求与投资能力的差异性，主要以调整企业投资能力为策略，针对调整后的能力与需求仍不协调的情况给出进一步调整投资项目安排的建议；针对能力与需求能够实现协调的情况应用遗传算法给出投资能力中可调节参数的优化值。该模型在预测企业未来投资能力与投资需求的基础上，能够快速地实现需求与能力的协调优化，明确可调整指标，针对性的提出投资调整策略和投资优化的方向。

（3）电网投资需求和投资能力协调优化分析。通过调整影响投资能力的关键测算参数，挖掘电网企业投资能力的潜力，从而使投资需求与投资能力达到协调优化。在调整相关参数时，首先采用敏感性分析模型对测算参数进行敏感性分析，其次分析这些敏感性参数是否具有可调节性，最后采用遗传算法对可调节敏感参数进行组合优化计算，当投资需求与投资能力差值最小时结束寻优。

若投资能力各测算指标均调节到极限，能力与需求还未协调，说明该企业需求过大或投资能力过低，在这种情况下，可继续考虑优化调整电网的投资需求、优化调整投资项目安排或寻求其他资金支持的解决方式。有关项目优选内容在下一章进行研究。

综上所述，电网投资需求与投资能力的协调优化分析流程包括以下步骤：

步骤 1：根据人口、GDP、全社会用电量、电源装机容量等影响因素，采用投

资需求预测模型进行（基建部分）。

步骤 2：采用电网投资能力测算模型，测算电网投资能力（基建部分）。

步骤 3：结合其他政策性要求对应的投资需求，估算电网投资总需求；然后判断电网投资需求与投资能力的协调程度，当投资能力与投资需求的差值小于 25%时，认为投资需求与投资能力处于协调匹配关系，分析结束；否则进入下一步。

步骤 4：利用敏感性模型，分析当参数按一定比例变化时投资能力的变化幅度。考虑参数对投资能力的敏感水平，选取对投资能力敏感性大于 0.01%的参数。具体参数的上下浮动百分比限值可以根据企业实际情况自行确定。

步骤 5：结合外部条件和实际管理情况明确第 4 步初选的参数是否具备调节条件和调节空间，确定最终可调节参数。对于不同的电网企业，由于经营状况各不相同，各项调节指标的调节范围也有所不同，主要依据企业标准及管理经验确定。

经过测算，对企业投资能力敏感性较强的财务参数主要有 13 个，包括资产负债率、单位电网资产维护费、融资成本率、营业费用、投资收益、非售电主营业务利润、其他业务利润、营业外利润、投资活动产生的现金流入、净营运资本、工资增长率、其他运营费用占售电收入比和管理费用占固定资产原值比。这些参数主要为利润类及成本费用类，且相互独立。电网企业可以通过合理控制经营成本、加强融资管理、严密规划资金的筹集、归还、利息的支付等手段进行优化调节。

步骤 6：能力与需求协调优化。以投资能力与投资需求差值最小为目标函数，以各调节参数的调节上下限值为约束，采用遗传算法进行目标函数寻优，得到各参数的调节优化取值及投资能力最优值。

9.3.1.3 不同情境下投资需求与投资能力协调策略

投资需求与投资能力匹配是保证企业健康可持续发展的重要基础。在实际电网中，投资需求和投资能力经常出现不协调不匹配的情况，当两者之间存在明显差异时，需要采取不同的发展策略。

情景一：当投资需求较大，投资能力不足时。应在保证电网安全可靠供电、满足较为急迫的负荷需求的同时，控制年度电网投资规模、降低投资风险。

情景二：当投资需求较大，投资能力也较好时。准确做好投资需求分析和储备项目排序，以提升效率效益为原则安排电网投资，同时可在电网设备、自动化、信息化等方面提升电网运行水平，促进电网高质量发展。

情景三：当投资需求较小，投资能力也不足时。在能够满足安全性要求和新增负荷供电需求的前提下，控制投资规模，保持合理的投资水平。

9.3.2 电网投资的决策流程

电网投资决策是一个复杂多环节协调分析判断的过程，需要考虑电网发展现状、电网经营水平、新技术成熟度、外部发展环境等多方面的因素。从整个决策流程看，可以分为电网发展现状诊断（电网诊断）、规划储备项目预选（项目预选）、投资能力协调优化（能力优化）、项目组合评价（组合评价）。进行投资决策时，首先以电网诊断问题为目标，明确项目优选策略，优选若干个储备项目并排序；将协调优化后的投资能力与优选出的储备项目投资规模相比较，运用不同的投资决策方法进行决策。

（1）若协调优化后的投资能力小于项目投资规模，则以静态项目组综合贡献度最大为目标，采用混合整数规划模型，按实际投资能力对储备项目进行组合优化，得到满足投资规模的新组合，筛选最优项目组排序。

（2）若协调优化后的投资能力大于项目投资规模，则以动态项目组边际贡献度为零为目标，逐个项目进行累加，根据边际效益递减原则，随着电网投资的增加，项目组合综合贡献度提升的程度将呈现递减趋势。因此应选择边际贡献度为零的项目组合作为最优项目组合。

电网投资决策流程（见图 9–9）具体如下。

（1）通过电网诊断对电网发展规模、安全质量、效率效益、经营政策等方面开展分析，明确现状电网薄弱环节和存在的问题，明确电网发展现状水平，形成问题清单。结合规划目标年发展需求，形成项目优选策略。

（2）按照项目投产后对电网效益提升的贡献大小进行排序，生成若干个电网项目排序方案。

（3）针对投资能力和投资需求进行协调优化分析，形成投资能力约束下的投资规模限值。

（4）对比（2）的优选结果和（3）的投资规模限值，判断投资规模约束：若优选排序后的项目投资合计规模大于投资规模限值，则通过项目组合贡献度寻优流程求得合理投资规模和项目安排方案；若优选排序后的项目投资合计规模小于投资规模限值，则通过边际效益优化流程求得合理投资规模和项目安排方案。

（5）当项目投资总规模大于投资规模限值时，在投资规模限制范围内通过筛选排列形成 M 个项目组合，以项目组合带来效益提升的贡献度最大为目标，利用混合整数规划模型进行寻优，判断贡献度最大的项目组合，并以组合贡献度为标准进行组合排序。

（6）当项目投资总规模小于投资规模限值时，依据逐项累加项目寻找达到最优边际效益的项目组合，实现组合方案效益最大化。

（7）对（5）（6）形成的最优项目组合进行预投入产出评价，明确项目组合投产后的电网情况，通过共性指标与电网发展诊断和规划进行经济技术对比分析和综合评价判断该组合是否能够解决诊断问题、实现发展目标。

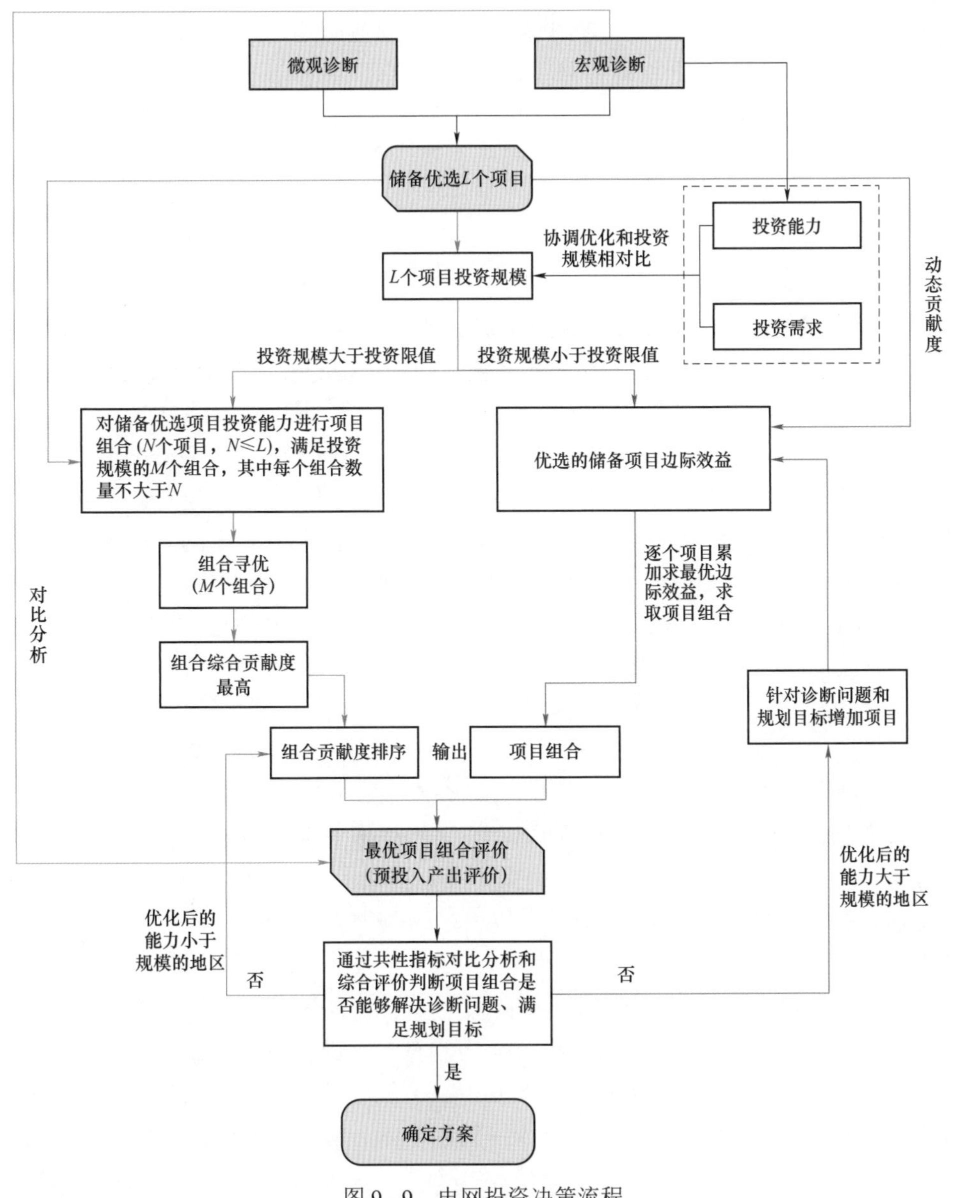

图 9-9　电网投资决策流程

（8）对于（7）的分析结论，若能够解决问题并达成发展目标，则确定该项目方案成立；若不能解决问题或达成发展目标，则分别反馈至（5）（6）环节进行下一轮筛选。

（9）对于项目合计投资规模大于投资规模限值的地区，按照项目组合贡献度排序依次选取下一个组合，代入（7）进行预投入产出评价，并根据评价结论进行（8）。

（10）对于项目合计投资规模小于投资规模限值的地区，则对应尚未解决的诊断问题和尚未达到的规划目标针对性选取电网项目，形成新一轮项目组合，并代入（7）进行预投入产出评价，并根据评价结论进行（8）。

通过以上多环节循环优化的电网投资决策流程判断并输出最优项目组合。

9.3.3 应用实践

选取 $N-1$ 通过率、短路电流、停电风险、变电容载比、变机比为共性指标进行电网诊断和预投入产出比较，开展投资决策分析。

9.3.3.1 投资能力不足情景下基于混合整数规划模型的投资决策协调优化

以J省电网数据为基础，对投资需求规模大于投资规模限值情况下的协调优化策略进行实证分析。

（1）J省电网诊断。截至2019年底，J公司220kV电网拥有公用变电站597座，变电容量20149万kVA，线路总长度30884km，220kV电网容载比为1.80，满足Q/GDW 156《城市电力网规划设计导则》要求。220kV电网 $N-1$ 通过率为100%，电网结构坚强，安全性较好；220kV母线节点257个，其中短路电流处于40～50kA的母线节点9个，没有大于50kA的母线节点，短路电流问题不突出。

预计2021年全社会用电量为2450亿kWh、全社会最高用电负荷为5220万kW，2019～2021年J省全社会用电量、全社会最高用电负荷年均增长率分别为8.4%、10.4%。

（2）确定投资规模限值。根据J公司2009～2019年柔性投资需求及其关键影响因素数据，应用BP神经网络模型对J公司投资需求进行预测，结合规划刚性投资数据可以明确2020年投资需求为153亿元。根据J公司2018～2019年财务及相关发展数据，在2019年资产负债率为60.45%的约束下，2020年投资能力的测算结果为101亿元。

考虑投资能力与投资需求协调标准，J公司投资能力与投资需求是不协调的，需要进行协调优化分析。对J公司投资能力测算指标进行敏感性分析，同时分析指标是否具备可调空间，最终明确资产负债率、单位电网资产维护费、非售电主营业务利润、其他业务利润、营业外利润、净营运资本、融资成本率、其他运营费用占售电收入比、管理费用占固定资产原值比9个测算指标为可调指标。可调指标的调节范围做如下设定，实际情况可能发生变化：① 资产负债率调节上限不超过65%，同时根据经营实际情况企业负债率上浮不超过两个百分点；② 根据发行债券利率和银行长期贷款利率设定融资成本率范围为3.5%～5.88%；③ 根据历史数据设定其他运营费用占售电收入比范围为0.03～0.07、单位电网资产维护费的调节范围为250～500元、管理费用占固定资产原值比范围为0.0012～0.0035；④ 其他指标的范围为初始值浮动±10%。在此基础上，利用遗传算法寻优，结果表明J公司在资产负债率升高 2 个百分点，净营运资本增加 10%，单位电网资产维护费降低 35 元/万元，非售电主营业务利润、其他业务利润、营业外利润分别增加 950、738.3、988 万元的情况下，投资能力达 137 亿元，与其投资需求相差 16 亿元。

针对 J 公司，应在满足安全及负荷需求的前提下，调整项目投资安排，优化项目投资时序，此外还应加强企业的成本管理。

（3）储备项目优选。计算 J 公司 19 个储备项目的贡献度和投资额，通过混合整数线性规划模型对项目集合进行寻优。以综合贡献度最高为目标，输出排序前 5 的项目集合。输出结果如表 9–6 所示。

表 9–6　　前五个项目集合输出结果

A	B	C	D	E	F	G	H	I	J	K	L	M	N	O	P	Q	R	S
0	1	0	1	1	1	1	1	1	1	1	1	0	1	1	1	1	1	1
0	1	0	1	1	1	0	1	1	1	1	1	0	1	1	1	1	1	1
0	0	0	1	1	1	1	1	1	1	1	1	1	1	1	1	1	1	1
0	0	0	1	1	1	0	1	1	1	1	1	1	1	1	1	1	1	1
0	0	1	1	1	1	1	1	1	1	1	1	0	1	1	1	1	1	1

即按照综合贡献度由高到低排序，各方案的项目集合情况如表 9–7 所示。

表 9–7　　各方案的项目集合情况

方案	项目集合
方案 1	B 项目–D 项目–E 项目–F 项目–G 项目–H 项目–I 项目–J 项目–L 项目–N 项目–O 项目–P 项目–Q 项目–R 项目–S 项目
方案 2	B 项目–D 项目–E 项目–F 项目–H 项目–I 项目–J 项目–L 项目–N 项目–O 项目–P 项目–Q 项目–R 项目–S 项目
方案 3	D 项目–E 项目–F 项目–G 项目–H 项目–I 项目–J 项目–K 项目–L 项目–M 项目–N 项目–O 项目–P 项目–Q 项目–R 项目–S 项目
方案 4	D 项目–E 项目–F 项目–H 项目–I 项目–J 项目–K 项目–L 项目–M 项目–N 项目–O 项目–P 项目–Q 项目–R 项目–S 项目
方案 5	C 项目–D 项目–E 项目–F 项目–G 项目–H 项目–I 项目–J 项目–K 项目–L 项目–N 项目–O 项目–P 项目–Q 项目–R 项目–S 项目

（4）预投入产出综合评价。

1）共性指标经济技术评价。首先进行共性指标提升程度的计算，判断项目集合对电网性能是否有提升以及提升的幅度如何。前五个项目集合的共性指标的提升程度如表 9−8 所示。

表 9−8　　　　前五个项目集合共性指标经济技术评价

共性指标		N−1 通过率	所有母线发生三相短路时短路电流之和	有功功率损耗	停电风险	变电容载比
方案 1	投入产出	100%	9113.592kA	281.379MW	7.899MW/年	1.72
	提升程度	0	−23.205%	3.979%	66.864%	满足校验
方案 2	投入产出	100%	9061.966kA	281.698MW	7.86MW/年	1.721
	提升程度	0	−22.507%	3.854%	67.027%	满足校验
方案 3	投入产出	100%	9129.15kA	281.749MW	8.544MW/年	1.723
	提升程度	0	−23.416%	3.822%	64.158%	满足校验
方案 4	投入产出	100%	9121.794kA	281.745MW	10.709MW/年	1.714
	提升程度	0	−23.316%	3.509%	55.076%	满足校验
方案 5	投入产出	100%	9120.376kA	281.839MW	8.59MW/年	1.733
	提升程度	0	−23.297%	3.848%	63.965%	满足校验

2）电网综合评价。因各项目方案的 $N-1$ 通过率均为 100%，故不将其纳入熵权法和 TOPSIS 评价模型中。建立 5×5 的指标矩阵体系，如表 9−9 所示。

表 9−9　　　　各方案共性指标矩阵

方案	N−1 通过率	所有母线发生三相短路时短路电流之和	有功功率损耗	停电风险	容载比
方案 1	100%	9113.592kA	281.379MW	7.899MW/年	1.72
方案 2	100%	9061.966kA	281.698MW	7.86MW/年	1.722
方案 3	100%	9129.15kA	281.749MW	8.544MW/年	1.723
方案 4	100%	9121.794kA	282.745MW	10.709MW/年	1.714
方案 5	100%	9120.376kA	281.839MW	8.59MW/年	1.733

通过共性指标经济技术评价发现，随着电网加强，网架密度的增加造成短路电流水平有所增加，但停电损失负荷期望有所降低，电网可靠水平有所提升；变电容载比有所降低，电网利用水平得到进一步提升。

经测算可得项目集合排队指示值，具体见表 9−10。

表 9-10　　前五个项目集合的排队指示值

方案	排队指示值	排队顺序
方案 1	0.2321	2
方案 2	0.9970	1
方案 3	0.0128	5
方案 4	0.1095	4
方案 5	0.1312	3

通过综合评价发现，可以看出集合 2 排在第一名，在提升电网利用效率和完善网架的基础上不带来过大的短路电流，该方案包含建设需求较为紧迫的 E 电源送出和 J 电铁供电项目，不含 A、C、G、M 项目（均为满足新增负荷项目），建议 J 公司选取集合 2。

（5）项目动态优选排序结果。根据投资方案优化与评价结果，对集合 2 进行动态排序（见图 9-10），可以看出：

优先选出的 R-D-P-L 项目为解决设备重过载项目。以上项目分担了周边主变的负荷，有效缓解主变重过载问题，$N-1$ 指标贡献度较高，因此优先选出；其次选出的 E 项目为电源送出项目；其余项目主要为满足新增负荷和电铁供电项目，排序主要依据为储备项目的效益水平指标，项目的经济效益和利用效率决定了此类项目排序顺序。其中，电铁供电项目需考虑铁路建设规划情况优化安排。

根据 Q/GDW 156《城市电力网规划设计导则》，J 公司电网 220kV 容载比合理范围为 1.7～2.0，15 个储备项目新建后容载比为 1.72，处于合理范围内。

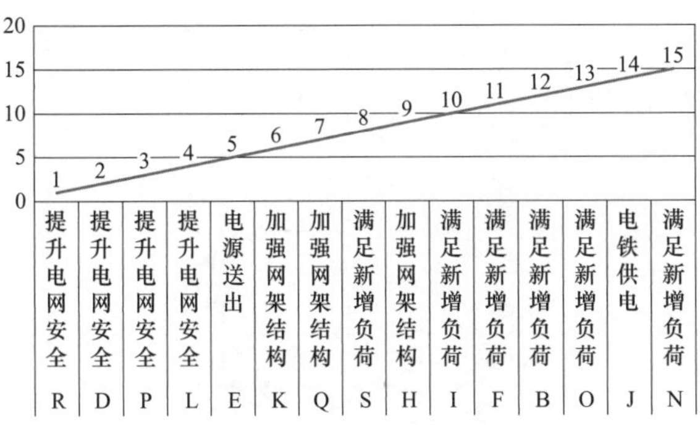

图 9-10　储备项目动态排序结果

9.3.3.2　投资能力充裕情景下基于边际效益的投资协调优化

以 I 省电网数据为基础，对投资需求规模小于投资规模限值情况下的协调优化策略进行实证分析。

（1）I 省电网诊断。至 2019 年底，I 公司拥有 220kV 公用变电站 329 座，变电容量 14544 万 kVA，线路总长度 18647km。其中，2019 年全网最大负荷时刻 220kV 下网负荷为 7586 万 kW，220kV 降压变电容量为 14445 万 kVA，220kV 电网容载比为 1.89，接近《导则》中规定的 1.9 上限。220kV 电网 $N-1$ 通过率为 100%，电网结构坚强，安全性好；220kV 母线节点 526 个，其中短路电流 40～50kA 的母线节点 70 个，占比为 13.17%，没有大于 50kA 的母线节点，短路电流问题需要提前关注。220kV 电网有功功率损耗为 305.123MW，损耗功率占总下网功率的 0.40%，相对较低。

预计 2021 年 I 省全社会用电量 4193 亿 kWh，年均增长率为 5.5%，全社会最高用电负荷 9250 万 kW，年均增长率为 6.2%。此外，2020、2021 年预计关停火电机组 124 万 kW，新建电源以清洁能源为主，大力发展海上风电以及光伏发电。

（2）确定投资限值。经投资需求与投资能力测算，2020 年 I 公司投资能力为 375 亿元，投资需求为 339 亿元，投资能力充裕。根据储备库中各电压等级投资情况分析，220kV 投资规模限值为 44.6 亿元，高于项目投资规模 4.9 亿元，储备项目投资在投资约束范围内。因此，选择边际效益模型评价项目集合形成效益最优的投资方案。

（3）储备项目优选。以 I 公司 24 个储备项目的贡献度和投资额为基础数据，通过边际效益模型计算每个项目单位投资所带来的贡献度。各项目边际效益计算结果由高到低如表 9-11 所示。

表 9-11　项目效益偏移系数

项目	静态贡献度	投资（万元）	边际贡献
U	0.19508	500	0.000390158
J	0.14172	1350	0.000104976
B	0.01084	1188	9.12758×10^{-6}
L	0.01318	2100	6.2783×10^{-6}
G	0.05832	10212	5.71095×10^{-6}
D	0.06927	17383	3.98488×10^{-6}
O	0.05695	23004	2.47575×10^{-6}
N	0.01621	8256	1.96364×10^{-6}
C	0.11914	62300	1.9123×10^{-6}
P	0.05832	33051	1.76453×10^{-6}
H	0.01228	6974	1.76088×10^{-6}
Q	0.02093	13230	1.58225×10^{-6}

续表

项目	静态贡献度	投资（万元）	边际贡献
T	0.01452	9423	1.54142×10^{-6}
F	0.01133	9721	1.1659×10^{-6}
I	0.01181	11176	1.05697×10^{-6}
A	0.03614	37168	9.72385×10^{-7}
K	0.00935	18971	4.92858×10^{-7}
W	0.01143	25000	4.57289×10^{-7}
M	0.00535	14187	3.7698×10^{-7}
E	0.00373	11621	3.20697×10^{-7}
R	0.00500	22020	2.27054×10^{-7}
S	0.00626	28340	2.21027×10^{-7}
V	0.00042	20947	1.9846×10^{-8}
X	0.00007	9186	7.85394×10^{-9}

按照储备项目边际贡献，即边际效益（项目贡献度/项目投资）由高到低排序（见图 9–11），可以看出随着项目投资的逐渐累加，项目贡献度累加总体上升趋稳，而边际贡献则下降趋稳。运用最小二乘法对贡献度累加数据拟合，从多项式拟合结果（可决系数最高，为 0.9746）分析效益变化情况。可以看出，其极值点为 0.882，出现在第 21 和第 22 个项目之间，此时边际效益最大，而随着项目的增加，边际贡献将趋近于零或小于零，投资方案总体效益将出现稳定或下降趋势。

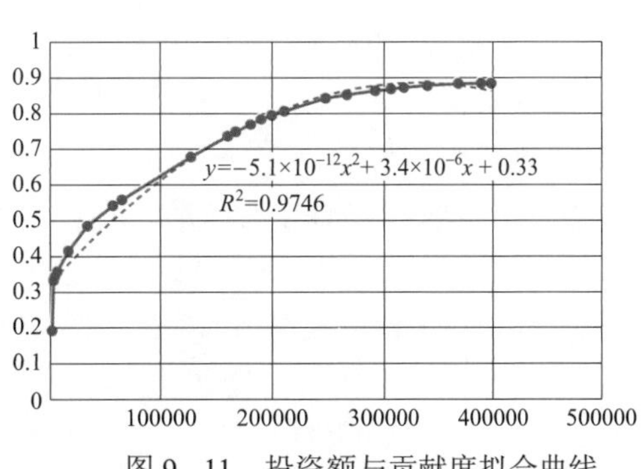

图 9–11　投资额与贡献度拟合曲线

（4）预投入产出综合评价。分别对以边际效益最大化为约束的项目集合（不含 S、V、X 项目）和全项目集合做预投入产出评价。对比两个项目集合，全部项目集合投入后，电网停电风险水平有所下降，但投资增加 58473 万元，而电网整体水平未出现明显提升，并导致利用效率有所下降。考虑 X 项目为上级电网配套送出项目，因此，建议 I 公司 220kV 电网最终投资方案不含 S、V 项目，从而在保障电网安全水平、满足电源送出的条件下达到最佳投资效益。共性指标经济技术评价结果如表 9–12 所示。

表 9-12　　共性指标经济技术评价结果

指标	初始诊断值	以边际效益最大化为约束的项目集合预投入产出	全项目集合预投入产出
$N-1$ 通过率	100%	100%	100%
短路电流超过遮断容量80%的母线占比	15.0%	16.7%	16.7%
有功功率损耗（MW）	305.12	269.60	270.48
停电风险（MW/年）	25.53	25.50	24.64
变电容载比	1.89	1.85	1.86
投资（万元）	—	338835	397308
贡献度合计	—	0.8809	0.8877

（5）项目动态优选排序结果。考虑 I 公司投资能力较为充足，若决策投资全部项目，仍能够在保障正常经营条件下满足相关投资需求，因此对全部储备项目进行动态排序。可以看出：

1）优先选出的 U-J-C 项目是新能源送出项目。该类项目在新能源接入容量指标中存在贡献度优势，因此优先选出；

2）其次选出的 D-P-O-G-A 项目为解决设备重过载项目。该类项目分担了周边主变负荷，有效减缓主变重过载问题，其 $N-1$ 指标贡献度较高，该类项目建设时序也较为靠前；

3）剩余项目大部分为满足新增负荷类项目，该类类项目排序主要依据为效益指标，经济效益和利用效率决定了此类项目排序顺序。

根据 Q/GDW 156《城市电力网规划设计导则》，I 公司 220kV 电网容载比合理范围为 1.6～1.9，24 个储备项目新建后容载比为 1.86，处于合理范围内。

参考文献

［1］傅毓维，孙德新．论企业有效投资决策方案的选择［J］．北方经贸，2006（09）：26-27.

［2］蔡树文．国外电力市场化改革经验及对中国的启示［J］．经济纵横，2006（15）：63-66.

［3］马莉，范孟华，郭磊，等．国外电力市场最新发展动向及其启示［J］．电力系统自动化，2014，38（13）：1-9.

［4］韩丰，李晖，王智冬，等．法国电网发展分析以及对我国的启示［J］．电网技术，2009（08）：45-51.

[5] 张新芳. 借鉴美、法电力市场化改革经验探索中国电力企业的创新发展[J]. 决策探索，2006，(02)：69－70.
[6] 贺春光，董昕，康伟，等. 法国配电网发展理念的借鉴与思考 [J]. 河北电力技术，2015，34（02）：1－3＋28.
[7] 刘洋洋，何永秀. 国内外电网规划经济评价对比分析 [J]. 陕西电力，2014，42（07）：52－56＋93.
[8] 王学亮. 法国电力和西门子投资管理经验的启示 [J]. 合作经济与科技，2011（18）：66－67.
[9] 段琪斐，吴珊，李成仁，等. 发达国家对电网企业投资监管的模式及其启示[J]. 价格理论与实践，2018（10）：69－72.
[10] 孙艺新. 英国电网公司的资产信息管理 [J]. 高科技与产业化，2011（06）：101－103.
[11] 孙艺新. 英国国家电网公司资产全寿命周期管理实践与启示 [J]. 价格月刊，2011（11）：91－94.
[12] 李瑞庆，魏学好. 德国电力市场化改革的启示 [J]. 华东电力，2007，(01)：63－65.
[13] 熊祥鸿，马丽萍. 欧洲电力市场化改革及对我国的启示[J]. 华东电力，2014，42（12）：2735－2738.
[14] 李晓依. 德国电力领域投资前景与风险分析 [J]. 对外经贸，2016，(08)：35－38.
[15] 范珊珊. 德国电力巨头转型启示录 [J]. 能源，2016（2）：44－49.
[16] 丁勇，李再华. 德国配电网运行管理经验及其启示 [J]. 南方电网技术（5）：47－50.
[17] 欧阳剑. 初探城镇化进程加快后对电网通信工程管理的影响 [J]. 低碳世界，2016（32）：151－152.

电网投资绩效评价

“绩效”是一个来自于管理学的概念，指一个组织或个人在一定时期内的投入产出情况，投入指的是人力、物力、时间等物质资源，产出指的是工作任务在数量、质量及效率方面的完成情况。单纯从字面意思上理解，“绩效”包含“成绩”和“效益”两个方面，“成绩”体现目标、职责或要求，例如企业的利润目标或个人的业绩目标等，“效益”在不同的环境中可表现为效率、效果、品行等多种含义。企业通过实施绩效管理，在绩效计划制定、绩效辅导沟通、绩效考核评价、绩效结果应用、绩效目标提升的循环过程中，实现持续提升组织、部门或个人的绩效的目的。

对电网企业而言，电网投资是最主要的企业投资行为，同时具有规模大、周期长等特点，电网投资能否实现预期目标、获得相应的经济、社会效益，对电网企业能否实现经营目标至关重要。将绩效管理和考核概念运用在电网投资中便是本章所要重点介绍的“电网投资绩效”。

电网投资绩效是指电网企业在电网投资活动中的投入与取得的有效成果之间的比例关系，即电网投资的所费与所得、投入与产出之间的对比关系，投入的资源可以是资金、劳动力，也可以是土地、时间等。各级电网决策管理者可以通过电网投资绩效评价对电网投资活动中的投入与产出情况进行综合分析，对投资项目的经济性做出评价，作为后续电网投资决策的依据。通过投资绩效评价还可以实现投资方案的可行性验证，发现投资过程中可能存在的问题，总结投资活动所实现的效果，不断提高投资管理水平。进行电网投资绩效评价有利于企业对电网投资的经济性、精准性、社会责任等综合效益有一个较为全面而客观的了解，为投资决策提供科学、必要的参考，对推进电网高质量发展、保障企业可持续发展具有重要意义。

10.1 电网投资绩效评价体系

本书前述章节介绍了电网安全性、协调性、效率等方面的评价指标和评价方法，主要是针对现状电网的评价，重点关注电网的物理层面。电网投资绩效评价是对投资在各个层面产生成绩和效果进行的综合衡量，一定意义上是对电网的投入产出进行分析。

“电网投资效果”是一个内涵很丰富的概念，它既包括投资完成后，企业的各项经营目标是否实现，电网运行过程中的安全性、经济性效益是否逐步提升，还包括企业在环境改善、社会责任承担、用户体验提升以及满足外部监管要求等方面的表现，涉及计划、生产、财务、营销等多个不同专业领域。因此电网投资绩效评价指标需要统筹电网安全、质量、服务、效益等多方面。同时，由于电网建设及运营涉及电网公司不同管理层级，主要有省（自治区、直辖市）电力公司（以下简称省电网企业）、地市（区、州）供电公司（以下简称地市电网企业）、县（市、区）供电公司（以下简称县电网企业）。由于三者管辖和进行投资决策的范围及电压等级不同，适用的指标也不同，因此在衡量电网投资效果时，需建立一套考虑不同管理层级的共性与特性的指标体系。具体指标的选取遵循以下原则：

（1）各方共识。选取业内外各方共同关注的指标，形成不同专业间、电网企业内外部共同认可的评价指标体系。

（2）体系精简。选取具有代表性指标，剔除交叉检验中具有强相关关系的指标，指标体系精简，能够适应快速、差异化评价，有效提升管理效率。

（3）清晰量化。指标能够准确量化各电压等级、各管理层级的投资效率效益。

（4）来源明确。选取来源可靠、准确，能够有效获取的指标及数据。

10.1.1 指标来源

政府部门以及电网企业内部不同专业在企业经营考核中关注的与电网发展密切相关的各项指标（包括指标来源的专业）如表 10-1 所示。

表 10-1　投资绩效指标来源

来　源	涉及专业或部门
《国资央企负责人经营业绩考核办法》（2019 年）	国资委
年度专业工作报告	发展、生产、营销、交易、基建、水电和新能源、物资等
《国家电网有限公司企业负责人业绩考核管理办法》	发展

续表

来　源	涉及专业或部门
《省（自治区、直辖市）公司内部对标指标体系》2019 版	发展
《2018 年国家电网有限公司电网发展诊断分析报告》	发展
《国家电网有限公司固定资产投资项目后评价实施细则》	发展
《公司发展规划（2019—2021 年）编制工作方案》	发展
《国家电网有限公司创建世界一流示范企业关键指标》	发展
《10 千伏及以下配电网标准化建设改造创建活动验收细则》	运检
《客户侧电网发展指标诊断分析报告》	营销

经过对 100 多个指标的梳理、归纳、提炼，考虑指标之间的重复性和相关性、指标与投资效果的关系等因素，本书建立了包含安全运行、清洁高效、优质服务、经营业绩 4 个方面的电网投资绩效评价指标体系。考虑到省、地市和区县电网企业管辖范围和电压等级差异，按照省、地市、（区）县三个管理层级分别建立投资绩效指标体系，如图 10－1 和表 10－2 所示，其中，省级电网投资绩效评价指标 19 个，市级电网投资绩效评价指标 15 个，区县级电网投资绩效评价指标 14 个。其中 12 个指标为三个管理层级的通用共性指标。

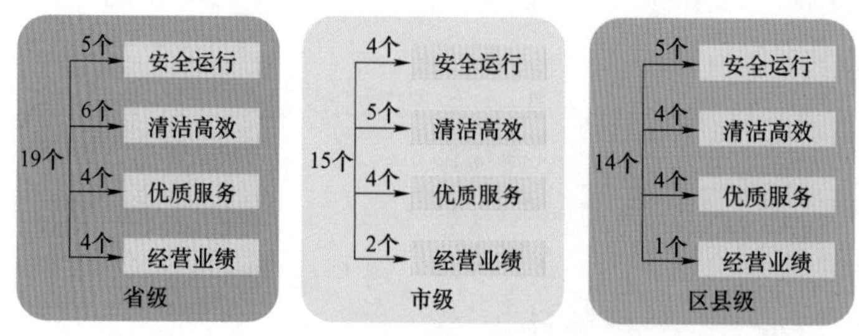

图 10－1　电网投资绩效评价指标体系示意图

表 10－2　　　　电网投资绩效评价指标

分类	序号	省级指标	市级指标	区县级指标
安全运行	1	N－1 通过率（10～750kV）	N－1 通过率（10～110kV）	N－1 通过率（10kV）
	2	配网重载设备占比（10kV）	配网重载设备占比（10kV）	配网重载设备占比（10kV）
	3	供电可靠率	供电可靠率	供电可靠率
	4	综合电压合格率	综合电压合格率	综合电压合格率
	5	主网安全隐患数量	—	供电半径不合格率

续表

分类	序号	省级指标	市级指标	区县级指标
清洁高效	1	容载比（110～750kV）	容载比（35～110kV）	—
	2	全网等效平均负载率（220～750kV）	全网等效平均负载率（110～10kV）	全网等效平均负载率（10kV）
	3	轻载设备占比（10～750kV）	轻载设备占比（10～110kV）	轻载设备占比（10kV）
	4	综合线损率	综合线损率（110kV 及以下）	综合线损率（10kV）
	5	可再生能源消纳电量占比	电能替代电量贡献度	电能替代电量贡献度
	6	可再生能源弃电率	—	—
优质服务	1	市场占有率	市场占有率	市场占有率
	2	万户电压质量投诉量	万户电压质量投诉量	万户电压质量投诉量
	3	万户频繁停电投诉量	万户频繁停电投诉量	万户频繁停电投诉量
	4	综合业扩指数	综合业扩指数	综合业扩指数
经营业绩	1	资产负债率	—	—
	2	利润率（EBITDA）	—	—
	3	单位电网资产售电量	单位电网资产售电量	—
	4	投资效益实现度	投资效益实现度	投资效益实现度

10.1.2 指标定义

（1）安全运行。

1）$N-1$ 通过率。对于 220kV 及以上输电网，$N-1$ 通过率是一个电压等级电网内满足 $N-1$ 原则的元件数量与总元件数量的比值；对于 110kV 及以下配电网，$N-1$ 通过率为主变压器和线路 $N-1$ 通过率的平均值。具体指标定义和计算公式详见本书 7.1.3 节。

2）配网重载设备占比（10kV）。考察 10kV 配电变压器和配电线路重载情况，包括重载配电变压器设备占比和重载配电线路占比两个子指标。

10kV 重载配电变压器占比＝最大负载率超过 80%且单次持续时间超过 2h 的配电变压器台数/10kV 总配电变压器台数

10kV 重载配电线路占比＝最大负载率超过 80%的线路条数/10kV 配电线路总条数

3）供电可靠率。供电可靠率（RS－3）不计及因系统电源不足而需限电的情况，分市辖区和县辖区进行统计。

$$供电可靠率RS-3(\%)=[1-(用户平均停电时间-用户平均限电停电时间)/统计期间时间]\times 100\%$$

4）综合电压合格率。综合电压合格率指实际运行电压偏差在限值范围内的累计运行时间与对应总运行统计时间的百分比，分市辖区和县辖区进行统计。统计方法和计算方法依据 GB/T 12325《电能质量　供电电压偏差》。

5）主网安全隐患数量。220kV 及以上电网在 $N-2$、$N-1-1$ 等特殊故障方式下可能导致发生国务院令第 599 号《电力安全事故应急处置和调查处理条例》规定的特别重大事故、重大事故、较大事故、一般事故隐患的数量。

6）供电半径不合格率。供电半径不合格率指供电半径不合格线路条数占总线路条数的百分比。

根据 DL/T 5729《配电网规划设计技术导则》，10kV 线路原则上，正常负荷下 A+、A、B 类供电区域供电半径不宜超过 3km；C 类不宜超过 5km；D 类不宜超过 15km；E 类供电区域供电半径应根据需要经计算确定。

220/380V 线路原则上，正常负荷下 A+、A 类供电区域供电半径不宜超过 150m，B 类不宜超过 250m，C 类不宜超过 400m，D 类不宜超过 500m，E 类供电区域供电半径应根据需要经计算确定。

其中，10kV 供电半径指从变电站 10kV 出线到其供电的最远负荷点之间的线路长度。220/380V 线路供电半径指从配电变压器低压侧出线到其供电的最远负荷点之间的线路长度。

供电区域划分应主要依据行政级别或未来负荷发展情况确定，也可参考经济发达程度、用户重要性、用电水平、GDP 等因素。供电区域宜按表 10-3 的规定划分。

表 10-3　　供电区域划分表

供电区域		A+	A	B	C	D	E
行政级别	直辖市	市中心区或 $\sigma\geqslant 30$	市区或 $15\leqslant\sigma<30$	市区或 $6\leqslant\sigma<15$	城镇或 $1\leqslant\sigma<6$	乡村或 $0.1\leqslant\sigma<1$	—
	省会城市、计划单列市	$\sigma\geqslant 30$	市中心区或 $15\leqslant\sigma<30$	市区或 $6\leqslant\sigma<15$	城镇或 $1\leqslant\sigma<6$	乡村或 $0.1\leqslant\sigma<1$	—
	地级市（自治州、盟）	—	$\sigma\geqslant 15$	市中心区或 $6\leqslant\sigma<15$	市区、城镇或 $1\leqslant\sigma<6$	乡村或 $0.1\leqslant\sigma<1$	牧区
	县（县级市、旗）	—	—	$\sigma\geqslant 6$	城镇或 $1\leqslant\sigma<6$	乡村或 $0.1\leqslant\sigma<1$	

注　σ为供电区域的负荷密度，MW/km^2。供电区域面积不宜小于 $5km^2$，计算负荷密度时，应扣除 110（66）kV 及以上电压等级的专线负荷，以及高山、戈壁、荒漠、水域、森林等无效供电面积。A+、A 类区域对应中心城市（区）；B、C 类区域对应城镇地区；D、E 类区域对应乡村地区。供电区域划分标准可结合区域特点适当调整。

（2）清洁高效。

1）电网容载比。某一电压等级降压变电容量与该电压等级最大下网负荷的比值，反映电网供电容量裕度水平和适应负荷快速增长的能力。统计口径为 110～750kV。计算方法详见本书 5.1.2 节。

2）全网等效平均负载率。全网线路等效平均负载率和全网变压器等效平均负载率两个子指标结果的平均值。计算方法详见本书 6.2.1 节和 6.2.2 节。

3）轻载设备占比。包括主网轻载设备占比和配网轻载设备占比两个子指标，考察 10～750kV 电网变压器和线路设备轻载情况。

主网轻载设备占比＝220～750kV 各电压等级线路/变压器最大负载率小于 30%的设备占比

配网轻载设备占比＝10～110kV 配网各电压等级线路/变压器最大负载率小于 20%的设备占比

4）综合线损率。考察供电量与售电量之差占供电量的比例。

综合线损率(%)=(总供电量－总售电量)/总供电量

5）可再生能源消纳电量占比。参照国家发改委、能源局 2019 年 5 月发布的《可再生能源电力消纳责任权重确定和消纳量核算方法（试行）》要求，考察供电区域内消纳的可再生能源电量占全社会用电量的比例。消纳的可再生能源电量包括各省级行政区域内生产且消纳的可再生能源电量及区域外输入的可再生能源电量。

可再生能源消纳电量占比＝省级供电区域内消纳的可再生能源电量/全社会用电量

6）电能替代电量贡献度。

电能替代电量贡献度＝电能替代总电量/地区售电量

电能替代总电量＝Σ直接计量类电量＋Σ参数计算类电量＋Σ统计测算类电量

其中：

直接计量类电量＝统计考核期内的电量

参数计算类电量＝替代设备铭牌功率×替代设备月(年)运行时间×负荷系数

参数计算类替代项目包括清洁取暖电供暖、电动汽车、港口岸电等工程。

统计测算类电量无项目信息，系统每月根据月新增用户电量，自动统计电量数据。

7）可再生能源弃电率。考察某一区域内电网一年中可再生能源弃电量与可再生能源发电量的比值，指标定义及计算方法详见 5.1.1 节。

（3）优质服务。

1）市场占有率。考察电网企业售电量占全社会用电量的比例。

市场占有率＝售电量/全社会用电量

2）万户电压质量投诉量。考察存在电压质量长时间异常的客户占总电力客户的比例。电压质量长时间异常是指客户来电反映，长期（超过 1 个月）出现电压不稳，电器无法启动、灯暗、工厂设备无法使用等现象，或客户已向供电企业反映过相关问题，但电压质量再次出现异常的情况。

万户电压质量投诉量＝投诉电压质量长时间异常的客户数/电力客户数×10000

3）万户频繁停电投诉量。考察存在频繁停电的客户占总电力客户的比例。频繁停电的客户是指停电区域属于供电公司产权维护范围且近 2 个月内停电次数达到 3 次及以上的客户。

万户频繁停电投诉量＝投诉频繁停电的客户数/电力客户数×10000

4）综合业扩时长。考察高压业扩和低压业扩的报装效率，供电电压 10（6）kV 及以上为高压，供电电压 10（6）kV 以下为低压。业扩平均时长是指完成业扩报装需要的工作日数量。

综合业扩时长＝[1－(高压业扩平均时长－70)/70×100%]×50%＋
[1－(低压业扩平均时长－20)/20×100%]×50%

（4）经营业绩。

1）资产负债率。考察期末负债总额占资产总额的百分比。

资产负债率＝负债总额/资产总额×100%

2）EBITDA 利润率。

EBITDA＝税前净利润＋利息费用＋折旧＋摊销

EBITDA 利润率＝ EBITDA/营业收入×100%

3）单位电网资产售电量。考察单位电网资产带来的电量效益。

单位电网资产售电量＝售电量/平均电网固定资产原值

4）投资效益实现度。考察投资与增售电量的匹配情况，包括增售电量贡献度和社会效益贡献度两部分。

省级增售电量贡献度＝(某一省级电网企业三年增售电量/所有电网企业三年增售电量总和)/(某一省级电网企业三年投资完成值/所有电网企业三年投资完成值总和)

市级增售电量贡献度＝(某一市级电网企业三年增售电量/所在省级电网企业三年增售电量总和)/(某一市级电网企业三年投资完成值/所在省级电网企业三年投资完成值总和)

县级增售电量贡献度＝(某一县级电网企业三年增售电量/所在省级电网企业三年增售电量总和)/(某一县级电网企业三年投资完成值/所在省级电网企业三年投资完成值总和)

某级电网企业社会效益贡献度=该级电网企业社会效益专项投资金额/该级电网企业电网投资完成值总和

10.2 指标评分及评价方法

10.2.1 指标评分方法

电网投资绩效评价指标中，部分指标在相关标准、导则和规程中有明确的评价标准，如电网容载比等，可以直接对照《城市电力网规划设计导则》中的标准进行评分。对于缺乏明确评价标准的指标，则需要考虑不同地区电网发展水平的不同，建立差异化的评分标准。

首先根据专家经验对各指标的满分值进行初步设定，按此计算各省指标得分，对每个指标的各省得分分布进行分析，对于得分分布呈现聚集性、差异性的指标标准进行差异化调整，将分数相近的省份归为一类，划分出不同类别省份，再对某一类型省份中某一指标的主要影响因素进行分析，按照主要影响因素的水平来综合确定该指标的满分评价标准。需要强调的是，评分方法并不唯一，可根据所选择的指标和实际情况，对指标评分方法做出调整。

电网投资绩效评价指标评分方法如表 10-4 所示。

表 10-4　　电网投资绩效指标评分标准

分类	序号	指标	评价分类	评分标准
安全运行	1	$N-1$ 通过率	按 A、B、C 类分别评分	A 类省份：0～100%对应 0～100 分； B 类省份：110kV 及以上 0～100%对应 0～100 分，35kV 及以下 0～90%对应 0～100 分； C 类省份：110kV 及以上 0～100%对应 0～100 分，35kV 及以下 0～80%对应 0～100 分
	2	配网重载设备占比（10kV）	按 A、B 类分别评分	A 类省份：20%～0 对应 0～100 分； B 类省份：30%～0 对应 0～100 分
	3	供电可靠率	—	99.0%～100%对应 0～100 分
	4	综合电压合格率	—	99.0%～100%对应 0～100 分
	5	主网安全隐患数量	—	5～0 个，对应 0～100 分，特别重大、重大、较大、一般事故隐患权重分别为 0.4、0.3、0.2、0.1
	6	供电半径不合格率	—	100%～0 对应 0～100 分
清洁高效	1	电网容载比	—	参考《城市电力网规划设计导则》给出的范围，处于范围区间内的，得分为100分，超出范围区间的，对偏离值进行打分，偏离值1～0，对应0～100分；偏离值超过1的，得0分
	2	平均负载率	—	0～35%对应 0～100 分
	3	轻载设备占比	—	100%～0 对应 0～100 分

续表

分类	序号	指标	评价分类	评分标准
清洁高效	4	综合线损率	按A、B类分别评分	A类省份：10%～0对应0～100分； B类省份：20%～0对应0～100分
	5	可再生能源消纳电量占比	按A、B、C类分别评分	A类省份：0～30%对应0～100分； B类省份：0～20%对应0～100分； C类省份：0～15%对应0～100分
	6	电能替代电量贡献度	—	以本省或地市中最高的地市或区县为100分，其他地市或区县的得分按比例折算
	7	可再生能源弃电率	按可再生能源产能大小分为A、B、C类分别评分	A类省份：10%～0对应0～100分； B类省份：20%～0对应0～100分； C类省份：30%～0对应0～100分
优质服务	1	市场占有率	—	0～100%对应0～100分
	2	万户电压质量投诉量	—	2～0件/万户对应0～100分
	3	万户频繁停电投诉量	—	3～0件/万户对应0～100分
	4	综合业扩时长	—	统计结果与目标值差值为负时为0；统计结果超过100%的，按100%计算，0～100%对应0～100分
经营业绩	1	资产负债率	—	100%～50%对应0～100分
	2	利润率（EBITDA）	—	0～20%对应0～100分
	3	单位电网资产售电量	—	0～1.5对应0～100分
	4	投资效益实现度	—	社会责任贡献度：0～40%对应0～100分，权重0.2； 电量增长贡献度：0～2对应0～100分，权重0.8

注 指标对应评分高于100分的计100分，低于0分的计0分。

10.2.2 电网投资绩效评价方法

10.2.2.1 单指标评价方法

计算待评价区域电网单项指标评分结果。对于指标涉及多个电压等级的，计算各电压等级得分均值。

10.2.2.2 综合评价方法

（1）综合评分计算方法。在单指标评分基础上，确定各层级指标权重，进一步得到投资绩效综合评分。

为使指标权重设置更为合理，采用主观赋权法和客观赋权法相结合的方法对指标权重进行设置。主观赋权法的优点是专家可以根据经验和实际的决策问题确定合理权重，客观赋权法的优点在于具有较强的数学理论依据。主观权重通过基于模糊

三角函数的层次分析法得出、客观权重通过熵权法计算得出。具体方法介绍详见本书第5章。

组合权重确定流程如图10－2所示。具体步骤如下：首先，采用专家经验法，对涉及不同电压等级的指标进行电压等级间的权重设置，然后对不同二级指标间的权重进行主观设置；再将各指标数据归一化，利用熵权法确定二级指标的客观权重，最后得到二级指标的组合权重并计算投资效益得分。由于一级指标仅有四个，采用客观赋权法意义不大，因此采用模糊层次分析法确定一级指标主观权重，并最终计算得到投资绩效得分。

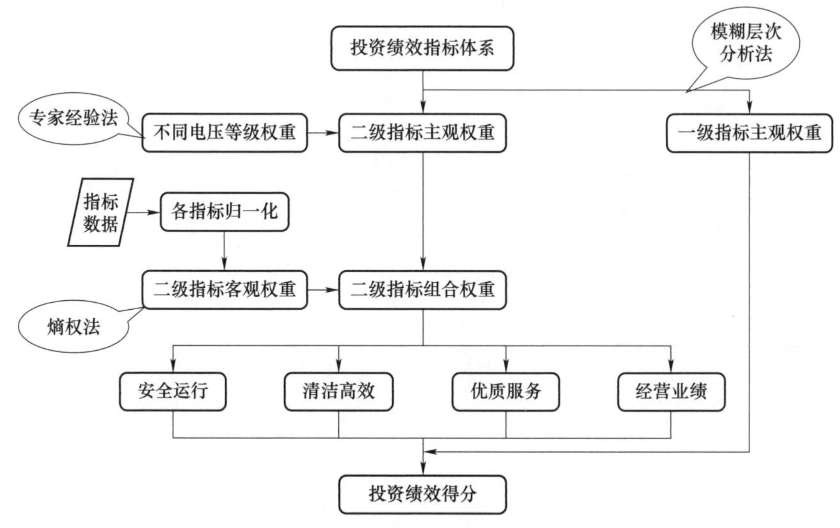

图10－2　主客观结合法确定权重

（2）标尺竞争法。在进行多个待评价区域电网投资绩效评价时，可采用标尺竞争法，基于每个省（地市或区县）最好的单指标评价结果建立一个合集，该合集即为标尺。在同一标尺下，将其他区域的评价结果与标尺进行对比，便于掌握各区域的优势及薄弱点。

标尺竞争理论是由拉兹尔和罗森（Lazear & Rosen，1981）、格林和斯托凯（Green & Stokey，1983）、纳勒布夫和斯蒂格里兹（Nalebuff & Stiglistz，1983）以及谢雷佛（Shleifer，1985）等人共同提出的。标尺竞争理论是指通过把代理人绩效与在类似条件下的其他代理人绩效进行比较，从而在一定程度上能够发现代理人的努力水平。

采用标尺竞争法可以直观体现出各省、市、（区）县和标杆之间的差距。同时，由于部分指标不存在明确的标准，设定的满分值可能在目前电网发展阶段无法达到，采用标尺竞争法不仅参考打分值，在评价时也可参考和标杆的差距，避免由于指标标准设定的不合理导致的评价偏差。

10.3 应 用 实 践

本书选取中国东部地区某一发达省份（以下简称 A 省）电网为例开展电网投资绩效评价实践。由于A省包含的地市、区县较多，仅以A省的X市、Y县为例进行分析。采用标尺竞争法进行评价，省级电网的评价标尺根据选定的若干个省份各指标最优水平集合确定，地市级电网投资绩效的评价标尺为省内所有地市各指标最优水平集合，区县级电网投资绩效的评价标尺为省内所有区县各指标最优水平集合。

10.3.1 A 省省级电网投资绩效评价

A省电网投资绩效指标具体得分情况如表 10－5～表 10－14 所示。

10.3.1.1 安全运行情况

表 10－5　　A 省电网 2019 年 $N-1$ 通过率情况

电压等级	500kV		220kV		110（66）kV		35kV		10kV		总分
	指标值	得分	指标值	得分	指标值	得分	指标值	得分	指标值	得分	
线路	100%	100	100%	100	100%	100	100%	100	97.25%	97.25	99.45
变压器					100%	100	100%	100	—	—	

表 10－6　　A 省电网 2019 年安全隐患数量情况

事故类型	500kV		220kV		总分
	指标值	得分	指标值	得分	
特别重大事故隐患（个）	0	100.00	0	100.00	99.33
重大事故隐患（个）	0	100.00	0	100.00	
较大事故隐患（个）	0	100.00	1	93.33	
一般事故隐患（个）	0	100.00	0	100.00	

表 10－7　　A 省电网 2019 年供电可靠率及综合电压合格率情况

指标名称	供电可靠率		总分	综合电压合格率		总分
区域	市辖	县辖		市辖	县辖	
指标值	99.966%	99.9%	93.3	99.997%	99.885%	94.1
得分	96.60	90.00		99.70	88.50	

表 10-8　　A 省电网 2019 年重载设备占比情况

电压等级	10kV		总分
	指标值	得分	
变压器	0.05%	99.95	99.88
线路	0	100	

10.3.1.2　清洁高效情况

表 10-9　　A 省电网 2019 年容载比情况

电压等级	500kV	220kV	110kV	35kV	总分
指标值	1.795	1.89	1.99	2.06	98.50
得分	100	100	100	94	

表 10-10　　A 省电网 2019 年全网等效平均负载率情况

电压等级	500kV		220kV		总分
	指标值	得分	指标值	得分	
线路	22.00%	62.86	23.00%	65.71	56.60
变压器	17.31%	49.46	16.93%	48.37	

表 10-11　　A 省电网 2019 年轻载设备占比情况

电压等级	500kV		220kV		110kV		35kV		10kV		总分
	指标值	得分	指标值	得分	指标值	得分	指标值	得分	指标值	得分	
线路	8.77%	91.23	8.76%	91.24	16.85%	83.15	17.85%	82.15	14.16%	85.84	88.60
变压器	1.44%	98.56	6.34%	93.66	10.60%	89.40	5.58%	94.42	23.63%	76.37	

表 10-12　　A 省电网 2019 年可再生能源消纳情况

可再生能源消纳电量占比		可再生能源弃电率	
指标值	得分	指标值	得分
5.35%	17.83	0.00%	100.00

10.3.1.3　优质服务情况

表 10-13　　A 省电网 2019 年优质服务情况

市场占有率		万户电压质量投诉量		万户频繁停电投诉量		综合业扩指数	
指标值	得分	指标值	得分	指标值	得分	指标值	得分
86.44%	86.44	0.01 件/万户	99.5	0.43 件/万户	85.67	100%	100.00

10.3.1.4 经营业绩情况

表 10-14　　A 省电网 2019 年经营业绩情况

资产负债率		利润率（EBITDA）		单位电网资产售电量		投资效益实现度			
						社会责任贡献度		增售电量贡献度	
指标值	得分	指标值	得分	指标值	得分	指标值	得分	指标值	得分
49.20%	98.4	15.60%	78.00	1.00	66.67	0.00%	0.00	1.28	64.00

最终 A 省省级电网投资绩效评价结果如表 10-15 和图 10-3 所示。

表 10-15　　A 省电网投资绩效情况

类别	安全运行	清洁高效	优质服务	经营业绩	总分
得分	97.23	72.31	92.90	73.57	84.00

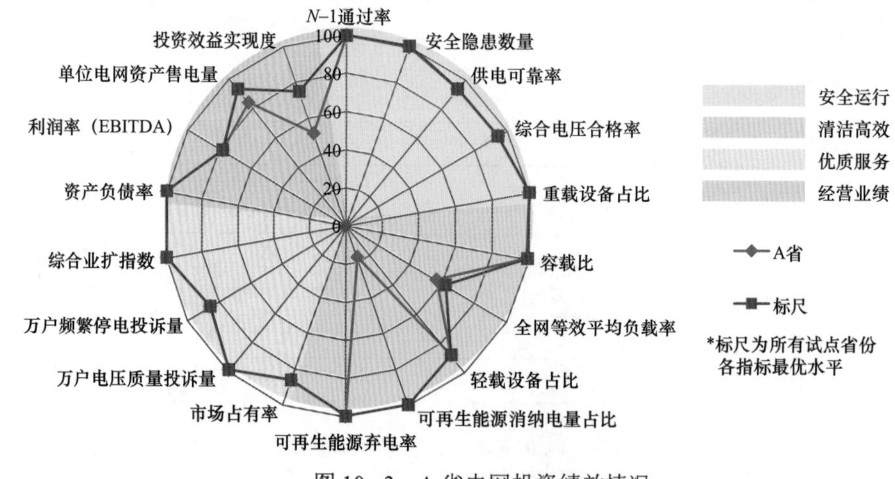

图 10-3　A 省电网投资绩效情况

安全运行方面，A 省电网网架结构坚强，安全性总体较高，各指标得分均衡，处于标尺水平。

清洁高效方面，A 省 500、220kV 电网平均负载率较标尺偏低，但仍存在夏季高峰负荷时刻局部地区设备容量不足的问题，需要进一步限制电网运行效率偏低的地区容量扩张，重点针对供电容量紧张的地区适当补强。A 省电网综合线损率处于标尺水平，但仍有提升空间。A 省风电、光伏等新能源发电不断增加，但由于整体电网规模较大，可再生能源消纳电量占比较标尺仍有一定差距。

优质服务方面，A 省各指标较为均衡，达到标尺水平。

经营业绩方面，A 省整体经营业绩指标较好，资产负债率、利润率指标均处于标尺地位。单位电网资产售电量低于标尺指标，需进一步提升电网投资精准度。从经营情况来看，A 省新增投资的电量效益较低，但利润率、单位资产售电量均较高。

整体来看，A 省电网发展情况较好，但存在平均负载率较标尺低、部分电压等级轻载设备较多等问题，鉴于 A 省电网发展已经达到较高的阶段，建议控制投资总额，降低成本。

未来，A 省的投资策略将主要集中在以下几个方面：

（1）保障电网运行安全水平。持续优化电网结构，消除电网重大隐患。统筹不适应发展需求的老旧设备改造升级，提高供电可靠性。

（2）促进电网绿色高效发展。加大风电、光伏、生物质发电等电源接入工程投资，优化电网结构，提升新能源消纳能力，保障清洁能源及时并网发电，逐步提高 A 省新能源发电占比。针对地区间发展不平衡情况，开展差异化电网投资，均衡电网负载，逐步提升电网利用效率。

（3）提高电网优质服务水平。梳理电网潜在发展空间较大的空白区和薄弱区，提升市场占有率，保障业扩配套投资，落实优化营商环境政策要求。

（4）提高电网投资效率效益。在现有输配电价成本监审压力下，保持合理的投资规模，争取合理的电价水平，保障较好的经营效益。

10.3.2 X 市电网投资绩效评价

X 市电网投资绩效各方面情况如表 10－16～表 10－24 所示。

10.3.2.1 安全运行情况

表 10－16　　X 市电网 2019 年 *N*－1 通过率情况

电压等级	110（66）kV	35kV	10kV	总分
线路	100%	100%	99.54%	99.85
变压器	100%	100%	—	
得分	100	100	99.54	

表 10－17　　X 市电网 2019 年供电可靠率及综合电压合格率情况

指标名称	供电可靠率	综合电压合格率
指标值	99.9549%	100%
得分	95.49	100

表 10-18　　X 市电网 2019 年重载设备占比情况

电压等级	10kV		总分
	指标值	得分	
变压器	0.10%	99.500	99.75
线路	0.00%	100	

10.3.2.2 清洁高效情况

表 10-19　　X 市电网 2019 年容载比情况

电压等级	110kV	35kV	总分
指标值	2.18	1.97	96.00
得分	92.00	100.00	

表 10-20　　X 市电网 2019 年全网等效平均负载率情况

电压等级	110kV	35kV	10kV	总分
线路	14.21%	29.27%	14.66%	50.47
变压器	17.09%	24.78%	5.98%	
得分	44.71	77.21	29.49	

表 10-21　　X 市电网 2019 年轻载设备占比情况

电压等级	110kV	35kV	10kV	总分
线路	13.27%	7.55%	12.89%	89.54
变压器	6.5%	0	22.58%	
得分	90.12	96.23	82.27	

表 10-22　　X 市电网 2019 年综合线损率及电能替代贡献度情况

综合线损率		电能替代贡献度	
指标值	得分	指标值	得分
3.15%	68.50	3.18%	74.00

10.3.2.3 优质服务情况

表 10-23　　X 市电网 2019 年优质服务情况

市场占有率		万户电压质量投诉量		万户频繁停电投诉量		综合业扩指数	
指标值	得分	指标值	指标值	得分	指标值	指标值	得分
95.18%	95.18	0.004 件/万户	99.80	0.417 件/万户	86.1	100%	100.00

10.3.2.4 经营业绩情况

表 10-24 X市电网2019年经营业绩情况

资产负债率		利润率（EBITDA）		单位电网资产售电量		投资效益实现度			
						社会责任贡献度		增售电量贡献度	
指标值	得分	指标值	得分	指标值	得分	指标值	得分	指标值	得分
49.20%	98.40	15.60%	78.00	1.00	66.67	0.00%	0.00	1.28	64.00

最终X市电网投资绩效评价结果如表10-25和图10-4所示。

表 10-25 X市电网投资绩效情况

类别	安全运行	清洁高效	优质服务	经营业绩	总分
得分	98.77	75.70	87.26	79.20	73.57

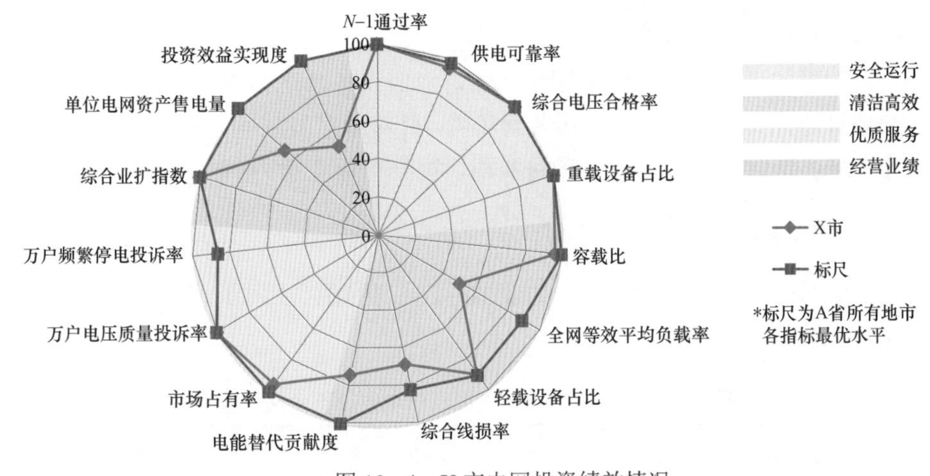

图 10-4 X市电网投资绩效情况

X市电网在安全运行、优质服务方面，各项指标均位于或接近全省标杆。运行情况方面，设备平均负载率较低，与标杆存在较大差距；综合线损率和电能替代贡献率仍有提升空间。经营业绩方面，增售电量贡献率、单位资产售电量指标虽在全省处于中游偏上水平，但与标杆还存在一定差距。

（1）安全运行方面。供电可靠率与标尺还存在一定差距。

（2）清洁高效方面。平均负载率得分较低，与标杆差距较大。容载比、综合线损率、电能替代贡献度指标处于全省中游水平，仍有提升空间。

（3）优质服务方面。各项指标均位于全省前列。万户频繁停电投诉量指标虽处于全省标杆但仍有提升空间，建议挖掘频繁停电原因，优化配电网负荷组配置以及停电计划减少频繁停电。

（4）经营业绩方面。受环保政策、贸易摩擦等外部因素影响，电网售电量增速不及预期，导致增售电量贡献率、单位资产售电量指标仅位于全省中游。

未来，X 市的投资策略主要集中在以下几个方面：

（1）110kV 电网投资方面。① 跟踪地方产业结构调整和发展形势，适当安排变电站新增布点，优化容量配置；② 加快老旧变电站退出运行；③ 开展 220kV 变电站配套以及网架优化项目建设，提升高压配电网供电可靠率。

（2）35kV 电网投资方面。按照 35kV 公共电网不再发展的思路，投资主要针对负载率较高、设备状况较差的变电站进行改造增容，维持存量变电站安全稳定运行，开展必要的电源送出、用户切转、网架调整等线路工程建设。

（3）10kV 电网投资方面。① 完成 35kV 升压替代工程配套线路建设，确保负荷有效切转和变电站按计划退役；② 针对近两年重载或负载率较重的线路，开展网络改造、负荷切转、线路增容项目；③ 针对近年来因设备问题造成线损较高、停电较为频繁的局部电网，开展网架加强、老旧设备改造等项目；④ 继续加强业扩配套项目建设和管理，持续优化营商环境，针对地区发展热点，适当安排配网提前研究布局，继续推进电能替代项目实施，提升市场竞争力和经营业绩。

10.3.3 Y 县电网投资绩效评价

Y 县电网投资绩效各方面情况如表 10－26～表 10－33 所示。

10.3.3.1 安全运行情况

表 10－26　Y 县电网 2019 年 $N-1$ 通过率及供电半径不合格率情况

指标名称	10kV $N-1$ 通过率	供电半径不合格率
指标值	92.87%	10.18%
得分	92.87	89.82

表 10－27　Y 县电网 2019 年供电可靠率及综合电压合格率情况

指标名称	供电可靠率	综合电压合格率
指标值	99.96%	99.991%
得分	96	99.99

表 10－28　　Y 县电网 2019 年重载设备占比情况

电压等级	10kV		总分
	指标值	得分	
变压器	0.76%	96.20	96.30
线路	0.72%	96.40	

10.3.3.2 清洁高效情况

表 10－29　　Y 县电网 2019 年全网等效平均负载率情况

电压等级	10kV		总分
	指标值	得分	
线路	13.88%	60.34	64.14
变压器	11.22%	67.94	

表 10－30　　Y 县电网 2019 年轻载设备占比情况

电压等级	10kV		总分
	指标值	得分	
线路	6.87%	93.13	92.74
变压器	7.66%	92.34	

表 10－31　　Y 县电网 2019 年综合线损率及电能替代贡献度情况

综合线损率	得分	电能替代贡献度	得分
2.59%	74.1	2.02%	46.87

10.3.3.3 优质服务情况

表 10－32　　Y 县电网 2019 年优质服务情况

市场占有率	得分	万户电压质量投诉量	得分	万户频繁停电投诉量	得分	综合业扩指数	得分
89.66%	89.66	0 件/万户	100	0.57 件/万户	81.00	100%	100.00

10.3.3.4 经营业绩情况

表 10－33　　Y 县电网 2019 年经营业绩情况

投资效益实现度			
社会责任贡献度		增售电量贡献度	
指标值	得分	指标值	得分
0	0.00	2.18	100.00

最终Y县电网投资绩效评价结果如表10-34和图10-5所示。

表10-34　　Y县电网投资绩效情况

类别	安全运行	清洁高效	优质服务	经营业绩	总分
得分	94.80	69.46	92.67	80	84.23

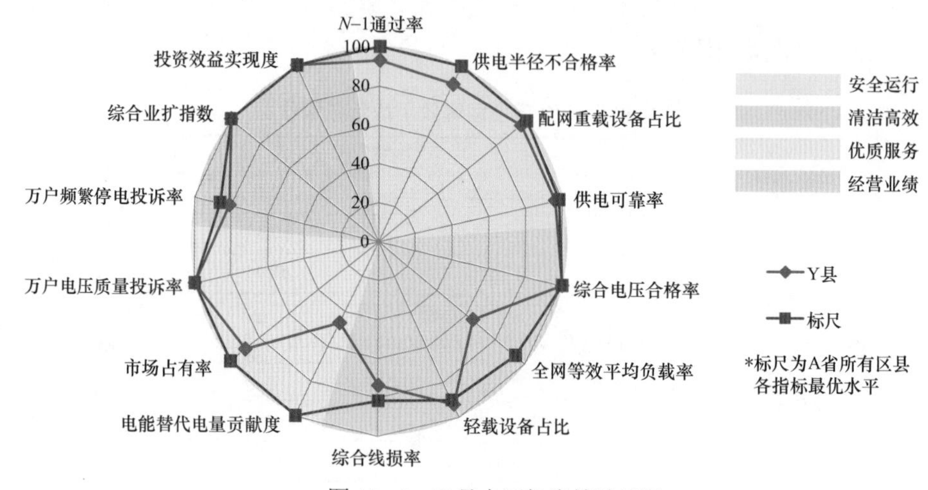

图10-5　Y县电网投资绩效情况

Y县电网在经营业绩、安全运行、优质服务方面，各项指标均位于或接近全省前列。全网等效平均负载率较低与全省标尺存在较大差距，N-1通过率、综合线损率和供电半径不合格率仍有提升空间。

从安全运行情况来看，电网情况较好，存在的主要问题分析如下：

供电半径不合格率指标、N-1通过率和全省标尺有一定差距。

Y县供电半径不合格率指标得分较低，主要因为在该县部分片区面积过大，10kV供电半径过大，按照规划已安排建设变电站。10kV N-1通过率较标尺存在一定差距，主要因为Y县某工业园区扩建，园区所属安置区拆迁户较多，负荷较密集，要求双电源供电较多，目前不能完全满足10kV N-1通过率。供电可靠率距标尺还存在一定差距。

（1）清洁高效方面。平均负载率得分与标尺差距较大，其中110、10kV设备利用效率较低。容载比、综合线损率、电能替代贡献度指标处于全省中游水平，仍有提升空间。

（2）优质服务方面。各项指标均位于全省前列。

（3）经营业绩方面。2018年Y县售电量增速不及预期，导致增售电量贡献率、单位资产售电量指标仅位于全省中游。

未来，Y 县的投资策略主要集中在以下几个方面：

（1）针对供电半径不合格率指标得分低、10kV 供电半径过大问题，在问题突出片区安排新增变电站布点。

（2）针对 10kV N−1 通过率低的问题，建议增加 10kV 新建线路或者增加线间联络，优化网架结构。

（3）针对 Y 县市场占有率低于全省标尺，建议保证大用户供电需求，开展增供扩销，提前实施片区 10kV 网络建设，做好大客户服务。

（4）针对综合线损率高的问题，建议重点地区重点排查，开展网架优化以及高耗能设备改造。

参考文献

[1] 岳云力，马体，董福贵. 基于区间组合赋权法的省级电网公司战略评价［J］. 华北电力大学学报（社会科学版），2019（02）：39−47.

[2] 陈永权，王雄飞.基于模糊层次分析法的我国电气化水平综合评价［J］. 智慧电力，2019，47（07）：24−28.

[3] 赵书强，汤善发. 基于改进层次分析法、CRITIC 法与逼近理想解排序法的输电网规划方案综合评价［J］. 电力自动化设备，2019，39（03）：143−148+162.

[4] 崔吉. 基于标尺竞争方法的配售电公司投资决策研究［D］. 北京：华北电力大学，2018.

[5] 王卿然，张粒子，程瑜. 输配电标尺竞争管制模型研究——基于电网发展和需求的标尺竞争制模型［J］. 价格理论与实践，2009（06）：28−29.

附　表

表 1　　**表 8－1 中的各指标定义及计算**

指标	定义	计算公式
EVA	税后净营业利润减去投入资本的机会成本后的所得	EVA＝税后净营业利润（NOPAT）－（加权平均资本成本×投资资本总额）
总资产 EVA 率	经济增加值相对于总资产的比率	总资产 EVA 率＝EVA/总资产
销售税后净盈利利润率	企业净利润与销售收入的比值	销售税后净盈利利润率＝净利润/销售收入×100%
主营业务贡献率	企业主营业务带来的利润在利润总额中的比重	主营业务贡献率＝主营业务利润/利润总额×100%
速动比率	企业速动资产与流动负债的比率。它是衡量企业流动资产中可以立即变现用于偿还流动负债的能力	速动比率＝速动资产/流动负债 其中：速动资产＝流动资产－存货
现金流动负债比率	企业一定时期的经营现金净流量与流动负债的比率，它可以从现金流量角度来反映企业当期偿付短期负债的能力	现金流动负债比率＝年经营现金净流量/年末流动负债×100%
资产负债率	期末负债总额占资产总额的百分比，反映负债总额与资产总额的比例关系	资产负债率＝总负债/总资产
产权比率	负债总额与所有者权益总额的比率，是为评估资金结构合理性的指标	产权比率＝负债总额/所有者权益总额
流动资产周转率	企业一定时期内主营业务收入净额与平均流动资产总额的比率，是评价企业资产利用率的一个重要指标	流动资产周转率（次）＝主营业务收入净额/平均流动资产总额
存货周转率	企业一定时期营业成本（销货成本）与平均存货余额的比率。用于反映存货的周转速度，即存货的流动性及存货资金占用量是否合理，促使企业在保证生产经营连续性的同时，提高资金的使用效率，增强企业的短期偿债能力。存货周转率是对流动资产周转率的补充说明，是衡量企业投入生产、存货管理水平、销售收回能力的综合性指标	以成本为基础的存货周转次数＝营业成本/存货平均余额 以收入为基础存货周转次数＝营业收入/存货平均余额
应收账款周转率	应收账款周转率是企业在一定时期内赊销净收入与平均应收账款余额之比。它是衡量企业应收账款周转速度及管理效率的指标	应收账款周转率＝内赊销净收入/平均应收账款余额×100% 其中，内赊销净收入＝销售收入－销售退回－现销收入
资本占用周转率	企业在一年中的总营业额与所发行的股本之间的比率关系，用以表示该企业在该年度内使用资本的周转次数	资本占用周转率＝销售收入/股东权益平均总额×100%

续表

指标	定义	计算公式
EVA 三年平均增长率	企业本年 EVA 值和三年前 EVA 值的比较，体现了企业的发展状况和发展能力，避免因少数年份利润不正常增长而对企业发展潜力的错误判断	EVA 三年平均增长率 = [（年末 EVA÷三年前年末 EVA）$^{1/3}-1$]× 100%
主营业务收入三年平均增长率	企业本年主营业务收入和三年前主营业务收入的比较，客观评价企业的发展能力状况，反映企业利润增长趋势和效益稳定程度及发展潜力	主营业务收入三年平均增长率 = [（年末主营业务收入÷三年前年末主营业务收入）$^{1/3}-1$] × 100%